U0209746

述往思来

历史文化名城保护与发展的曲阜实践

刘 亮／著

SHUWANG SILAI

LISHI WENHUA MINGCHENG
BAOHU YU FAZHAN DE
QUFU SHIJIAN

法律出版社 LAW PRESS · CHINA
——— 北京 ———

图书在版编目（CIP）数据

述往思来：历史文化名城保护与发展的曲阜实践 /
刘亮著. -- 北京：法律出版社，2023

ISBN 978 - 7 - 5197 - 7973 - 3

Ⅰ. ①述… Ⅱ. ①刘… Ⅲ. ①文化名城 - 保护 - 研究
- 曲阜②文化名城 - 城市建设 - 研究 - 曲阜 Ⅳ.
①TU984.252.4

中国国家版本馆 CIP 数据核字（2023）第 101752 号

述往思来 ——历史文化名城保护与发展的曲阜实践 **SHUWANG SILAI** —LISHI WENHUA MINGCHENG BAOHU YU FAZHAN DE QUFU SHIJIAN	刘　亮　著	责任编辑　魏艳丽 装帧设计　汪奇峰

出版发行 法律出版社	开本 710 毫米 ×1000 毫米　1/16	
编辑统筹 法商出版分社	印张 26　　　字数 359 千	
责任校对 晁明慧	版本 2023 年 9 月第 1 版	
责任印制 胡晓雅	印次 2023 年 9 月第 1 次印刷	
经　　销 新华书店	印刷 北京虎彩文化传播有限公司	

地址：北京市丰台区莲花池西里 7 号（100073）

网址：www. lawpress. com. cn　　　　　　　销售电话：010 - 83938349

投稿邮箱：info@ lawpress. com. cn　　　　　客服电话：010 - 83938350

举报盗版邮箱：jbwq@ lawpress. com. cn　　　咨询电话：010 - 63939796

版权所有·侵权必究

书号：ISBN 978 - 7 - 5197 - 7973 - 3　　　　定价：98.00 元

凡购买本社图书，如有印装错误，我社负责退换。电话：010 - 83938349

序

　　"鲁城中有阜，委曲长七八里，故名曲阜"，曲阜是中国古代著名的思想家、教育家、儒家学派创始人孔子的故乡，城内的孔庙、孔府、孔林，并称为"三孔"，是中国历代纪念孔子，推崇儒学的象征。以孔府、孔庙、孔林为核心的曲阜，1982 年被国务院公布为首批全国 24 个历史文化名城之一。

　　自 1982 年国务院公布第一批国家历史文化名城以来，经过 40 年的努力，我国逐步建立了历史文化名城名镇名村保护制度，历史文化保护传承的理念和实践取得重大发展，城乡历史文化保护工作取得了显著成效，因此总结名城保护制度建立 40 年来的经验和成就更显弥足珍贵。本书以曲阜为案例，以基层名城保护管理者的视角，客观地反映曲阜历史文化名城保护和建设的重大事件与发展历程，具有独特的学术价值和现实意义。

　　本书的作者刘亮高级工程师自学校毕业后，长期在曲阜市城市建设设计与管理部门工作，亲历了曲阜名城保护的重要时刻。他于 2007 年考入山东建筑大学，跟随我攻读城市规划与设计硕士学位，在硕士学习阶段，就对历史文化名城保护规划领域的学术研究产生了浓厚兴趣，发表和出版了一些该方面的学术论文。同时，也对曲阜的历史名城保护实践有了较为深刻的思考，并以《曲阜历史文化名城保护实践回顾及思考》为题撰写完成了学位论文。学业完成后，返回曲阜并担任曲阜市规划管理主要负责人，通过 10 多年的管理实践和深入思考，完成了本书的撰写。仔细阅读该书后，感受到作者深厚的理论知识和丰富的实践经验，我认为该书具有三大特点：

1. 本书以"通俗化"的书面语言，陈述历史文化名城保护专业学术观点，避免了一般学术著作的晦涩难懂的"通病"，不仅能服务于专业人员，还能吸引非专业人士阅读。

2. 本书以"全景化"描述的方式，从城市重大事件、城市规划、城市建设、城市治理、城市产业等方面介绍曲阜历史文化名城保护与发展历程，能使读者全面了解名城保护的前因后果。

3. 本书以"管理者"的观察视角，为规划管理者、决策者、设计者提供可供参考的方法和案例。同时，能为我国名城保护工作提供借鉴，以及为名城保护理论发展添砖加瓦。

希望本书的出版能丰富历史文化名城保护方面的规划理论，对历史文化名城保护事业起到一定的推动作用。也期望刘亮转型为高等学校教师后，在学术研究的道路上笔耕不辍，取得更大的研究成果。

山东建筑大学教授

住房和城乡建设部高等教育城乡规划专业评估委员会委员

2023 年 5 月 20 日

前言

　　党中央、国务院历来高度重视文化遗产保护工作。党的十八大以来，习近平总书记发表了关于文化遗产保护工作的系列重要论述，这些重要论述集中反映了我们党关于文化传承、文物保护的理论观点和战略思考，充分体现了以习近平同志为核心的党中央对延续中华文脉、实现中华民族伟大复兴中国梦的文化自信和坚定信念。

　　2014年2月，习近平总书记在北京市考察工作时指出："要本着对历史负责、对人民负责的精神，传承历史文脉，处理好城市改造开发和历史文化遗产保护利用的关系，切实做到在保护中发展、在发展中保护。"2022年1月27日，习近平总书记在山西晋中市平遥古城考察时讲话："历史文化遗产承载着中华民族的基因和血脉，不仅属于我们这一代人，也属于子孙万代。"

　　习近平总书记始终牵挂着历史文化名城的保护和发展。2002年，时任福建省委副书记、省长的习近平同志为《福州古厝》一书作序时指出，作为历史文化名城的领导者，既要重视经济的发展，又要重视生态环境、人文环境的保护。发展经济是领导者的重要责任，保护好古建筑，保护好传统街区，保护好文物，保护好名城，同样也是领导者的重要责任，二者同等重要。

2022年是我国历史文化名城保护制度建立四十周年。一个人，一个组织，一个国家，在永恒不断流逝的时间长河中，到了一定的时候，应该回头看一看，看看自己走过的历程是否都走得完全正确。正确的要坚持，不正确的要丢弃，这是十分必要的。曲阜作为儒家文化的发源地、东方文化的重要发祥地和我国首批历史文化名城，有其自己内在的发展机制。其与我国的历史文化名城保护息息相关并保持同步发展，是我国历史文化名城保护的一个缩影。回顾其名城保护传承工作的历程，应当对其工作成就与经验进行总结，思考其未来发展之路。述往思来，能够为其他历史文化名城的保护和发展工作提供有益的借鉴和参考价值。

2013年11月26日，习近平总书记亲临曲阜考察并发表重要讲话，提出了"使孔子故里成为首善之区"的殷切希望。我们究竟需要怎样的城市？如何建设好我们的城市？回答这个问题，离不开对城市历史的梳理和对城市未来的展望。本书试图对所获得的关于曲阜历史文化名城保护和发展实践的"第一手资料"做一系统整理，客观地反映曲阜历史文化名城保护和建设的重大事件与发展历程、得与失，让读者从历史的发展进程中走进曲阜这座古老的城市。

本书希望能够成为一本大众可读的通俗化著作，不仅可以服务于专业的读者，还能够服务于想了解曲阜、了解历史文化名城保护的非专业的读者。因此，本书以记录曲阜名城保护和现代城市建设为主，同时尽量以"通俗的"书面语言及一定的篇幅，陈述历史文化名城保护专业的一些重要的、基本的思想观点，使非专业的读者能够领悟其义并感到兴趣盎然。

本书着重从城市重大事件、城市规划、城市建设、城市治理、城市产业五个方面介绍曲阜历史文化名城保护与发展历程，对各方面的名城保护与发展特征进行分析总结。本书主要包括八个章节：

第一章，论述中国文化遗产保护事业的发展过程，介绍我国历史文化名城保护概念的形成始末。

第二章，概括曲阜历史文化名城的特征，叙述曲阜名城保护的内容和范围。

第三章，重点介绍曲阜历史文化名城保护的重大事件，以及重大事件对曲阜历史文化名城保护与发展的影响。

第四章，着重阐述曲阜历史文化名城的规划编制体系，即以总体城市规划为总纲，以历史文化名城保护规划为先导，以修建性详细规划和专项城市设计导则为实施依据，形成涵盖各层次、各类型的城市规划编制体系，并对城市规划在历史文化名城保护工作中的作用加以阐述。

第五章，结合城市交通、老城保护、新城建设、乡村振兴等领域的理论研究，提出曲阜针对实践层面的一系列设计策略。

第六章，归纳概述我国城市治理的历程、特色，介绍曲阜城市治理的实践模式，为我国其他地区的城市治理提供具体的借鉴思路。

第七章，介绍曲阜作为历史文化名城，以大力发展文化旅游产业为核心，同时优化其他产业发展的实践模式，为我国其他历史文化名城的产业发展提供具体的借鉴思路。

第八章，归纳概述曲阜历史文化名城保护的实践模式，为我国其他地区的历史文化名城保护提供具体的借鉴思路。

目 录

中国文化遗产保护

党的二十大报告指出全面建设社会主义现代化国家，必须坚持中国特色社会主义文化发展道路，增强文化自信，围绕举旗帜、聚民心、育新人、兴文化、展形象建设社会主义文化强国，发展面向现代化、面向世界、面向未来的，民族的科学的大众的社会主义文化，激发全民族文化创新创造活力，增强实现中华民族伟大复兴的精神力量。

每一个民族的文化复兴，都是从总结自己的遗产开始的。在几千年历史长河中，我国各族人民创造了丰富的历史文化财富，留下了大量文物遗存。历史文物和文化遗产是传统文化的重要物质载体，记录着我们历史的光辉过去，延续着我们国家和民族的精神血脉，承载着我们民族的认同感和自豪感。保护历史文物和文化遗产，是传承中华优秀传统文化、坚定文化自信的必然要求。不断加大文物保护力度，让我们的城市建筑更好地体现地域特征、民族特色和时代风貌，有助于我们传承优秀传统文化，凝聚伟大民族精神，为实现民族复兴提供正确的精神指引和强大的精神动力。[1]

文化遗产包括物质文化遗产和非物质文化遗产。物质文化遗产是具有历史、艺术和科学价值的文物，包括古遗址、古墓葬、古建筑、石窟寺、石刻、壁画、近代现代重要史迹及代表性建筑等不可移动文物，历史上各时代的重要实物、艺术品、文献、手稿、图书资料等可移动文物，以及在建筑式样、分布均匀或与环境景色结合方面具有突出普遍价值的历史文化名城（街区、村镇）。非物质文化遗产是指各种以非物质形态存在的与群众生活密切相关、世代相承的传统文化表现形式，包括口头传统、传统表演艺术、民俗活动和礼仪与节庆、有关自然界和宇宙的民间传统知识和实践、传统手工艺技能等以及与上述传统文化表现形式相关的文化空间。在我国，非物质文化遗产代表名录共分为 10 个大类。这些文化遗产记录着中华民族在长期历史进程中所形成的价值观和审美理念，是文化延续和传承的重要载体，是中华各民族共有的精神家园，也是一笔不可再生的文化资源。保护文化遗产，保持民族文化传承，是连接民族情感纽带、增进民族团结和维护国家统一及社会稳定的重要文化基础，也是维护世界文化多样性和创造性，促进人类共同发展的前提。加强文化遗产保护，是建设社会主义先进文化，贯彻落实科学发展观和构建社会主义和谐社会的必然要求。[2]

文化遗产的保护脱胎于文物建筑的保护，但其后的演变远远超越了建筑的范畴。不仅保护概念、对象、内涵不断扩展，而且保护理念、对策与技术也变得更为成熟与多样。国际上，世界各国经过一百多年来的长期摸索之后，已积累了一套较为成熟和完善的经验做法。为更好地保护文化遗产，我们成立了相应的国际组织，通过了一系列包括宪章、公约、宣言、建议、原则等在内的国际文件，协调各国保护思想和保护原则，推广成熟的保护方法，共同推进文化遗产保护。其大体经历是：20

---

[1]　参见《人民网评：〈"福州古厝"序〉回答了怎样的时代命题》，载新浪网，http://news.sina.com.cn/c/xl/2019-06-08/doc-ihvhiews7501763.shtml。

[2]　参见《国务院关于加强文化遗产保护的通知》，载《中华人民共和国国务院公报》2006 年第 5 期。

世纪 60 年代之前以保护单体纪念物、遗址为主；20 世纪 60 年代以后开始涉及历史文化街区和历史地段；进入 21 世纪后，保护范围扩大到非物质文化遗产；近年来，历史文化遗产的范围扩大到了"环境"。

第一节　我国文化遗产保护进程

我国现代意义上的文物保护始于 20 世纪 20 年代的考古科学研究。1922 年北京大学成立的以马衡为主任的考古学研究室是我国最早的文物保护研究机构。[1]20 世纪 20 至 30 年代，我国首次把古建筑列入文物保护对象的范围。

新中国成立以来，我国历史文化遗产保护体系的大体经历是：20 世纪 50 年代初形成以文物保护为中心的单一保护体系；20 世纪 80 年代初增添历史文化名城保护为重要内容，形成双层保护体系；20 世纪 90 年代中期形成重心转向历史文化保护区的多层保护体系。我国历史文化遗产保护的概念由以文物建筑、建筑群为中心的保护扩展到了城市中的某个地区乃至整个城市的保护，形成了由文物古迹、历史文化保护区、历史文化名城所构成的较为完善的中国历史文化遗产保护框架。进入 21 世纪后，文化遗产保护的视野已经不再局限于单个文物点或者古建筑群、历史文化街区、村镇，而是扩大到空间范围更加广阔的"大遗址""文化线路""文化遗产廊道"等。[2]党的十八大以来，我国文化和自然遗产保护工作取得历史性成就：拓展了世界遗产保护的理念，极大地丰富了中国乃至全球世界遗产保护事业的思想库。用法律和制度构建起世界遗产保护网，建立从中央到地方较为完备的世界遗产

---

[1]　参见单霁翔：《我国文化遗产保护的发展历程》，载《城市与区域规划研究》2008 年第 3 期。

[2]　参见吴晓枫、王芳：《地区历史文化研究在保护乡土建筑中的作用》，载《河北科技大学学报（社会科学版）》2009 年第 4 期。

保护、管理、监测和研究工作体系，实现对遗产地的科学规划和有效监管。同时，充分利用专业机构力量和新技术，为世界遗产保护提供更多、更好的实施路径和方式方法。①

一、保护文物古迹的单一保护体系

中华人民共和国成立以后，文物保护作为新中国国家文化事业的重要组成部分由政府统筹进行管理。中央人民政府通过颁布一系列有关文物保护的法规，设置中央和地方的管理机构等一系列措施，到 20 世纪 60 年代中期，初步建立起了中国的文物保护制度。

1953 年，为保证在"第一个五年计划"的基本建设工程中做好文物保护工作，原中央人民政府政务院②颁布了《关于在基本建设工程中保护历史及革命文物的指示》。1956 年，国务院发布了《关于在农业生产建设中保护文物的通知》（已失效），要求"必须在全国范围内对历史和革命文物遗迹进行普遍调查工作"，对已知的重要的古文化遗址、古墓葬、革命遗址、纪念建筑物、古建筑、碑碣等，由省、自治区、直辖市人民委员会公布为保护单位，做出保护标志。该文件首次提出了"保护单位"的概念，这也是在全国范围内进行的第一次文物普查。1961 年，国务院颁布了《文物保护管理暂行条例》，规定各级文化行政管理部门必须进行经常性的文物调查工作，并选择重要文物，根据其价值大小，报人民政府核定公布为文物保护单位。条例正式提出"文物保护单位"的名称及内容界定，明确规定根据文物保护单位的价值分为三个不同的保护级别，即全国重点文物保护单位、省级文物保护单位和县（市）级文物保护单位。同时，国务院公布了第一批全国重点文物保护单位 180 处，③建

---

① 参见吴月、王珏、顾仲阳：《为世界遗产保护贡献中国力量》，载《人民日报》2021 年 7 月 16 日，第 4 版。

② 中华人民共和国建立至 1954 年 9 月 15 日第一届全国人大召开前中国国家政务的最高执行。1954 年《宪法》规定设立中华人民共和国国务院，撤销政务院，其全部职权由国务院行使。

③ 参见单霁翔：《我国文化遗产保护的发展历程》，载《城市与区域规划研究》2008 年第 3 期。

立了重点文物保护制度。

1963 年，我国颁布了《文物保护单位保护管理暂行办法》《革命纪念建筑、历史纪念建筑、古建筑石窟寺修缮暂行管理办法》。

1966 年开始的"文化大革命"使国家刚刚建立起的文物保护制度遭到了毁灭性破坏，直到 20 世纪 70 年代中期，文物保护工作才得以逐步恢复。1974 年，国务院颁布了《关于加强文物保护工作的通知》，使"文化大革命"期间一批珍贵文物免遭损失。1979 年颁布的《刑法》规定了对违反文物保护法者追究刑事责任。1980 年，我国颁布了《关于加强历史文物保护工作的通知》等文件。1981 年，我国开展了第二次全国文物普查，1982 年，《文物保护法》颁布，标志着中国以文物保护为中心的文化遗产保护制度形成。

二、保护历史文化名城的双层保护体系

我国历史文化名城保护制度初步确立的背景，是改革开放后经济发展对历史文化名城造成破坏，以及世界文化遗产保护运动的深入开展对我国的影响。"历史文化名城"的概念，最早可追溯到 20 世纪 50 年代梁思成先生的论述。1981 年，原国家基本建设委员会、原国家城市建设总局、原国家文物事业管理局向国务院提交了《关于保护我国历史文化名城的请示》报告。1982 年 2 月，国务院批转了这一请示，公布了曲阜等 24 个首批国家历史文化名城。同年出台的《文物保护法》明确将保存文物特别丰富并且具有重大历史价值和革命意义的城市公布为历史文化名城，标志着历史文化名城制度的设立。

1980 年由原国家建设委员会制定的《城市规划编制审批暂行办法》和 1983 年原城乡建设环境保护部发布的《关于加强历史文化名城规划工作的通知》等文件，促使历史文化名城保护工作同城市规划开始走向结合。

我国于 1986 年公布第二批国家历史文化名城的同时，首次提出了"历史文化

保护区"的概念，并要求地方政府依据具体情况审定公布地方各级历史文化保护区。设立"历史文化保护区"的立法目的，是保护未被列入历史文化名城的城市或乡村地带中值得保护的地方，以减少历史文化名城保护与发展的矛盾，从而将"历史文化保护区"作为名城保护制度的重要组成部分。

1987年11月1日至4日，全国第二次历史文化名城发展研讨会暨中国历史文化名城研究会成立大会在曲阜市召开。全国首批和第二批共62座历史文化名城中的58座名城的代表和有关专家学者出席会议。与会专家、学者从各个角度对名城保护与建设、企业结构调整、文化、教育、精神文明建设等问题进行了学术交流。会议选举产生了中国历史文化名城研究会的领导机构，提出要研究我国历史文化名城发展的特殊规律和保护与开发利用问题。①

从20世纪80年代初期到90年代中期，名城保护制度经过十多年的发展，从规划、立法、管理、学术研究及人员培训等多方面、多角度不断发展和完善，其保护内容也由单体文物保护向文物环境及整个历史街区保护扩展，由城市总体布局等物质空间结构的保持向城市特色与风貌延续等非物质要素的保护拓展，最终形成了以历史文化名城保护为重要内容，历史文化名城保护与文物保护制度相结合的双层次历史文化遗产保护体系。②

三、转向城乡历史环境保护的多层保护体系

1993年10月，首次全国历史文化名城保护工作会议和第六次名城研讨会在襄樊召开。原建设部常务副部长叶如棠作了题为《正确处理发展与保护的关系，努力开创历史文化名城保护工作的新局面》的报告，尖锐地指出"当前历史文化名城保护工作存在的突出问题是'建设性破坏'现象越来越严重，已经到了必须严加制止

---

① 参见《红色记忆·全国历史文化名城发展研讨会暨名城研究会成立大会在曲阜市召开》，载微信公众号"曲阜史敢当"2022年8月16日，https://mp.weixin.qq.com/s/6sAL1XueRiDhhVSKHerKAA。

② 参见《历史文化名城保护 同济大学整理精品》，载豆丁网2010年9月19日，https://www.docin.com/p-81370579.html。

的时候"。这次会议提出了建立中国历史文化遗产保护体系的概念，即历史文化名城——历史文化保护区——各级重点文物保护单位。会上讨论了原建设部和国家文物局共同起草但未颁布施行的《历史文化名城保护条例（草案）》，该草案吸取了地方经验，为进一步完善国家历史文化名城保护的法治化进行了有益探索。

1994年3月，由原建设部、国家文物局聘请各方面专家共同组成"全国历史文化名城专家委员会"，加强对名城保护的执法监督和技术咨询，并把专家咨询建议正式纳入名城保护管理的政府工作范畴，提高政府管理工作的科学性。1996年6月由原建设部城市规划司、中国城市规划学会、中国建筑学会联合召开的历史街区保护（国际）研讨会在安徽省黄山市屯溪区召开。屯溪会议明确指出"历史街区的保护已成为保护历史文化遗产的重要一环"，并以原建设部的历史街区保护规划管理综合试点地屯溪老街为例，探讨我国历史保护区的设立、规划的编制、规划的实施、管理法规的制定、资金筹措等方面的理论与经验。

1997年8月原建设部转发《黄山市屯溪老街历史文化保护区保护管理暂行办法》的通知，明确指出"历史文化保护区是我国文化遗产的重要组成部分，是保护单体文物、历史文化保护区、历史文化名城这一完整体系中不可缺少的一个层次，也是我国历史文化名城保护工作的重点之一"，明确了历史文化保护区的特征、保护原则与方法，并对保护管理工作给予具体指导。除对历史文化名城的历史街区进行保护以外，对一般城镇的历史地段、古村落的保护工作也提上议事日程。①

历史文化保护区保护制度由此建立，虽然其自身的发展与完善还要经历相当长的一段过程，但它却标志着我国历史文化遗产保护体系的建构完成，标志着中国历史文化遗产保护制度向着完善与成熟阶段迈进。应该说，名城保护面临的挑战仍然是"建设性破坏"得不到有效制止的问题。在旧城改造中，"大拆大建"带来的破坏非常严重，在许多地方已造成无法挽回的损失。

---

① 参见《历史文化名城保护 同济大学整理精品》，载豆丁网，https://www.docin.com/p-81370579.html，最后访问日期：2023年5月4日。

2002 年修正《文物保护法》时补充规定："保存文物特别丰富并且具有重大历史价值或者革命纪念意义的城镇、街道、村庄，由省、自治区、直辖市人民政府核定公布为历史文化街区、村镇，并报国务院备案。历史文化名城和历史文化街区、村镇所在地的县级以上地方人民政府应当组织编制专门的历史文化名城和历史文化街区、村镇保护规划，并纳入城市总体规划。历史文化名城和历史文化街区、村镇的保护办法，由国务院制定。"这个补充规定，标志着国家层面上建立起了历史文化街区、历史文化村镇保护制度。至此，中国在文物保护领域形成了单体文物、历史地段、历史性城市的多层次保护体系。

四、非物质文化遗产保护

我国历史悠久、民族众多，所拥有的非物质文化遗产绚丽多彩。这些非物质文化遗产发源于中华文明，根植于民族民间土壤，保护好它们对于民族精神的延续、传统文化的弘扬，具有重要作用。改革开放以来，我国的非物质文化遗产保护取得了不少重要成果。进入 21 世纪以来，随着非物质文化遗产保护在国际范围内不断得到重视，我国的非物质文化遗产保护也开始由以往单个的项目性保护走上全国整体性、系统性的保护阶段。它的重要意义在于，我们开始对与物质文化遗产一道，共同延续五千年中华文明的现存文化记忆——非物质文化遗产的价值进行全面的重新认识。我们审视人类自身及社会整体发展目标时，不能不认识到非物质文化遗产对于我们的重要意义。

曾经我国非物质文化遗产的生存、保护和发展遇到很多新的情况和问题，面临着严峻形势。一方面，由于文化生态的改变，其正在使非物质文化遗产逐渐失去赖以生存和发展的环境基础，许多非物质文化遗产正处于生存困难或已处于消亡状态，特别是一些依靠口传心授方式加以传承的文化遗产正在不断消失。许多传统技艺濒临消亡，大量有历史、文化价值的珍贵实物与资料遭到毁弃或流失境外。另一方面，一些地方保护意识淡薄，重申报、重开发，轻保护、轻管理，片面地开发非物质文化遗产的经济价值，随意滥用、机械复制、过度开发的现象相当普遍，致使一些非物质文化遗产显现的某种文明价值因不合理利用而中断。甚至一些地方借继承创新之名随意篡改民俗艺术，损害了非物质文化遗产的原真性。同时，法律法规建设的步伐不能与保护的紧迫性相适应，非物质文化遗产保护标准和目标管理以及收集、整理、调查、记录、建档、展示、利用、培训等工作相对薄弱，与保护相关的一系列基础性问题不能得到系统性解决。

2005年3月，国务院办公厅发布了《关于加强我国非物质文化遗产保护工作的意见》，要求建立国家级和省、市、县级非物质文化遗产代表作名录体系，逐步建立起比较完备的、有我国特色的非物质文化遗产保护制度。2005年12月，国务院在《关于加强文化遗产保护的通知》中，明确了非物质文化遗产保护工作的含义范围，确定"保护为主、抢救第一、合理利用、传承发展"的基本方针。该通知要求积极推进非物质文化遗产保护的各项工作：开展非物质文化遗产普查工作；制定非物质文化遗产保护规划；抢救珍贵非物质文化遗产；建立非物质文化遗产名录体系；加强少数民族文化遗产和文化生态区的保护。2006年5月，国务院正式公布了第一批国家级非物质文化遗产名录，其中包括民间文学、民间音乐、民间舞蹈、传统戏剧、曲艺、杂技与竞技、民间美术、传统手工技艺、传统医药、民俗等共10大类518项。2011年2月25日，《非物质文化遗产法》公布，自2011年6月1日起施行，为非物质文化遗产的立法保护奠定了制度保障。

作为文化遗产重要保护对象的非物质文化遗产，不仅与物质文化遗产具有同等重要的社会地位，在某种程度上更是物质文化遗产得以产生的依托。虽然非物质文化遗产的立法保护晚于物质文化遗产，但前者显然离不开后者的立法基础。随着认识的不断深化，全社会参与保护的意识也在不断加强，我国的保护工作正在逐步体现"文化自觉"的特征。

五、文化遗产保护范围的不断扩大

2002 年修正的《文物保护法》确立了"保护为主、抢救第一、合理利用、加强管理"的工作方针，为新时期文物事业的发展奠定了坚实的法律基础。文物保护的范围有所扩大，包括具有历史、艺术、科学价值的古文化遗址、古墓葬、古建筑、石窟寺和石刻、壁画；与重大历史事件、革命运动或者著名人物有关的以及具有重要纪念意义、教育意义或者史料价值的近代现代重要史迹、实物、代表性建筑；历史上各时代珍贵的艺术品、工艺美术品；历史上各时代重要的文献资料以及具有历史、艺术、科学价值的手稿和图书资料等；反映历史上各时代、各民族社会制度、社会生产、社会生活的代表性实物。同时，具有科学价值的古脊椎动物化石和古人类化石同文物一样受国家保护。目前，文物保护单位分为：古文化遗址、古墓葬、古建筑、石窟寺、石刻、壁画、近代现代重要史迹和代表性建筑等。

2005 年 12 月，国务院《关于加强文化遗产保护的通知》的发布，加快了我国从"文物保护"走向"文化遗产保护"的发展进程。[①] 1985 年，我国加入《保护世界文化和自然遗产公约》，承诺与世界各国一道，保护传承具有突出普遍价值的世界文化遗产和自然遗产。我国世界遗产总数已达到 56 项。其中世界文化遗产 38 项，世界自然遗产 14 项，文化和自然双重遗产 4 项。我国已成为名副其实的遗产大国，遗产保护受到了国际社会的广泛关注。

2021 年 7 月，第 44 届世界遗产大会以线上为主的方式在福州市举行。习近平总书记致贺信中写道："世界文化和自然遗产是人类文明发展和自然演进的重要成果，也是促进不同文明交流互鉴的重要载体。保护好、传承好、利用好这些宝贵财富，是我们的共同责任，是人类文明赓续和世界可持续发展的必然要求。"

中共中央办公厅、国务院办公厅于 2021 年 9 月印发了《关于在城乡建设中加强历史文化保护传承的意见》，其中指出：在城乡建设中系统保护、利用、传承好

---

① 参见单霁翔：《我国文化遗产保护的发展历程》，载《城市与区域规划研究》2008 年第 3 期。

历史文化遗产，对延续历史文脉、推动城乡建设高质量发展、坚定文化自信、建设社会主义文化强国具有重要意义。该意见明确主要目标：到 2025 年，多层级多要素的城乡历史文化保护传承体系初步构建。到 2035 年，系统完整的城乡历史文化保护传承体系全面建成，城乡历史文化遗产得到有效保护、充分利用，不敢破坏、不能破坏、不想破坏的体制机制全面建成。

自 1982 年我国施行《文物保护法》，公布第一批国家历史文化名城名单开始，我国历史文化遗产保护力度不断加大，留下了丰富的"家底"，截至 2022 年 3 月 28 日，国务院已将 141 座城市列为国家历史文化名城。

第二节　我国文化遗产保护机构

在文化遗产管理方面，我国政府采用了多头管理模式，即各相关部委都有相应的职权范围。在这个体系中，各部门在业务指导上都有一套自上而下的垂直管理系统，但这些单位的行政隶属关系又分别属于各自的地方政府。

在我国，与文化遗产保护有关的部门及组织有：联合国教科文组织世界遗产委员会——管世界文化遗产、世界自然遗产；文化和旅游部、国家文物局和各级文物部门——管文物以及世界遗产和非物质文化遗产；住房和城乡建设部和各级规划建设部门——管历史文化名城、名镇、名村；财政部门——管遗产保护资金；旅游部门——管涉及遗产地的旅游；热心于文化遗产保护的非政府组织（Non-Governmental Organizations，NGO）等。

在我国，物质文化遗产管理方面，涉及诸多社会管理和公共服务事项，主要依托文物行政管理机构和事业单位等来管理。

一、中央政府层面

国家层面没有一个全国统一的世界遗产行政管理部门，目前世界自然遗产、文化遗产、混合遗产以及文化景观由在名义上分别属于住房和城乡建设部以及国家文物局的一个"处"来协调管理。各个世界遗产单位，实行属地化管理，真正的日常管理权由较低层级的地方政府掌握（通常为地级市一级政府，世界遗产具体管理单位通常为该级政府的下属事业单位）。例如，虽然历史文化名城由住房和城乡建设部、国家文物局共同管理，但这种管理基本只体现在规划制定和审批层面。

二、地方政府层面

省级文物行政管理机构的级别不统一，多数级别较低。例如，山东负责全省文化遗产事业的管理机构是"正厅级"事业单位，河南则是"副厅级"行政机构。还有相当省级行政区文物局只是正处级机构（或事业单位），比如，广东、青海、宁夏等。理论上讲，一个区域某一方面事务的行政管理机构，应该与该省份这方面事务的影响大小、工作量大小相称。但实际上，基层文物管理机构数量严重不足，行政资源配置少，与其文物工作的重要性、文物管理工作的量都很不相称。

基层地方政府文物行政管理机构编制混乱，缺少统一的标准。全国绝大多数县级文物局是事业单位，工作人员是事业编制，工作经费不一定纳入财政预算（尽管《文物保护法》中的"五纳入"[①]在这方面有明确规定）。这样的行政管理机构设置情况，与中国的分层级保护文物的管理体制明显不对称。现实管理中，难免出现级别越低的文物保护单位被破坏得越严重的现象。

---

① 即各地方、各有关部门应把文物保护纳入当地经济和社会发展计划，纳入城乡建设规划，纳入财政预算，纳入体制改革，纳入领导责任制。在1997年国务院发布的《关于加强和改善文物工作的通知》（国发〔1997〕13号）中明确提出"五纳入"，2002年《文物保护法》修订时吸收了"五纳入"的基本精神，变成了具体的法律条文，即第10条第1款有关的"县级以上人民政府应当将文物保护事业纳入本级国民经济和社会发展规划，所需经费列入本级财政预算"的规定。

三、机构分类

在遗产所有权和使用权高度分离且属性不同的条件下，可将目前不可移动文物管理的参与者划分为行政管理机构、事业单位管理机构以及企业型管理机构三种类型。其中事业单位管理是"大头"，而行政管理和企业管理是"小头"。三种文物保护单位管理机构类型定义如下：第一，行政管理体制主要指所有权归国家或集体所有，而使用权归国家所有的管理模式。行政管理模式是政府主导下的管理模式，行政管理机构负责文物单位的保护与管理，有的行政管理机构还在一定范围内代行地方政府的大多数职能。第二，事业单位管理体制指文物资源所有权归国家所有，而以事业单位形式存在的管理单位受政府委托行使日常管理权的管理形式。事业单位管理体制是中国文物管理的主要形式。第三，企业型管理体制指文物资源所有权归国家、集体或者私人所有，而使用权归私人或者独立的企业法人所有。企业型管理是遗产管理单位完全面向市场的一种管理形式，负责文物资源的保护和利用，自收自支，自负盈亏。例如，目前曲阜"三孔"孔府、孔庙、孔林的管理经营权就是由全资国有企业——济宁市孔子文化旅游集团负责。

这三种管理机构类型与三种文物所有权、三种文物使用权类型之间并非一一对应关系，具体关系比较复杂，三种类型从管理效果来看也是各有利弊。①

第三节　我国历史文化名城保护

历史文化名城是我国对历史城市保护的一个特殊概念，它们承载着千年的文脉印记，有的曾是王朝都城，有的曾是历史上的经济重镇，有的曾发生过重大历史事

---

① 参见《各级各类文化遗产管理机构体制机制详情》，载豆丁网 2021 年 7 月 15 日，https://www.docin.com/p-2708718959.html。

件……在中华文化五千年的浩浩长河中，它们凭借各自独一无二的厚重文化基因占据着一席之地。时光流转到现在，这些历史文化名城也成为我们触摸历史、回顾历史的一扇宝贵窗口。①

一、名城保护的发展历程

1978年，十一届三中全会确立了"改革开放""以经济建设为中心"的大政方针，而以城市为中心的开发建设活动和旧城更新改造，对古建筑、文物古迹及其周边环境带来了一定程度的"建设性破坏"。1980年，国务院批转原国家文物事业管理局、原国家基本建设委员会《关于加强古建筑和文物古迹保护管理工作的请示报告》，其中指出，当前的主要问题是：有些重要古建筑继续被一些机关、部队、工厂、企业所占用；对古建筑"改旧创新"；在文物保护单位和文物古迹周围，修建了一些在环境风貌上很不协调的新建筑，甚至对古建筑进行随意的拆改等。

1980年，对国外历史城市保护比较熟悉的部分专家学者开始提出保护"历史文化名城"的设想。在北京大学侯仁之、原建设部郑孝燮和故宫博物院单士元三位先生的提议下，1981年12月，原国家基本建设委员会、原国家文物事业管理局、原国家城市建设总局向国务院提交了《关于保护我国历史文化名城的请示》报告。1982年2月，国务院批转了这一请示，公布了曲阜等24座城市为第一批国家历史文化名城。

历史文化名城的法律定位是在1982年11月全国人大常委会通过的《文物保护法》之中明确的。1982年《文物保护法》第8条规定："保存文物特别丰富，具有重大历史价值和革命意义的城市，由国家文化行政管理部门会同城乡建设环境保护部门报国务院核定公布为历史文化名城。"这标志着我国历史文化名城保护制度的正式启动。从行政区划看，历史文化名城并非一定是"市"，也可能是"县"或

---

① 参见陈晨：《历史文化名城 有"史"才能有"名"》，载《光明日报》2019年4月14日，第5版。

"区"。

从世界范围看，始于第二次世界大战结束后的现代环保运动已经开始关注城市遗产和大众遗产。20 世纪 60 年代开始，英、法、美等国已经开始通过立法划定保护区来保护历史地区；1975 年日本也开始依法保护传统建筑群地区，在地方保护的基础上选取重点对象进行保护。我国从 1982 年开始公布国家历史文化名城，名城保护工作的起步并不算晚。如果考虑到经济和城市发展滞后等因素带来的影响，不少城市的老城区传统风貌基本得到消极保存，那么 20 世纪 80 年代初开始着手进行历史城市保护应该是正当其时的。

1986 年，国务院公布上海等 38 座城市为第二批国家历史文化名城；1994 年，国务院公布哈尔滨等 37 座城市为第三批国家历史文化名城。第一批历史文化名城公布时，并没有严格的入选标准，只是要求保存文物特别丰富、具有重大历史价值和革命意义。第二批名单公布时，相关的一些标准才制定出来，而且开始强调保护和规划间的密切关系。第三批名单公布时，一些问题已经暴露了出来，比如追求片面的经济效益，违反城市规划和法规进行建设。因而，第三批的请示通知上特别增加了"加强保护管理"的表述，同时强调以后的名城审定要严格控制新增的数量、从严审批，对不按规划和法规进行保护、失去历史文化名城条件的城市，要撤销其国家历史文化名城的名称。[1]

20 世纪 90 年代，我国城市经济迅猛发展，城市化速度急剧加快，城市开发建设进入规模空前的阶段，历史文化名城保护面临的问题也更加严峻。因此，1994 年后，国家对于历史文化名城采取成熟一个公布一个的措施，直至 2001 年，开始逐步增补公布新的国家历史文化名城。2001 年，河北省山海关和湖南省凤凰古城被增补为国家历史文化名城，其后不断增补。2022 年 3 月，国务院批复同意江西省九江市为第 141 座（实际 140 座）[2]国家历史文化名城。

---

[1]　参见张松：《历史文化名城保护的制度特征与现实挑战》，载《城市发展研究》2012 年第 9 期。

[2]　因海南省的"琼山"及"海口"合并，"琼山"不再出现在历史文化名城名单中。

除了国家级历史文化名城外，各省、自治区、直辖市依据国务院文件精神，开始审批公布本辖区内的省级历史文化名城名镇或历史文化保护区，四川、安徽、湖南、河南、江苏、山东等省级行政区相继公布了省级历史文化名城名镇。截至目前，140座国家历史文化名城与180多座省级历史文化名城一起，构成了中国历史城市风貌与底蕴的主调。[①]

二、名城保护的法治化进程

历史文化名城是文化遗产的一个重要组成部分，这是历史文化名城所具有的文化属性决定的。在国内现代化城市经济大规模发展的时候，我们往往容易忽略对城市历史文化街区的重视，进而导致城市本源特色的消逝。大量的历史文化街区及特色建筑成为城市建设进程中的牺牲品，以致造成"千城一面"的结果。[②]在这方面，其他国家的城市，如美国的纽约、日本的东京、韩国的首尔等地方，都同样经历了城市经济高速发展时期，产生大量破坏传统历史街区风貌的情况。

在城镇化快速发展的过程中，我国的历史文化名城保护出现很多问题，包括大拆大建、拆真建假，随意破坏传统风貌，地方政府在历史文化保护中缺乏主动性和积极性等。但是，这是不是意味着在中国经济高速发展的时候就没办法保护历史街区了？城市的历史风貌就必须要丧失了？在这方面，欧洲一些国家，如意大利的罗马、威尼斯，法国的巴黎这些著名的城市可以给我们提供借鉴。它们都是通过立法，通过政府补助，通过宣传教育提高居民意识水平来解决这些问题的。

历史文化名城保护在城市规划图纸上的作业并不难，难的是从纸上到现实的过程。历史文化名城保护的实施，最终必须落实到政策中才能得以实现。因此，在文

---

① 参见张杰、刘岩：《中国历史文化名城——在保护中发展在发展中保护》，载《人民日报》2022年8月20日，第7版。

② 参见《巴城历史文化街区保护与利用方案——以文星街‐小街子历史文化街区为例》，载浙江省公共政策研究院、浙江大学公共政策研究院网，http://www.ggzc.zju.edu.cn/2019/0718/c54166a2202299/page.htm。

化遗产和历史文化名城保护上，最重要的还是立法。

（一）法律制度确立

从 1982 年公布第一批国家历史文化名城名单和《文物保护法》施行开始，我国历史文化名城法律制度逐步建立。

1989 年 12 月我国颁布了《城市规划法》（现已失效）、《环境保护法》（已于 2014 年进行修订），其中有关历史文化遗产保护的条文促进了历史文化名城保护法治化的进程。自 1991 年起，北京、西安、丽江和苏州等城市依据《文物保护法》《城市规划法》，分别制定并颁布了有关历史文化名城保护的规定，并在保护手段、保护方法以及规划制定等方面进行了规定，从而使历史文化名城保护和建设在部分地方基本上有法可依。1993 年原建设部和国家文物局共同起草的《历史文化名城保护条例（草案）》虽未颁布施行，但为进一步完善国家历史文化名城保护的法治化做了有益探索。2002 年 10 月《文物保护法》被大幅度修改，其中直接涉及历史文化名城保护的条款体现在"第二章不可移动文物"所包含的第 13 条至第 26 条，并授权国务院制定历史文化名城保护的具体办法。修正后的《文物保护法》没有采用"历史文化保护区"概念，而是将"历史文化名城"概念与"历史文化名村"和"历史文化名镇"两个概念相对应。我国 2003 年出台了《文物保护法实施条例》，2003 年 10 月，原建设部和国家文物局公布了第一批中国历史文化名镇和中国历史文化名村的名单，同时还制定了相应的评选办法，从而间接否定了我国受世界历史文化遗产保护组织制定的国际性保护宪章的影响而提出建立"历史文化保护区"的做法。这样，就造成了我国现行有关保护历史文化名城的法律法规的规定前后不一致的现象。

从 20 世纪 80 年代初至 21 世纪初，中国历史文化名城保护法律制度确立并历经了近二十年的发展历程：从"历史文化名城"概念的提出到其与"历史文化保护区"概念的区别；从"历史文化保护区"概念的废止到将"历史文化名城"概念与

"历史文化名村"和"历史文化名镇"两个概念相对应；从历史文化名城保护的地方性法规的制定和完善到相关行政法规的制定与完善，以及《文物保护法》的修改，从而逐步确立起了历史文化名城保护的制度体系。①

2005年10月，《历史文化名城保护规划规范》（GB 50357—2005）（现已废止）正式施行，确定了保护原则、措施、内容和重点。2007年10月，《城乡规划法》颁布，其中第31条明确："旧城区的改建，应当保护历史文化遗产和传统风貌，合理确定拆迁和建设规模，有计划地对危房集中、基础设施落后等地段进行改建。历史文化名城、名镇、名村的保护以及受保护建筑物的维护和使用，应当遵守有关法律、行政法规和国务院的规定。"2015年和2019年对《城乡规划法》进行第一次和第二次修正时，均未对该条规定进行调整。2008年7月1日，《历史文化名城名镇名村保护条例》正式施行，规范了历史文化名城、名镇、名村的申报与批准程序。如果国家历史文化名城的布局、环境、历史风貌等遭到严重破坏，由国务院撤销其历史文化名城的名称。2011年2月，全国人大常委会公布了《非物质文化遗产法》。由此，以"三法两条例"即《城乡规划法》、《文物保护法》、《非物质文化遗产法》和《历史文化名城名镇名村保护条例》、《文物保护法实施条例》为骨干的历史文化保护法律法规体系形成，我国逐步建立了具有中国特色的历史文化名城名镇名村保护制度。②

《文物保护法》和《城乡规划法》确立了历史文化名城、名镇、名村保护制度，并明确规定由国务院制定保护办法。在《历史文化名城名镇名村保护条例》施行之前，历史文化名城保护管理基本上是在《文物保护法》框架下运行的，主要依照国务院批准公布第一批、第二批、第三批国家历史文化名城时的三个通知文件精神和文物保护相关文件规定进行保护规划管理。《城乡规划法》相对于之前的《城市规

---

① 参见李军：《中国历史文化名城保护法律制度研究》，重庆大学2005年硕士学位论文，第14页。
② 参见王凯：《新阶段·新理念·新格局——构建城乡历史文化保护传承体系》，载微信公众号"规划中国"2021年9月13日，https://mp.weixin.qq.com/s/MQf-kOTYjehXOP9RrL3Q。

划法》，从"城市"到"城乡"，一字之差，意味深长：我国逐渐打破原有的城乡分割规划模式，进入城乡总体规划的新时代。《历史文化名城名镇名村保护条例》的颁布，进一步促进了历史文化名城保护的法治化。

2018年11月，住房和城乡建设部、国家市场监督管理总局联合发布国家标准《历史文化名城保护规划标准》（GB/T 50357—2018），原国家标准《历史文化名城保护规划规范》（GB 50357—2005）同时废止。

2021年5月21日，习近平总书记主持召开中央全面深化改革委员会第十九次会议，审议通过了《关于在城乡建设中加强历史文化保护传承的若干意见》。2021年9月，中共中央办公厅、国务院办公厅印发的《关于在城乡建设中加强历史文化保护传承的意见》中指出：要本着对历史负责、对人民负责的态度，加强制度顶层设计，建立分类科学、保护有力、管理有效的城乡历史文化保护传承体系；完善制度机制政策、统筹保护利用传承，做到空间全覆盖、要素全囊括，既要保护单体建筑，也要保护街巷街区、城镇格局，还要保护好历史地段、自然景观、人文环境和非物质文化遗产。意见明确了历史文化名城保护的方法、范围和内容。

（二）法律制度体系

从历史文化名城保护制度的法的渊源角度分析，我国基本上形成了由法律、行政法规、地方性法规、部门规章和国际条约组成的历史文化名城保护法律制度体系。

第一，历史文化名城保护的有关法律。中国已经形成了以《文物保护法》《城乡规划法》《非物质文化遗产法》等组成的历史文化名城保护法律制度体系。具体而言，主要包括《宪法》《刑法》《文物保护法》《环境保护法》《环境影响评价法》《城乡规划法》《非物质文化遗产法》等。

第二，历史文化名城保护的行政法规。行政法规在保护历史文化名城过程中具有较强的可操作性，主要包括：国务院《批转国家建委等部门关于保护我国历史文化名城的请示的通知》（1982年发布）、国务院《批转城乡建设环境保护部、文化部关于请公布第二批国家历史文化名城名单报告的通知》（1986 年发布）、国务院《批转建设部、国家文物局关于审批第三批国家历史文化名城和加强保护管理请示的通知》（1994 年发布）、《建设项目环境保护管理条例》（1998 年发布，2017 年修正）、《文物保护法实施条例》（2003 年发布，多次修订，最近一次为2017 年第二次修订）、国务院《关于加强文化遗产保护的通知》（2005 年发布）、《历史文化名城名镇名村保护条例》（2008 年发布，2017 年修正）等。

第三，历史文化名城保护的地方性法规、自治条例和单行条例。这是由各省、自治区、直辖市、设区的市人民代表大会及其常务委员会根据国家法律，结合本地实际情况制定、审议、颁布实施的规范性文件，因而它们在保护历史文化名城过程中具有较强的地方性特色。比如：《云南省丽江历史文化名城保护管理条例》（1994年发布）、《西安历史文化名城保护条例》（2002 年发布，多次修正，最近一次为 2020 年修正）、《北京历史文化名城保护规划》（2002 年发布）、《长沙市历史文化名城保护条例》（2004 年发布）、《银川历史文化名城保护条例》（2005年发布，2021 年修正）、《沈阳历史文化名城保护条例》（2009 年发布）、《山东省文物保护条例》（2010 年发布，2016 年、2017 年两次修正）、《哈尔滨市历史文化名城保护条例》（2010 年发布，2020 年修改）、《济南市历史文化名城保护条例》（2020 年发布）等。

第四，历史文化名城保护的部门规章。部门规章在法律效力上不及保护历史文化名城的法律和行政法规，但相较之下，更有针对性、更详细具体和更容易操作。主要有原文化部《关于文物保护单位保护管理暂行办法》（1963 年发布）、原城乡建设环境保护部《关于加强历史文化名城规划工作的通知》（1983 年发布）、原城乡建设环境保护部、文化部《关于在建设中认真保护文物古迹和风景名胜的通知》（1983 年发布）、《国家历史文化名城保护专项资金管理办法》（1998 年）、《关于申请和使用国家历史文化名城保护专项资金有关问题的通知》（2001 年）、《关于加强对城市优秀近现代建筑规划保护的指导意见》（2004 年）、《关于加强文化遗产保护的通知》（2005 年）、《国家历史文化名城申报管理办法（试行）》（2020年），住房和城乡建设部办公厅发布《关于在城市更新改造中切实加强历史文化保护坚决制止破坏行为的通知》（2020 年）和《自然资源部 国家文物局关于在国土空间规划编制和实施中加强历史文化遗产保护管理的指导意见》（2021 年）。

第五，文化遗产保护国际条约。我国在开展文化遗产保护工作的同时，也积极开展保护文化遗产的国际合作。我国加入的保护世界文化遗产的国际条约有：《关于禁止和防止非法进出口文化财产和非法转让其所有权的方法的公约》，该公约是联合国教科文组织第 16 届会议于 1970 年 11 月 14 日在巴黎通过的。我国政府于 1989 年 9 月 25 日作出加入该公约的决定。

《保护世界文化和自然遗产公约》，联合国教科文组织于 1972 年 10 月 17 日至 11 月 21 日在巴黎举行第 17 届会议，11 月 16 日通过该公约，开放给各国签字、批准和加入。1985 年 11 月 22 日，我国政府决定加入该公约。

《国际统一私法协会关于被盗或者非法出口文物的公约》，是由国际统一私法协会于 1995 年 6 月 24 日在罗马签订的条约。1997 年 3 月 7 日，我国政府决定加入该公约。

《保护非物质文化遗产公约》，2003 年 10 月，联合国教科文组织第 32 届大会通过。该公约对语言、歌曲、手工技艺等非物质文化遗产的保护作出了必要规定。我国于 2004 年 8 月 28 日加入该公约。

（三）法律制度评价

从上述历史文化名城保护的制度体系可以看出，我国历史文化名城保护的法律制度相对滞后，主要是因为与我国历史文化遗产保护体系相对应的全国性法律、法规不完善。对于历史文化名城保护，我国至今没有出台专门法，在保护上的主要依据是"三法两条例"，我国历史文化名城的保护缺乏一部统一的法律规范进行调整。

同时，现行保护历史文化名城的法律规范立法层次较低，大多是"通知""办法""规定"等部门规章。现行法律法规对历史文化名城名镇名村保护和利用体系没有明确规定，对加强历史城区、历史文化街区、历史建筑的保护和利用还存在一些空白，对地方政府履行主体责任、相关部门履行保护责任的要求不够具体和明确，因此要在保护实践中不断予以完善。作为历史文化名城保护制度核心部分的审批、规划和资金保障等制度，尚待进一步完善。要抓紧健全历史文化名城保护的相关配套法规，制定更有针对性的文化遗产保护、利用鼓励政策，严格依法进行保护、利用和管理。

三、名城保护的有关问题

随着名城保护的深入推进，一些问题也陆续暴露出来：一些局部和环节存在多头管理、条块分割矛盾，历史文化名城协同保护机制有待完善，而由于缺乏更加精细化的法律制度保障，历史文化资源保护利用效率不高。2019 年 3 月，聊城、大同、洛阳、韩城、哈尔滨 5 座城市被住房和城乡建设部、国家文物局联合下发的《关于部分保护不力国家历史文化名城的通报》点名批评。该通报称被点名城市"历史文化遗存遭到严重破坏，历史文化价值受到严重影响"，要求被批评的城市限期整改，如果限期整改仍未达标，将提请国务院取消其历史文化名城的称号。该通报的背景是 2017 年到 2018 年，住房和城乡建设部、国家文物局组织开展国家历史文化名城和中国历史文化名镇名村保护工作评估检查。这说明虽然国家对历史文化名城的保护越来越重视，但地方名城保护存在的问题仍不容忽视。

我国是历史悠久的文明古国，历史文化遗产非常丰富，多数就保存在遗存至今的古代城市中。历史文化名城这一保护手段，赋予了城市荣誉，也赋予了城市保护的责任，使这个城市政府从城市全局采取综合保护措施，从大处着眼，小处着手。[①]要做历史文化名城保护规划，要有相关保护条例。很多历史文化名城在保护和发展

---

① 参见王景慧：《中国历史文化名城的保护概念》，载《城市规划汇刊》1994 年第 4 期。

中重焕生机与魅力，但也有一些由于"大拆大建""搞房地产开发""拆真建假"而遭到毁灭性破坏，致使名城历史文化价值蒙受无可挽回的损失。[①] 在城市建设高潮中，历史文化名城不能被很好地保护，历史面貌就会迅速被"现代化建设"改造而损毁。

（一）管理多头、条块分割

各项事业的管理都需要通过管理单位的执行才能得以实现。按照中国的法律规定，我国的文物单位、自然保护区、风景名胜区，都要接受上级多个主管部门的管理和地方各级政府的领导；职能重叠，容易导致多头管理、条块分割。[②]

对于历史文化名城保护，《历史文化名城名镇名村保护条例》规定："国务院建设主管部门会同国务院文物主管部门负责全国历史文化名城、名镇、名村的保护和监督管理工作。地方各级人民政府负责本行政区域历史文化名城、名镇、名村的保护和监督管理工作。"实际上，我国的名城保护涉及部门非常多，保护的日常管理工作由城建、文物、执法、旅游和文化部门等多部门共同组成，各部门或囿于自身的利益、或受于权限掣肘，各行其是的现象比较突出。因缺乏统筹协调机制，各部门在资源开发和保护中经常存在信息不对称、管理重叠与盲区并存等弊病，使历史文化名城保护和发展难以统一规划、形成合力、有效实施，同时制约着文化旅游产业发展。例如，曲阜名城保护涉及的部门有文物局（管文物）、文化产业园（管世界遗产）、住房和城乡建设局（管历史文化名城、名镇、名村）、自然资源和规划局（管建设项目规划审查）、文旅局（管非物质文化遗产和旅游）等。多头管理造成在建设高潮中，历史文物不能被很好地保护，文物部门常和建设部门有矛盾，相互争执；规划往往只能笼统、模棱两可。

名城保护不是一个部门的单打独斗，而是需要各部门通力协作。因此，当地政

---

① 参见邱玥：《历史文化名城保护，要下绣花功夫》，载《光明日报》2019年4月14日，第5版。
② 参见李肖肖：《郑大历史学教授谈国外文化遗产保护 重要是立法》，载文物网2015年10月15日，http://www.wenwuchina.com/a/16/254701.html。

府应该：成立历史文化名城保护委员会，统一负责当地历史文化名城的保护工作，加强对历史文化名城的管理和监督工作；成立强有力的历史文化名城专家咨询、监督机构，实行首席专家负责制和名城保护问责制。但是，机构成立后还要能够真正发挥作用。例如，曲阜市成立了市文化遗产管理委员会，专门负责对历史文化名城保护工作的决策和领导工作，并在建设项目规划审批过程中与文物部门联动，实行"文物保护一票否决制"，文物部门不同意的项目坚决不审批。但是在实际执行过程中，矛盾处理依然乏力。经济建设、旅游发展与文化遗产保护产生矛盾时，往往文化遗产保护为经济建设、旅游发展让路。最后，遗产管理委员会被撤销，部分职能转到了曲阜文化产业园管理委员会中。

（二）"部门法"的倾向较重

我国的规划建设行为都遵循严格的法定程序，但由于立法程序不够规范，很多法规并非逐部门制定，"部门法"的倾向较重。历史文化名城保护与管理也不例外，不少法规都是从相关部门沿用过来的，造成各主管部门的职责、权限等不够明确，甚至出现有些管理文件不知该送往哪个部门签发的现象。如曲阜在文物保护方面就涉及文化局和文物局（曲阜的文物数量太多，为保护好必须单独设立），而上一级济宁市和济宁下辖其他县市只设有文化局，上级部门签发文件时，其他县市只需要下发文化局即可，而曲阜必须要下发至两部门（经过机构深化改革，曲阜市文化局并入旅游局成为曲阜市文化和旅游局，曲阜市文物局仍然是独立单位）。通常是由城市建设规划与文物管理部门提出法规草案报人大审批。职能部门站在本单位和法规执行者的角度所提出的法规必然带有一定的局限性、片面性和保护部门利益的倾向；而人大成员一般不是这方面的专家，对这种专业性很强的法规提不出关键性的问题，也就起不到真正的审查作用。城市规划或文物管理部门既是法规的实际制订者，又是法规的执行机构，形成既当运动员又当裁判员的局面。

过去我国大部分城市没有立法权，变通的方式是委托立法。但委托立法必须上报省人大批准，且应报全国人大备案，程序复杂，而规划是需要随时变动的。随着改革开放的深入，地方要求权力下放的呼声越来越高。2015 年 3 月发布的《立法法》赋予设区的市的人大及其常委会和政府在城乡建设与管理、环境保护、历史文化保护等方面的事项制定地方性法规的权力，但是县级人大和政府仍无立法权。作为县级市，只能执行上级制定的相关法律法规，历史文化名城保护方面的法规往往缺乏针对性。曲阜作为国家第一批历史文化名城，在历史文化名城保护与管理工作中可循的法规是《文物保护法》《历史文化名城名镇名村保护条例》《曲阜市城市总体规划（2003—2020 年）》《曲阜历史文化名城保护规划（2012—2020 年）》等，这些只能算是形成了一套初步的地方执行法律法规体系，但未能形成有针对性、系统性的历史文化名城保护法规。各部门都有自己的规划，旅游部门编制的《曲阜古泮池乾隆行宫复原设计》《曲阜旅游目的地总体规划》等，文物部门编制的《曲阜孔庙、孔林和孔府保护规划》《曲阜鲁国故城保护总体规划》等，对曲阜的历史文化名城保护和城市建设都起到了重要的作用，但部门规划之间相互的协调与衔接性不足，难以形成上下一盘棋的力量。

名城保护与管理工作中，法律、法规和规划的执行也有欠缺的地方。由于各自主管业务的不同，各部门在执行中往往存在各行其是，沟通协调不顺畅的情况，不能充分发挥各有关部门的职能作用。甚至管理权在实际运作中处于权责不分、分权争权的"权耗"之中，严重扰乱了名城保护秩序，违法审批、越权审批、法人违法、集体违法现象时有发生。由此造成文化名城保护管理各自为政，使历史文化名城保护和管理丧失了整体性和统一性。同时现行法律法规中对各审批部门的审批内容、审批权限、审批程序、审批期限没有明确的法律界定，加之城市规划利益的长远性与城市政府政绩目标的短期性存在矛盾，严重影响历史文化名城保护和实施过程。比如，城市总体规划与专项规划之间的分歧，经规划主管部门协调仍不能解决时，往往将矛盾上交，要由主管规划的市长和主管该专业部门的市长进行协商解决，难以彻底走出"规划无效论"的阴影。

（三）违章建设时有发生

我国城市发展"重建轻管"到"建管并重"的过程漫长。我国现行的行政管理体制和政府职能运作模式发端于传统的计划经济时期，由于城市经济的需要，城市建设长期以来一直处于主导地位，城市管理处于依附或从属于城市建设的次要地位。相对于城市建设的城市管理工作，从历史到现实，从理论到实践，均明显滞后于城市建设，从其开始就处于一种"先天不足"的境况。长期以来，城市管理走的是一条若有若无、有建无管——先建后管、重建轻管——建管并重、并行不悖的非均衡发展之路。

改革开放之前，城市管理实际是一种有建无管的情况。改革开放以后，城市管理大致经历了三个发展阶段。第一个发展阶段出现在改革开放开始到 1996 年，城市管理从有建无管逐渐到重建轻管、先建后管的状态，但基本上还是处于无序运作、主体不明的阶段。这一阶段的主要特点：一是虽然有城市管理工作，但没有明确的城市管理具体内容；二是虽然有城市管理的相关部门，但是条条管理、职能交叉较多；三是虽然有执法时间要求，但没有形成全方位监察体系机制。对一般违法行为，往往是以罚代管，未能形成依法查处、规范管理的长效机制。第二个发展阶段出现在 1996 年之后，城市管理步入了正规化、目标化、法治化发展轨道。以《行政处罚法》的颁布为标志，城市管理工作开始了从依附、从属于城市建设到二者相辅相成的探索性转变。第三个发展阶段出现在 2005 年，各地城市管理综合执法大队的建立，标志着城市建设和城市管理工作进入了建管并重、并行不悖的发展阶段。

改革开放以来，我国始终坚持以经济建设为中心，一心一意谋发展，创造了改变中国、影响世界的发展故事。40 多年前，我国的主要经济矛盾是人民的吃饭穿衣问题，因此发展生产、提高经济增速就成为当时解决主要经济矛盾的首要选择。[1]

---

① 参见林光彬：《必须坚持以发展为第一要务》，载《人民日报》2019 年 1 月 29 日，第 5 版。

虽然明知有些项目是违规或违法的，一旦建成将造成对土地的不断蚕食和对环境的严重污染，但由于没有赋予规划强制执行权，往往难以将其消灭在萌芽状态，还要经过一系列较长的法定程序，因而造成既成事实，增大了损失，也增加了执法难度。

曲阜九龙山汉代摩崖墓群，在 1977 年被公布为全省重点文物保护单位。1982年《曲阜县城市建设总体规划》批复提出，游览区可以"三孔"为中心，结合城区、郊区和邻县其他景点如颜庙、周公庙、少昊陵、洙泗书院、尼山、孟母林、九龙山汉代摩崖墓群、孟庙（属于邹城市）、泉林（属于泗水县）等组成一个完整的游览系，对此要作出统一规划，提出对九龙山汉代摩崖墓群的保护要求。1984 年 11 月《曲阜县人民政府关于加强对九龙山汉墓等文物古迹保护的命令》再次要求，立即停止在九龙山、亭山开山、采石、烧石灰等一切破坏文物环境风貌的活动。对九龙山、亭山、马鞍山只准封山造林，不准开山打石，对遭受严重破坏的九龙山西起第一座汉墓，由破坏单位（小雪工业石灰厂）出款、文管会组织施工，采用水泥喷浆法保护加固。但实际上开山采石、挖土烧砖等违法行为一直持续到 2006 年，受文化标志城事件的影响，才真正停止开山采石、破坏文物环境风貌的活动，开始封山造林，保护九龙山汉代摩崖墓群免受人为破坏。

由计划经济转向市场经济的社会转型期，我们仍需发展，仍需要解决贫穷的问题。城市建设是螺旋式上升、曲折中前进、探索中发展的过程，是和当时的社会背景分不开的。转型期的城市建设，基本处于一种政府主导，市场垄断及企业运作的混合型发展阶段。计划经济指导下的城乡发展观与市场经济条件下城市化的迅猛发展之间不适应，曲阜在这个时期同样出现了许多违章建筑。在计划经济时代，社会对个人的住房条件改善关注不够，有不少家庭的居住条件极差，一家数口蜗居一室甚至两家同居一屋都是常见的事，于是人们便偷偷摸摸地在自家院内搭建棚房居住，以解决家庭生活基本需要。可以说此时的违章建筑最主要的动因是人们解决生活困难，特别是居住困难。随着经济的发展，城市人口迅速膨胀，对房屋巨大的市场需求产生了巨大的利润空间。违章建筑迅速增多，有的人违章建房出租，有的公司违章建房开发销售。《城市规划法》（现已失效）明确规定对城市发展有重大影响的项目必须作环境影响评价和可行性研究，但赋予城市规划主管部门的，仅是在这些项目选址上有一定的发言权，在"一票否决"制还没有普遍推广的情况下，规划并不能完全左右项目立项、建设时序等，一定程度上只是起到"不该建什么"的作用，难以发挥"应该建什么"的功能，规划的"龙头"地位没有得到真正体现。

我国现在的社会主要矛盾已经转化为人民日益增长的美好生活需要和不平衡不充分的发展之间的矛盾。从需求侧看，消费升级是大势所趋，人们的需求实现了从有到优的转变；从供给侧看，粗放式的发展难以为继，实现高质量发展迫在眉睫。正因此，在新时代坚持以发展为第一要务，不仅要毫不动摇坚持发展是硬道理，更要贯彻发展应该是高质量发展的战略思想。

（四）地方政府角色多重

历史文化名城保护的优劣，起决定作用的环节是规划和决策，历史文化名城的规划和建设可称作"一失足成千古恨"，悔改不得。《城市规划法》首次以国家立法形式授权各级人民政府依法制定和实施城市规划。在市场经济条件下，地方政府扮演着多重角色，既是城市规划的管理者，也是许多建设项目的代言人，极易滋生地方保护主义。例如，详细规划（包括控制性详细规划和修建性详细规划）只要经过城市地方政府审批即可，造成地方政府在具体规划管理中往往从单个建设项目的利弊出发，更改甚至重新阐释城市规划法律规定的事例屡见不鲜。

地方政府扮演着多重角色，有时还会造成行政执法机关执法不公、处罚不力，是违章建筑泛滥的另一个原因。判别建筑物是否违反规划，是否严重影响规划，是以详细规划为标准判断的。在一定的时期内，详细规划要么比较粗糙，要么根本没有，有些领导干部对城乡规划，特别是详细规划的法律效力了解不多，随意变更规划。由于没有详细规划，或虽有详细规划却得不到严格执行，这就给行政执法机关判定建筑物是否违反规划、是否严重影响规划留下了非常大的自由裁量空间，而对这一自由裁量权却无约束机制。于是在同一地段，对类似的建筑，对甲认定为严重影响规划，决定拆除，而对乙认定不严重影响规划，不予拆除。同时，由于部分行政执法机关工作效率低下，在当事人刚实施违法建设行为时不能及时制止和查处，等到当事人建设完工后才去查处，不仅加大了查处难度，也增加了执行难度；而此时的查处又有不少是以罚代拆，这又从一定程度上滋长了当事人违法建设的气焰。

由于认识的局限性，个别地方政府领导，既不懂古代城市构成，又不懂"古"和"旧"能比"新"又"亮"价值高得不可比拟的道理。这样"拆了翻新"、"改造旧城"、弃旧如弊履的遗憾就不只一处了。同时21世纪初的"干部异地任职"制度，加重了干部的"短期行为"。由于部分"异地任职"的干部对名城的历史文化价值及特征缺乏理性认识，他们对历史文化名城保护意识欠缺，且自发性不强。

（五）保护资金存在差距

从国外的经验看，历史名城保护得比较好的国家，无一例外都有充足的资金。这些保护资金一部分来源于政府，另一部分来源于社会的广泛参与。美国对文化遗产的管理是国家公园制度，保护经费由联邦政府拨给国家公园管理局，同时，还通过税费减免和降低门票等措施，鼓励社会各界对自然和文化遗产进行投资。在英国，保护资金除了国家和地方政府提供的财政专项拨款和贷款，还有非政府组织的捐赠和志愿者个人的捐款。一些发展中国家，对遗产保护的投入也非常重视，如印度每年国家投入约合3.1亿元人民币，墨西哥每年国家投入约合14.2亿元人民币，埃及旅游点门票收入的90%上交国库再返还给文化遗产部门。

历史文化名城保护是一项以社会效益为主的社会主义文化建设事业，因此，其经费的主要来源应是国家及各级政府的投入。但历史文化名城保护的资金仅靠地方政府的有限补助，无异于杯水车薪，即使编制了保护规划，也显得苍白无力，难以实施。例如曲阜的东凫村，是孟子出生地，村内有孟子故里、孟母池等历史遗迹，周边有白马河、马鞍山等自然景观，2003 年被评选为首批省级历史文化名村，保护好该地区的环境很有意义。2004 年村庄编制了《曲阜市小雪镇凫村省级历史文化名村保护规划》，但由于缺乏保护和建设资金，村庄环境继续遭到严重破坏，孟母池没了，白马河被破坏，望天吼失窃，孟氏家族影堂户家庙被毁坏，清代古民居越来越少，草山被卖得面目全非，古寨墙和围沟古迹迅速消失，大柳树被人无情地滥伐等。

历史文化名城、名镇、名村保护，地方政府责无旁贷，但很多地方城市，财力有限，单靠自身无法肩负起保护名城、名镇、名村文脉的责任。目前，我国对历史文化遗产的保护投入主要来自政府，还没有形成多方参与共同投入的机制。由于资金投入机制不健全，财政投入不足，使历史文化遗产的可持续发展大打折扣。除了投入极少，有的地方政府还向作为历史文化遗产的风景区索要费用，迫使风景区提高门票价格并扩大开发规模。① 因此，历史文化名城、名镇、名村保护，需要在国家层级上加大资金投入，设立历史文化保护专项资金并列入财政预算，逐年加大对历史文化名城的历史街区、文物保护单位和历史建筑的保护修缮，对基础设施的改善等资金投入；需要政府吸引社会广泛参与，鼓励其以个人名义设立基金等形式积极参与。同时，也要避免改造保护完全依赖市场资本导致过度追求利益的情况发生。

（六）公众参与缺乏法律保障

在历史文化名城保护和规划工作中，一些城市的保护方法和规划方法较多地体现了政府部门的意志，较少反映地区现状及来自社会与个人的实际需求。在一些城

---

① 参见李肖肖：《郑大历史学教授谈国外文化遗产保护 重要是立法》，载文物网 2015 年 10 月 15 日，http：//www.wenwuchina.com/a/16/254701.html。

市，因为规划是个"技术活"，而自然地将民众排斥在决策之外；规划设计不重视现场调查，没有充分倾听百姓的呼声，没有自下而上地以市民的要求为出发点，没有有效的公众参与，没有让普通市民参与到关系自己利益的各种规划决策的制定过程中，导致原住居民意志和愿望得不到应有的尊重。公众已然丧失了城市规划上的话语权，地方政府虽然花了很大的工夫想为市民做点好事，但是市民的满意度却很低。

城市规划仅仅局限于利益集体的游说、政府领导的决定与规划设计师的设计是不健全的，还必须要有公众的参与，形成决策者、设计者、开发商和民众之间的良性互动。这就需要法律法规明确规定公众参与城市规划全过程的权利与义务，以确保公众参与的法律地位、法定渠道、主要方式。《城市规划法》明确了城市规划须有公众参与，但我国现行法律对如何保证公众参与规划决策没有明确规定，加上广大市民法律意识和规划参与意识薄弱，尽管在实际操作中不少城市也制定了城市总体规划成果的展示、重大项目意见征询等地方性规定，例如《曲阜市城市总体规划（2003—2020 年）》就进行了城市总体规划成果的展示（图 1-1），但对公众以何种方式参与规划决策，以及建设性意见的反馈渠道和采纳程序等并没有明确规定。广大市民对规划的了解本身就很不够，更谈不上对规划的全方位参与。

历史文化名城保护与民众的利益息息相关，牵动着千家万户，只有大量当地民众积极投入到维护自己的

图 1-1　曲阜城市总体规划成果展示现场——曲阜市规划局

"发展环境"之中，才能变"少数的抗争"为"共同的努力"。强化公众参与，实现共建共治共享，历史文化名城保护才能取得实效。历史文化名城保护是一个长期过程，所以，必须充分征求民众意见，考虑保障民众的既得利益以抵消他们的阻力；要加强宣传，争取民众的理解与支持，满足想得利益者的合理诉求和弥补丧失利益者的相关损失以获取他们的助力。同时，探索建立长效管养机制，让民众参与到历史文化名城保护的日常管养之中。要建立公众参与机制，可以通过发放调查问卷，利用多种互联网数据平台辅助决策，包括保护规划公示与意见征询、文化遗产监督管理、相关舆情分析等方式，充分保护历史文化街区原住居民的合法权益。广泛接纳公众意见，使公众参与、基层治理和历史文化名城保护协同发展。

四、名城保护的政策建议

我国的文化遗产保护中，历史文化名城保护是最难的。与其他单项文化遗产保护相比，历史文化名城保护的技术含量最高，它不仅要求保护城区及近郊的文物古迹、风景名胜区，还要着重保护古城历史街区以及城市的历史格局，并弘扬城市的优良文化传统。[①]打破制约名城保护深入有序推进的深层障碍，需要制度的建立和创新。2021年9月，中共中央办公厅、国务院办公厅印发的《关于在城乡建设中加强历史文化保护传承的意见》指导思想十分明确："始终把保护放在第一位，以系统完整保护传承城乡历史文化遗产和全面真实讲好中国故事、中国共产党故事为目标，本着对历史负责、对人民负责的态度，加强制度顶层设计，建立分类科学、保护有力、管理有效的城乡历史文化保护传承体系；完善制度机制政策、统筹保护利用传承，做到空间全覆盖、要素全囊括，既要保护单体建筑，也要保护街巷街区、城镇格局，还要保护好历史地段、自然景观、人文环境和非物质文化遗产，着力解决城乡建设中历史文化遗产屡遭破坏、拆除等突出问题，确保各时期重要城乡历史

---

① 参见苏小红、黎旭升：《历史文化名城关键在"保护"——专访宜居城市（中国）研究中心主任罗亚蒙》，载《中山日报》2008年7月2日，A02版。

文化遗产得到系统性保护，为建设社会主义文化强国提供有力保障。"

（一）把名城保护放在城市发展战略的位置

事实证明，如果不将历史文化名城放在城市发展战略的重要位置，必然会对名城保护不利，甚至造成进一步的破坏。城市政府应当将名城保护放到发展战略的地位统筹考量，因为历史保护涉及城市文化、民生改善和人居环境等重大课题。历史城区整体保护，历史街区和历史建筑有效保护和合理利用，亟须探索适合各历史城市的有效途径。对历史文化街区、名镇、名村、传统村落的核心保护范围和建设控制地带，允许采取不同保护措施和修缮标准，进一步理顺名城保护与城市发展、民生改善之间的关系。在符合保护规划、风貌保护以及结构、消防等专业管理要求的前提下，鼓励依法优化历史建筑使用功能，有利于更好地把握保护与利用的关系，彰显保护一座充满生机与活力的历史文化名城的现实价值。

（二）完善名城保护的立法和教育

文化遗产保护上，最重要的还是立法。在欧美国家，不仅是立法保护，法律保护体系和监督体系也同样完善。早在 1913 年，法国就制定了《保护历史古迹法》；1930 年英国制定了《古建筑法》；1943 年，德国立法规定改变历史建筑周围 500 米环境要得到专门的批准；意大利专门立法对历史文化名城实施成片保护，房屋拆迁、维护必须依法，不得擅自修缮；俄罗斯立法在世界遗产区域内不准乱拆乱建。与此同时，很多国家都有专门的机构对历史文化遗产进行管理和保护。比如，俄罗斯有遗产委员会，墨西哥有国家人类学和历史局，意大利有文化遗产部，均是专门的保护机构。在西方国家，历史文化遗产教育也很普及。西班牙中小学课程都开设了世界遗产保护课，并且有很多遗产保护和古迹修复学校，培养专门的古迹修复人员。[①]文化遗产保护，最终依靠的是全民意识的觉醒，因此加强普及教育非常重要。

① 参见李肖肖：《郑大历史学教授谈国外文化遗产保护 重要是立法》，载文物网 2015 年 10 月 15 日，http：//www.wenwuchina.com/a/16/254701.html。

我国名城保护立法方面相对落后，改进确实刻不容缓。法国早在 19 世纪就制定了《历史建筑保护法》，1962 年通过了《历史城镇保护法》。现在巴黎市中心 100 平方千米所有历史建筑都没有动。但中国现在只有《文物保护法》，没有历史建筑法。例如，《文物保护法》侧重于文物古迹的保护，而忽略了文化遗产的环境保护；《城乡规划法》虽要求在编制城市规划时，注重保护历史文化遗产、城市传统风貌、地方特色及自然景观，但对于如何保护历史文化环境却没有作出法律说明，尤其没有明确各种破坏名城行为的法律责任。对历史文化名城的保护，不仅要保护文物古迹等物质空间要素，还要保护当地社会生活和传统文化，需要通过强化顶层设计、鼓励公众参与等方式，实现对历史文化名城"生活延续性"的保护。

从 1984 年的《城市规划条例》到 1989 年的《城市规划法》，再到 2007 年发布的《城乡规划法》（2015 年和 2019 年进行了两次修正），作为我国城乡（城市）规划领域的大法，该法规在近 40 年的时间里，经历了多次修改，不断完善，但仍存在一些不完备的地方。我国历史文化名城保护的法律法规体系，仍要在实践中不断予以完善，进一步健全名城保护的相关配套法规，制定更有针对性的文化遗产保护、利用的鼓励政策，严格依法进行保护、利用和管理。只有进一步建立健全法律制度，让法律的利剑高悬，才能真正震慑破坏历史文化名城的行为，避免让历史文化名城沦为"历史"。同样，行之有效的创新举措，对名城保护制度发展有着重要的引领作用，有必要通过法规的形式进一步实现政策的法定化，提升政策层次和效力。应构建由法规、规章、规范性文件和技术规范组成的历史文化名城保护治理体系，充分发挥政策的整体效能。

（三）分级保护，更新理念

历史文化遗产保护得比较好的国家，都有完善的保护体系。以世界上最重视历史文化遗产保护的国家之一意大利为例，他们已经形成了保护机构网络。在意大利，文物保护分为四个等级：第一级类似于我国的重点文物保护单位，一切按原样保存，保护原物不得改变；第二级指具有特色的建筑，室内外不可改动，但结构可以更新；第三级是地方价值建筑，仅保存外观，室内可以改动，以便更好利用；第四级指一般建筑，只要原样不改可以重建。

保护得比较好的国家，始终都坚持可持续发展的理念，无论是自然的还是人文的景观。比如马来西亚的姆鲁国家公园和尼亚国家公园，接待设施都是二层的传统民居建筑，高度都低于当地森林的高度，色调大多是木色，没有建筑物是用水泥和石块构建的，因此许多古树和名贵林木并未因建设而受到破坏。在澳大利亚的大堡礁国家公园，游人不许带走任何自然物体，包括贝壳，违者将被高额罚款。在新西兰的卡巴提岛，有人上岛观鸟前，必须经过一天的培训，洗澡消毒，不许自带食物和背包，岛上也没有明显的建筑设施。[①]

（四）设立常设机构，严格执法

我们要做好其他法律与《文物保护法》的衔接与实施。20 世纪 80 年代以来，虽然我国的文化遗产保护立法建设取得了较大进展，但由于文化遗产保护涉及自然山水、人文历史、城市建设、村镇发展、环境保护等多方面，历史文化名城的保护与建设政出多门，有的归建设、园林部门管，有的归文化、文物部门管，有的则是几个部门共管。在一些保护对象涉及几个部门交叉管理时，往往会造成遗产保护的权限不清、利益冲突、管理混乱等局面，阻碍遗产保护和管理工作的开展，这需要规划、园林、城建、文物等多个部门在工作过程中加强沟通、协调解决。多头负责致使实际工作中出现疏漏、混乱和缺乏强有力的措施，使破坏名城的行为屡禁不止，很难做到依法行政。

针对职责交叉和管理空白问题，应根据不同保护对象和管理阶段，明确各级政府和基层组织、相关主管部门的职责，这是解决条块分割、属地管理缺失问题的一

---

① 参见李肖肖：《郑大历史学教授谈国外文化遗产保护 重要是立法》，载文物网 2015 年 10 月 15 日，http：//www.wenwuchina.com/a/16/254701.html。

把钥匙。可在省一级住房和城乡建设主管部门设立历史文化名城保护常设机构，专职领导辖区内历史文化名城保护、历史文化街区保护工作。同时完善相关工作考核制度，将历史文化街区保护工作纳入政府、部门及个人考核内容，并建立名城动态监测制度，对名城文物古迹、传统风貌情况进行定期检查，建立黄牌警示和红牌退出机制。①

法制的健全和完备固然十分重要，但最关键的还是执行要到位。因不懂法、不守法、不信仰法、不尊重法所产生的问题在社会经济生活中时有存在。同时，从城市规划部门行业反思来说，行业本身也存在一些问题，即缺少更有说服力的让人毫不怀疑的科学论证。

（五）处理好城市改造开发和历史文化遗产保护利用的关系

要处理好城市改造开发和历史文化遗产保护利用的关系，切实做到在保护中发展、在发展中保护。各地要把行动真正落实到"保护优先"的基本底线上来，加强历史文化名城的积极保护和整体保护，将社会民生改善与地方活力复兴、城市文化发展整合起来，真正关心居民的真实需求，同时妥善处理历史遗留问题。

历史文化是城市的灵魂，要像爱惜自己的生命一样保护好城市历史文化遗产。名城保护关系到每一个人的切身利益，要下大力气提升公众参与名城保护的意识和参与度。要鼓励公众参与历史文化名城的保护工作，通过制定历史文化名城保护的普及教育计划，采用各种形式对市民进行名城保护宣传教育，提高广大市民的保护意识。同时，积极扶持相关民间组织，使这些第三方组织可以提供支援与补充；有力发动企业、社区组织、社会团体，提升历史遗产活化的活力与动力，促进历史遗产活化利用的市场化与规范化。②

---

① 参见王自宸等：《保护历史文化名城亟须理顺体制机制》，载新浪网 2016 年 11 月 3 日，http://finance.sina.com.cn/roll/2016-11-03/doc-ifxxmyuk5689988.shtml。

② 参见《要处理好城市改造开发和历史文化遗产保护利用的关系》，载搜狐网，https://www.sohu.com/a/442089090_443679。

（六）不断探索适合自身实际的名城保护工作方法

我国历史文化名城保护制度经历了概念诞生到体系完善，再到立法保护的发展过程，表明我国名城保护制度具有很强的现实意义和国情特色，是基于我国文物保护制度和城乡规划制度的制度创新，始终和我国城镇化发展中名城保护所面临的突出问题紧密相关。名城保护立法理念的演变，是名城保护认识不断深化的结果，也是名城保护实践不断发展的结果。名城保护从单纯的保护历史遗存，到实现保护与经济发展并重，与人民生活水平提高相结合，实现了单纯文物保护到满足"人民日益增长的美好生活需要"的价值回归。2019 年 10 月，党的十九届四中全会审议通过了《中共中央关于坚持和完善中国特色社会主义制度 推进国家治理体系和治理能力现代化若干重大问题的决定》，习近平总书记在党的十九届四中全会第二次全体会议上明确"鼓励基层大胆创新、大胆探索，及时对基层创造的行之有效的治理理念、治理方式、治理手段进行总结和提炼，不断推动各方面制度完善和发展"。[1]

历史文化名城保护就像一条鱼，能不能养好，除了取决于鱼本身的生命力，还要取决于鱼塘里的水质，而影响这个水质的因素，包括政治制度、历史、文化、地理位置、人口构成等，但政策法规无疑是最重要的。因此，历史文化名城保护需要多方共同努力，需要从不同的领域，运用不同的学科知识，协同不同的政策方面来共同推进，并在发展的过程中不断地调适，这其中各项政策之间的协同及其演进是至为关键的。

第四节　名城保护与发展的关系

历史文化名城保护面临的突出难点是如何处理保护与发展的关系。虽然我国名

---

[1]　参见习近平：《坚持和完善中国特色社会主义制度　推进国家治理体系和治理能力现代化》，载《求知》2020 年第 2 期。

城保护制度起步早于大规模的破坏发生之前，但是制度本身并不健全，学界对名城保护的重点和保护方式的认识也存在较大分歧。[①] 保护与发展孰先孰后直接关系着历史文化名城保护的实际成效。主张保护优先的一派强调城市历史文化的存续以及遗产本身的重要历史文化价值，而另一派则坚持发展第一的观点，认为保护应让位于发展，片面追求城市的经济目标和短期利益的获得。[②]

一、保护与发展的关系

历史文化名城保护的核心是保护与发展的关系，基本底线是"保护优先"。保护和发展不是对立的，而是一种相互促进、相互依存、水乳交融、具有客观联系的关系。经济、政治、文化是社会生活的三个领域，其中，经济是基础，政治是经济的集中表现，文化是经济和政治的反映。经济发展是文化发展的基础，文化的发展能推动经济的发展。在城乡建设中，需要妥善处理好发展与保护的关系，使二者相得益彰，而不能顾此失彼。要坚持保护与发展并重，在发展中做好保护的文章，在保护中发展、在发展中保护，依托历史文化名城、名镇、名村，构建融入现代生产生活的历史文化展示线路、景观、廊道；深耕文化内涵，挖掘潜在价值，让历史文化遗产与旅游产业、乡村振兴、经济发展、人民生活相得益彰、美美与共。

经济是城市的基础，文化是城市的灵魂，历史文化与城市规划和建设应该相融合。名城保护要从经济利益角度来讲，因为文化附着在经济利益之上。"仓廪实而知礼节，衣食足而知荣辱"，物质基础决定上层建筑，城市的发展是前提，当城市政府在为保基本民生、保工资、保运转而发愁时，历史文化名城保护自然就会往后站。历史文化名城的保护需要资金投资，因此离不开城市的发展。在没有资金作保障的前提下，不要说保护文化遗产，即使是对于文物本体也只能"抓大放小"，保

---

① 参见《历史文化名城应整体保护》，载中国新闻网，https://www.chinanews.com.cn/cul/2012/12-06/4387729.shtml。

② 参见邱玥：《历史文化名城保护，要下绣花功夫》，载《光明日报》2019年4月14日，第5版。

护好重要的高级别的（相对同一城市）文物，而对于级别相对较低的文物往往是任其缺乏维护修缮，甚至被损毁。特别是市民群众历史文化名城保护观念上的提高，就更需要经济的发展，物质的富足。同样，城市文化深刻地影响着一座城市的综合竞争力，文化对经济发展的支持作用主要表现在理论指导、智力支持和产业支撑等方面。留住一个城市的历史文化印记，不仅可以丰富城市的文化内涵，更可以让这座城市散发出独特的魅力，吸引更多游客，无论是从口碑上还是从经济上，都将为城市带来源源不竭的可观收益。

但是，历史文化名城保护不是城市发展了、有钱了就能做得更好。金钱并不是万能的，没有钱固然不能办事，仅仅有钱，而缺乏必要的知识和文化也会把好事办成坏事。处理好保护和发展的关系，不仅考验城市管理者的智慧，也要求规划者怀有敬畏之心来对待历史文化名城的保护，尊重历史、传承文化，力求保护历史文化街区的整体性和真实性，不对其传统格局和历史风貌构成破坏性影响，同时还要扩大与居民、与城市的互动性。健全保护制度，完善保护规划，严格规划实施，加大保护投入，加强监督管理，切实保护好历史文化名城名镇名村。①

一个城市的历史遗迹、文化古迹、人文底蕴，是城市生命的一部分。城市是现代生活的主要承载地，每一座城市又都有自己的发展历史，蕴含着丰富的历史文化记忆。只有在保护中建设、在传承中发展，才能增强城市文化底蕴，守护好城市的生命。因此，在城市规划和建设中要注重挖掘城市历史文化资源，将特色文化符号和元素融入城市整体形象设计，突出历史风韵在现代城市的创造性呈现，打造城市文化品牌。在城市规划和建设中，我们既不能一味强调开发，也不能简单强调保留，而要在高度重视历史文化保护的基础上，下一番"绣花"功夫，进行精细化"微改造"。既要精心营造富有创意、精致便利的现代空间环境，又要尽可能保留市民美好的历史文化记忆。只有这样，才能在改善人居环境的同时更好传承文化、延续历

---

① 参见陈晨：《历史文化名城 有"史"才能有"名"》，载《光明日报》2019年4月14日，第5版。

史，让城市留下记忆，让人们记住乡愁。

二、保护的模式

截至 2022 年 3 月 28 日，国务院已将 141 座城市列为国家历史文化名城，并对这些城市的文化遗迹进行了重点保护。保护优秀的历史文化遗产是留住城市温度和城市文脉的重要方式。某城市是历史文化名城，不等于这个城市的整个市域或整个城区就都是保护范围。历史文化名城的保护范围、内容、要求必须通过城市规划来予以确定。最普遍的共识是，名城大多是以其极富历史个性的古城而成立并驰名的，保护名城的重中之重就是保护古城，保护它的城市历史格局、体型环境和建筑艺术风格，保护历史文化街区和历史城区的真实性。目前，古城保护模式主要有两种：

一种是"脱开古城、另建新区"的规划布局模式，即尽可能保护古城的传统风貌，不在古城内大拆大建，同时在古城外开辟新区，进行大规模的现代化建设。这样既能满足城镇化发展的需要，又能缓解古城中人口过密、居住条件差、交通拥塞等问题。这种模式适用于面积不大、历史文化遗存较多的古城，既可对古城的历史风貌予以保护，又可使新的建设较为方便和顺利。这种模式的优点是兼顾古城保护和新区建设，容易两全，减少矛盾，问题是古城长期破旧，古城内基础设施和建筑、居民生活环境改善缓慢，居民意见较多。

例如，1977 年，巴黎制定了古城保护规划，105 平方千米内是古城范围，得到法律严格保护，建设现代建筑控制很严，允许新建的建筑在设计上必须追求与古城整体风貌的和谐统一。因此，在巴黎旧城区内，很少能见到新建的高层建筑；而现代化的城市新区，建在 34 千米外的拉德芳斯。这种努力，是为了让巴黎这座汇集着世界文化珍品的千年古城，在延续历史传统和实现现代化发展之间找到平衡点，在风格迥异的世界大都市中，保持自己独特的城市身份。新与旧并不是完全对立的，过去与现在可以和谐共处。

另一种是"融合模式"，即在保护古城的主要格局和主要文物古迹基础上，对古城进行改造和建设，同时在坚持古城风貌的前提下，向古城四周辐射，进行新的城市建设。这种模式适用于旧城面积较大、文物古迹多而分散、情况比较复杂的名城，采取分工、分片和点、线、面相结合的保护办法。诸如英国的伦敦，我国的北京、南京、开封、杭州等，大体采用这种模式。

西安的城市总体规划，就是这一模式的实例。西安市在城市规划中，把文物古迹和古都风貌作为重要考虑因素，以现存的明城为中心，向四郊均衡发展，将全市分为五大块：旧城（明城）为行政商业区；在文物古迹较少的东、西郊，各布置一个工业区；南郊有众多古迹，规划为文教区；北郊为汉长安和唐大明宫等遗址，全划为文物保护区，只准农耕，不准基建。西安的城市规划突出了保护明城的完整格局，对标志性古建筑如钟楼、鼓楼、城墙、城楼特别注意保护维修，仿佛它们是城市的眉眼，眉眼分明则古都面目清晰。对汉唐都城的宏大规模，规划则用城南宽阔的林带和道路来体现。西安的城市规划明确划定历代遗迹的保护范围，也增强了西安国际旅游城市的吸引力。[1]有些城市成效并不是很理想，矛盾较多，其原因不在于这种模式本身，而主要是由于未能严格按规划办事，缺乏对历史名城的全面认识。

"脱开古城、另建新区"的规划布局模式是当今大多数历史文化名城的选择，要依法加强对城市总体布局的控制，处理好新区拓展和旧城更新的关系。建设新区对于城市发展来说既省钱，又具有相对较大的自由度，可以避免陷入原有城市的复杂矛盾之中。城市新区建设：要严格依据规划，居住区、商业区与产业区布局要注意融合发展；既要注重节约用地也要注重环境优良；要加强各类区域性交通系统与城市交通系统的衔接，促进各类交通系统集成。[2]

---

[1]　参见阮仪三：《中国历史古城的保护与利用》，载光明网，https://www.gmw.cn/01gmrb/2007-07/19/content_642211.htm。

[2]　参见徐旭忠、杜宇：《住房城乡建设部表示：要扭转城市无序扩张的局面》，载中华人民共和国中央人民政府网，http://www.gov.cn/jrzg/2010-10/15/content_1723759.htm。

三、"梁陈方案"

讨论历史文化名城保护与发展，不得不提及"梁陈方案"。对于新中国城市规划发展历史而言，"梁陈方案"是一个不得不提的重大事件，它是新中国成立后针对北京城市建设制定的第一版规划方案之一。当前中国城市规划实践中，历史文化名城保护、城市有机疏散的规划思想得到众多城市的追捧并予以建设实施，很大程度上是受到了新中国初期北京城市发展建设中"梁陈方案"的影响。

1950 年 2 月，梁思成先生和陈占祥先生共同提出《关于中央人民政府行政中心区位置的建议》，史称"梁陈方案"。为解决一方面因土地面积被城墙所限制的城内极端缺乏可使用的空地情况，和另一方面西郊所辟的"新市区"离城过远，脱离实际所必需的衔接，不适于建立行政中心的困难，建议拓展城外西面郊区公主坟以东、月坛以西的适中地带，有计划地为政府行政工作开辟政府行政机关所必需足用的地址，定为首都的行政中心区域。

"梁陈方案"的内容，不是反对拆城墙那么简单狭义，也不仅仅是为了一个北京古城的完整留存，而是一个全面的、系统的城市规划设计建设书，其核心内容可概括为两个方面：中央行政区建设另辟新址——保护旧城、建设新城；北京城市总体规划着眼于市域范围而采用疏散、均衡发展的模式——区域疏散理论。以现在的观点来看，"梁陈方案"预见了现在北京所面临的很多问题，是对"老北京"的"完整保护"，是一个非常优秀的城区建设方案。"梁陈方案"所遵循的是历史文化名城规划的普遍原则，其价值在于符合"保护历史城市另辟新区扩建"这样一个规划建设的基本方式。

第五节　文化遗产保护发展走向

一、从旧城改造走向古城保护

旧城改造是破坏历史文化名城最锐利的武器。旧城区是城市文化积淀最深厚的地方，是文化名城保护的基本范畴，但往往又是房地产商开发争夺的黄金地段。许多建设性破坏都是在"名城保护"的"理论"指导下进行的，正是有了这种"理论"的支持，才有了地方政府和企业放开手脚大规模破坏性地建设。从旧城改造到古城保护，不单是称谓上的改变，更是文化自觉意识与文化自信意识的苏醒。

二、从单体保护走向整体保护

历史文化名城是一个有机的整体，不仅拥有优秀的历史文化遗存和重要的文物古迹，还有历史文化街区和古老街巷。历史文化街区是名城历史发展中存留下来的连片的建筑群体，它保存有这座城市发展过程的历史信息，它是成片的而不是单幢的房屋，因而能反映出城市的特色和风貌。历史文化街区因为是街区，有人在进行着各种各样的生存活动，故其能作为具有生命力的城市的一个组成部分。单个的文物古迹或历史景点虽然也能反映城市的历史，但它无法代表城市有机生命体这样的内容。所以，对于一座完整的历史文化名城来说，仅仅注重保护文化遗产单体，是远远不够的，这样会割断文化遗产的整体性、系统性和综合性，会使一处处文化遗产沦为"文化孤岛"。正如生命体的发展离不开母体遗传信息的传递一样，文化名城也离不开它的历史文化传统、历史环境氛围。保护文物古迹的真实性、完整性和相关历史环境，要从古建筑的设计、构造、材料、样式、色彩、体量及空间位置等方面入手，从影响古城整体格局、氛围、外围环境等方面进行考虑，多层次、多手段来保存历史文化遗存。一个拥有完整历史风貌古城的城市，才是一座伟大的城市，一个真正意义上的历史文化名城。

三、从两相对立走向两全其美

历史文化名城保护长期在保护与发展的矛盾夹缝中徘徊，剪不断、理还乱。为了保护，我们划定了保护范围；为了发展，我们划定了建设控制地带。殊不知，正是由于建设控制地带的规范，历史文化名城的整体风貌被肢解，厚重的历史文化气场被击碎。应当以更宽广的文化视野和空间尺度，去处理保护与发展的关系，把传统的记忆放在古城，把现代的记忆放在新区。立足古城搞保护，跳出古城求发展，把保护与发展分开，在两个不同的空间，寻求两全其美、互利共赢之路。

四、从文化造假走向修旧如旧

在文化遗产遭遇巨大建设性和自然力双重破坏的历史条件下，寻找正确的文化名城保护之路是当务之急。中国与西方建筑是有明显差异的：从物质结构层面看，西方以石头结构为主，残垣、孤柱可以露天保存，展示残缺之美，中国以砖木结构为主，屋宇残破不堪难以保存，不加修复就会彻底毁灭。从文化审美层面看，西方以单体高大雄伟取胜，中国以群体神韵意境见长。单体孤存，没有群体连续空间背景，无法体现传统建筑之美，但大规模修复，又会触动禁止复建的底线，影响文化遗存的原真性，蒙受"文化造假"的责难。其实，文物保护自古以来就有经常保养、局部维修加固、重大修缮和复原重建等方法，这样才使许多重要的建筑得以传承下来。没有历代的修缮、复建，就没有中国传统建筑的传承。问题的关键在于区别"文化造假"与"修旧如旧"，不能把文物"修旧如旧"的正宗传统方法，不加辨析、笼而统之地斥为"文化造假"。

五、从文化包袱走向产业创新

历史文化名城屡屡遭遇建设性破坏，来自一个很大的认识误区，就是认为低矮破旧、饱经沧桑的老院，功能缺失、狭窄弯曲的老巷等，都是城市文明进步与发展的包袱；花钱保护，成本昂贵，代价巨大，得不偿失，因此在利益的比较与权衡中，人们向文化遗产挥起了"屠刀"。文化资源永远不会枯竭，在保护中发展，可永续利用，持续不断创造价值。文化遗产资源是一个城市最为宝贵、最为独特的优势，它是文化理想的旗帜，历史情怀的表达，民族精神的象征。站在名城古都，就是站在伟大与神圣的脚下，子孙后代可以从它身上不断汲取更多理想的养分、精神的能量和文明的情愫，可以创造更大的社会效益、文化效益和经济效益。

六、从个性泯灭走向特色张扬

一个城市，要有其特色，才有恒久不衰的生动魅力；如果一个城市只是急功近利地看眼前，缺乏长远规划，那么它将是可悲的。全球化带来城市发展的趋同化，导致"南方北方一个样，大城小城一个样，城里城外一个样"的特色危机。城市的魅力在于特色，而特色的基础又在于文化。文化特色既是城市景观中极具活力的视觉要素，又是构成城市形象的精神和灵魂。众多物质的与非物质的文化遗产，诉说着城市的历史和变迁，承载着城市丰富的文化记忆和信息，赋予城市独特的文化面孔和文化价值，给人以深刻的印象和震撼。城市中的重要物质文化遗产，正如冯骥才先生在《城市为什么要有记忆感》中所说，"它们纵向地记忆着城市的史脉与传衍，横向地展示着它宽广深厚的阅历，并在这纵横之间交织出每个城市独有的个性与身份。我们总说要打造城市的'名片'，其实最响亮和夺目的'名片'就是城市历史人文的特征"。文化擦亮城市面孔，特色打造城市品牌，思想决定城市战略。①

---

① 参见耿彦波：《历史文化名城保护发展的六个走向》，载《传承》2012年第23期。

七、数字化带来的"元建筑"

科技改变生活，同时也引领着时代新型的生活模式。在时间长河中，许多文物也都在消失，许多建筑也都不复存在，还有一些现存的古建筑已经到了"看一眼少一眼"的状态，不能再承受多人长时间的参观游览了，而虚拟现实技术（Virtual Reality，VR）为古建筑的保护提供了一个无限寿命的可能。数字化科技甚至还可以根据史料重现那些已经不复存在的建筑，通过技术手段，将古建筑的原貌扫描下来之后通过虚拟现实技术或者增强现实技术（Augmented Reality，AR）复原之后，人们就可以通过穿戴设备"亲临"虚拟场景，真正沉浸式地走入每一个场景，甚至是和历史人物面对面下棋喝茶。虚拟空间给我们带来很多期待，而技术也正慢慢带领着我们靠近那个相像的世界——一个人类即将开创的平行世界。例如，近年来，数字设计在建筑领域变得普通起来，虚拟现实技术将不可避免地改变建筑师的设计方式。在建筑设计和施工的过程中，其实数字化早已开始。从纸和笔到计算机辅助设计（Computer Aided Design，CAD）再到建筑信息模型（Building Information Modeling，BIM），虽然建筑行业仍然是数字化程度较低的行业之一，但越来越多的建筑师和工程师已经开始尝试，他们利用建筑信息模型、虚拟现实或增强现实技术进行复杂的建模设计，这些技术还帮助他们在不同的场景中向客户进行展示和讲解。

历史文化与高新技术发展相融合，大数据、云计算、人工智能等高新技术的迅猛发展，为历史文化和现代生活融为一体提供了无限可能。比如，3D打印等技术能够让历史图景、器物得以生动再现，创造出新的文化业态。又如，利用大数据技术，可以对海量历史文化数据进行智能化分析、关联性搜索，从而可以更有效地对它们予以利用。再如，运用新媒体传播技术，能够增强历史文化的知识性、趣味性、时尚性，让历史典故、民俗礼仪、传统道德规范等更为人们喜闻乐见。在城市发展进程中，要善于发挥高新技术在保护和利用历史文化方面的重要作用，通过激活历史文化来丰富现代人的生活。

例如：上海进行的"一幢一册"数据云平台建设，将所有历史保护建筑的技术保存。未来，后人阅读云平台的数据，就像打开一本建筑学的"历史书"，每一次修缮采取的手段、技术和方案，都将记录在案、一览无余。上海市在宋庆龄故居的修缮中，采用3D扫描技术，把宋庆龄用过的家具、筷子等，用3D扫描实现存档，使所有的物件滚动播出，让大家能够直观地看到所有曾经被使用过的文物。在华东理工大学的校区修缮中，其使用无人机并采用360度倾斜摄影，结合地形定位和即时技术，从而定位关键地标等。

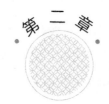

第二章

历史文化名城曲阜

"曲阜"始见于《礼记·尔雅》。据东汉应劭解释："鲁城中有阜，委曲长七八里，故名曲阜"。曲阜城东有一座委曲长七八里的土山，名叫防山，如"原"高出于地面，它和《释名》这部书上"土山曰阜"的说法一致，这就是"曲阜"名字的由来。

曲阜是中国古代著名的思想家、教育家、儒家学派创始人——孔子的故乡。曲阜位于山东省中部偏南，春秋战国时期为鲁国都城，秦置鲁县，隋改曲阜，有孔子故里，孔府、孔庙、孔林和鲁国故城遗址。① 根据第七次全国人口普查的数据，曲阜总面积 814.76 平方千米，总人口 62.2 万人。

南北朝时期，北魏郦道元《水经注》卷二十五全面系统地介绍了曲阜和周边的自然地理和历史传说等诸方面内容。南宋绍兴二十四年（公元 1154 年）所刻的我国现存最早的城市平面石刻地图《鲁国之图》，以平面图的形式反映了宋代

① 参见《国务院批转国家建委等部门关于保护我国历史文化名城的请示的通知》（国发〔1982〕26 号）。

曲阜城。该图标绘古鲁国都城及其附近的地理形势，兼绘附近的山川、城邑、古迹，真实生动地再现了800多年前的古鲁国地理环境与风貌。图中有城门12座，西、南各有2座城门，东、北各有4座。城内有文宣王庙、白鹤观、庄公台、昭公台、孔圣村及鲁城内各里。城外北边有孔林、仲尼燕居堂、孔子墓、伯鱼墓、子思墓等。东北有汶阳城、野井城、谷墙镇等。西部有虞城、陵城等。石刻详尽标绘了泰山、梁父山、龙山、尼山、峄山、四基山等约20座山岭及城周洙水、雪水、庆源河诸水（图2-1）。[①] 经过800多年的发展，现在的曲阜，自然地理局部有了不少变化，比如，建筑的毁建、河道的改线等，但整体的变化不大。

图 2-1　鲁国之图——曲阜市文物局

第一节　走进曲阜

　　每个城市都有自己的文化肌理和文化结构，尤其是历史文化名城，更是以鲜明强烈的区域性文化特色形成明确的城市风范，让人过目不忘。这种文化的底蕴一方面是通过语言、称谓、观念、习俗等无形的文化形态体现出来的，另一方面则是通

---

① 参见汪翔：《我国现存最早的城市平面石刻地图〈鲁国之图〉》，载新浪网，http://collection.sina.com.cn/cqyw/2016-10-02/doc-ifxwkzyk0846083.shtml。

过建筑、街道、山川、河流、雕塑等构成城市的一系列有形景观要素体现出来的。[①]

曲阜是世界独一无二的城市，有山有水，有漫长的历史和文化交融，孔子在这里创立了儒家学派，世界文化遗产孔庙、孔府、孔林"三孔"历久弥新，尼山圣境、孔子博物馆、孔子研究院"新三孔"蒸蒸日盛。曲阜是一个让时间静止、历史停驻的地方，境内拥有3A级以上景区14个，各类文物点825处、各级文物保护单位195处，非物质文化遗产205项，高校4所。

一、城市历史发展

早在远古时期，人类就在曲阜区域营建聚落。据文物考察资料证实，新石器时代中、晚期的大汶口文化、龙山文化古代遗址，全市均有分布。曲阜古称"少昊之墟"，相传四千年前，"少昊自穷桑登帝位，徙都曲阜，崩葬云阳山"。商汤之后商的都城曾五次迁徙，根据古本《竹书纪年》等文献记载"南庚更自庇迁于奄"，《后汉书·郡国志》等文献记载"鲁有古奄国"，《阙里文献考》记载曲阜"在殷为奄"，这里也是早商文化的发祥地之一。

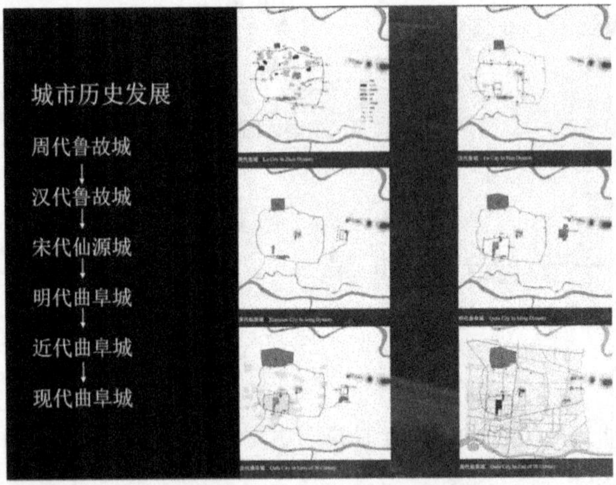

据文献记载和考古材料证实，曲阜作为诸侯国鲁国的都城（今称鲁故城），至迟在西周就开始了建城史，并孕育出了先秦史文化。在秦汉时期，由于强干弱枝的城市发展政策，曲阜城逐渐缩小，慢慢衰弱。至宋元时期，将县治移到城东寿丘前，

图 2-2　曲阜城市历史发展总平面图——曲阜市规划局

---

① 参见李晨：《试论现代城市环境设计中的传统文件性》，载《山西建筑》2007 年第 27 期。

建仙源县城。① 至明清两代，为了保护孔庙、孔府，曲阜城移城卫庙，建造了厚重的城墙，城墙内整个城市的规划围绕孔庙、孔府营建（今称明故城）。

1978 年，曲阜城池被拆除，仅剩正南门、北门以及部分城墙。2002 年，开始重新修缮城墙，2004 年 9 月完工。20 世纪 80 年代起，随着城市建设的发展，曲阜的城市规模不断扩大（图 2-2）。

曲阜的历史发展和现存古迹从一个侧面反映了中华民族几千年的灿烂文化。

二、周时期的都城

曲阜鲁国故城，是西周初期至战国后期鲁国都城，位于曲阜城区。

据 1977 年发掘的资料，鲁故城面积 10.45 平方千米，有城门 11 座（比前文鲁国之图所绘平面少 1 座门）。城呈矩形，规模约为周制方七里。它是已发现的最早采用外廓维护宫城的"回"字形布局的都城。其，以宫为中心规划，宫城位于中央微偏东处。城区内分区布局，以主次尊卑来安排。市在宫城北，基本上也位于规划主轴线上。宫城内部采用前朝后寝制度。城内主要干道纵横各设三条，与《考工记·匠人》记载一致，道路分布密度和路幅宽度视所在地段交通要求而定，并不强求划一。

鲁国故城是一

图 2-3　曲阜鲁国故城（周公庙入口处）——曲阜市欧亚城乡合作办公室

① 宋真宗大中祥符五年（公元 1012 年），为了纪念中华民族的始祖轩辕黄帝出生在曲阜，曲阜曾一度改名"仙源"县，金太宗天会七年（公元 1129 年），又复名曲阜，沿用至今。

个从周初至西汉不断发展的都城,是周王朝各诸侯国中延续时间最长(贯穿两周始终)的都城。根据《左传》,周初封鲁,"因商奄之民,命以《伯禽》而封于少昊之虚",即西周初年,周武王大封功臣谋士,封周公旦于少昊之虚曲阜,是为"鲁公"。周公姬旦因留在京城辅助其侄周成王,其子伯禽到鲁代父就封,并带来大量的礼乐典籍,在这里建立了都城(图2-3)。鲁国至末代国君鲁顷公止共34代,建都时间达873年。世事更替,鲁城渐荒废,至汉惠帝时,置鲁国。在西汉的300余年间,这里继续是鲁国的封地。鲁国故城从西周到汉代经过八次大规模的兴建修葺,后为县治。宋代迁县治于寿丘,城逐渐毁废。

1961年,曲阜孔府、孔庙、孔林和鲁国故城遗址被公布为第一批全国重点文物保护单位。从城市发展史的角度看,鲁国故城提供了从西周初到战国乃至延续至今的城市发展范例。鲁国故城这种城郭分明、大城套小城的城市布局严格遵循《周礼·考工记》有关城市形制的规定,体现了"前朝后市、左祖右社"的营国方案,是中国古代城市规划、建设研究的典型实例。

三、昔日的城墙根

明正德六年(1511年),在孔庙毁于一次兵灾之后,统治者重建庙堂,而且为了保护孔庙,"移县就庙"——废弃原在庙东的县城,围绕孔庙建起新城,这就是今日的曲阜明故城。

曲阜明故城是为护卫孔庙而建,"移城卫庙"这在

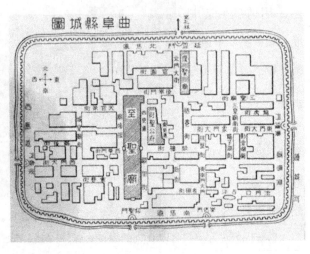

图2-4 曲阜县城(明故城)图——曲阜市欧亚城乡合作办公室

世界城市建筑史上也极为罕见。明故城是曲阜历史上第一座砖砌城廓，位于鲁国故城内西南隅，约占鲁故城的七分之一。《城阙里记》记载："……县庙必相须以守，盍即庙为城，而移县附之……经始于癸酉（1513年）之秋七月，讫工于嘉靖壬午（1522年）之春三月。"历经明朝两帝，即从正德八年至嘉靖元年，跨越10个年头，耗银3.58万两，曲阜明故城修建而成（图2-4）。

明故城是一个有着500多年历史的古城，有着许多历史建筑，这些都赋予了明故城独特的古典美。它是中国古代规划最完备的古城之一。整个明故城的规划与营造围绕孔庙展开，以孔庙为中心，在庙的东边是一座由几十个大小不一的院子组成的"衍圣公府"。它们把古城分成了东西两片，基本割断了东西两片之间的交通联系。孔家各系府邸基本上都集中在城东部，而城西部集中了一些公共建筑，如县衙、四氏学等。另外，城中还有纪念孔子最得意弟子颜回的颜庙和居民的宅舍。城内街道多为"T"字形，路上有牌坊37座，其城布局体现了封建等级体制观念和礼法规定等原则。

四、世界文化遗产

曲阜地上地下文物众多，国务院第三次全国文物普查领导小组办公室核定曲阜市文物点数量为825处，其中新发现704处，包括古遗址90处、古墓葬41处、古建筑290处、石窟寺及石刻51处、近现代重要史迹及代表性建筑232处。曲阜的孔庙、孔府、孔林并称为"三孔"，是中国历代纪念孔子、推崇儒学的圣地，以丰厚的文化积淀、悠久的历史、宏大的规模和丰富的文物珍藏著称，于1994年跻身世界文化遗产之列（1994年曲阜孔庙、孔府登录世界文化遗产，1997年孔林作为扩展项目登录世界文化遗产），并被收录进《世界文化遗产名录》，曲阜也成为备受尊崇的世界三大圣城之一。

曲阜"三孔"是中国唯一且规模最大的集祭祀孔子的寺庙、孔子嫡系后裔的府邸和孔子及其子孙墓地于一体的建筑群。

（一）孔庙

今天全中国每一个过去的省城、府城、县城都必然还有一座规模宏大、红墙黄瓦的孔庙，而其中最大的一座，就在孔子的家乡——山东省曲阜，规模比首都北京的孔庙还大得多。[①] 曲阜孔庙是祭祀孔子的祠庙，是中国最大的祭孔场所，它与北京的故宫、河北承德的避暑山庄合称为中国三大古建筑群，在世界建筑史上占有重要地位。曲阜孔庙是最早的一座孔庙，孔子去世后第二年（公元前 478 年），鲁哀公下令在曲阜阙里孔子旧宅立庙，即今天的曲阜孔庙。汉高祖刘邦十二年（公元前 195 年），"帝幸阙里，以太牢祀孔子"，成为第一个祭祀孔子的皇帝。此后历代帝王不断加封孔子，扩建庙宇。到了清代，雍正皇帝下令大修，使其达到了现在的规模，即占地 327 亩，前后九进院落，有殿堂、坛阁和门坊等 460 多间，从而成为全国最大的孔庙（图 2-5）。曲阜孔庙现存建筑年代为金至清。

图 2-5　曲阜孔庙鸟瞰——曲阜市欧亚城乡合作办公室

---

① 　参见梁思成：《梁思成全集》（第 5 卷），中国建筑工业出版社 2001 年版，第 313 页。

（二）孔府

孔府是孔子嫡系长子长孙——世袭"衍圣公"曾经居住的地方，号称"天下第一家"，是我国仅次于明、清皇宫的府第，也是中国封建社会官衙与内宅合一的典型建筑。孔府始建于宋代，经历代不断扩建，形成现在的规模：占地 200 余亩，有房舍 480 余间（图 2-6）。孔府现存建筑年代以明、清为主。

图 2-6　曲阜孔府鸟瞰——曲阜市欧亚城乡合作办公室

孔府大门正上方悬挂着一块"圣府"匾额，两侧有一副楹联，上书"与国咸休安富尊荣公府第，同天并老文章道德圣人家"（图 2-7）。这副对联是清代大学士纪晓岚的手笔。然而，该联上联中的"富"字少上面一点，宝盖头成了秃宝盖，下联"章"字下面的一竖一直通到上面。此错之妙在其寓意：富贵无头，文章通天。

图 2-7　曲阜孔府大门楹联
　　　　——微信公众号"曲阜史敢当"

孔府的官衙与内宅之间有一道内门，门里有一幅特殊的壁画，上面有一头貌似麒麟的怪兽，叫作"犭贪"（同贪），"贪"的四周布满彩云，彩云之中全是被它占有的宝物，但它仍不满足，它还妄图把太阳吞进肚子里，终因贪得太多，落得个葬身大海的下场。这幅画名为"戒贪图"，其用意非常明显，那就是借"贪"的丑陋形象告诫子孙后代，不要贪婪纵欲。（图 2-8）

（三）孔林

孔林又称"至圣林"，坐落于曲阜城北，占地 3000 余亩，有坟冢 10 万余个，是孔子及其家族的专用墓地，也是世界上延续最久、面积最大的家族墓区。传说：孔子周游列国，晚年回到家乡潜心著书立说，到了 73 虚岁那年，预感到自己天命已尽，将不久于人世，在哀叹"太山坏乎！梁柱摧乎！哲人萎乎"之余，带领弟子勘选墓地，在鲁故城北的泗水河之滨，圈下了一块墓地，彼时还是"墓而不坟"。到了秦汉时期，坟增高了，但只有少量的墓地和守林人。后来，随着孔子

图 2-8　曲阜孔府戒贪图——作者拍摄

地位的提高，孔林的规模也越来越大，到清康熙二十三年已扩为3000多亩，是我国历史最久、规模最大、保存最完整的氏族专用墓地（图2-9）。郭沫若先生说："曲阜孔林对于研究我国历代政治、经济文化的发展以及丧葬风俗的演变有着不可替代的作用。"

图 2-9　曲阜孔林入口——微信公众号"曲阜史敢当"

五、非物质文化遗产

曲阜掌握 2000 余个非物质文化遗产项目、资源和线索，有《祭孔大典》《曲阜楷木雕刻》《鲁班传说》《孔府菜烹饪技艺》《琉璃烧制技艺》5 个国家级非物质文化遗产项目，《孔子诞生传说》《孟母教子传说》《曲阜尼山砚》《大庄绢花制作技艺》《拓片制作技艺》等 16 个省级非物质文化遗产项目，40 个济宁市级非物质文化遗产项目以及 140 个曲阜县级非物质文化遗产项目，国家级传承人 2 名、省级传承人 7 名、济宁市级传承人 16 名、曲阜市级传承人 104 名，以及 2 家省级非遗生产性保护示范基地。

（一）祭孔大典

祭孔是华夏民族为了尊崇与怀念至圣先师孔子，而主要在孔（文）庙举行的隆重祀典。祭孔活动可追溯到公元前 478 年，孔子卒后第二年，鲁哀公将孔子故宅辟为寿堂祭祀孔子，两千多年来几乎从未间断。祭孔大典在古代被称作"国之大典"，是历朝历代除皇家祭祀以外的唯一国家祭典。

图 2-10 祭孔大典——曲阜市政府办公室

1986 年，沉寂了半个世纪的祭孔大典经曲阜市文化部门挖掘整理，在当年的"孔子故里游"开幕式上得以重现。祭孔大典成为曲阜市专门祭祀孔子的大型庙堂乐舞活动，亦称"丁祭乐舞"或"大成乐舞"，是集乐、歌、舞、礼于一体的综合性艺术表演形式，于每年阴历八月二十七日孔子诞辰时举行。2004 年祭孔大典由家祭改为政府公祭。2006 年 5 月，祭孔大典经国务院批准列入第一批国家级非物质文化遗产名录（图 2-10）。

祭孔随着时代的变化不断变换内容，这种变化是要彰显我们的传统文化，表明我们对传统文化的尊重。新的历史时期的祭孔大典，不仅成为中华民族集体缅怀先圣、弘扬中华美德、增强文化自信、促进世界和谐、推动人类文明的有效途径和方式，同时也在中国文化史、世界祭祀史、人类文明史上留下了浓墨重彩的一笔。

（二）曲阜楷木雕刻

曲阜楷木雕刻也称"楷雕"，是流行于曲阜的一种传统雕刻艺术，迄今已有 2400 余年的历史，其原材料源于孔林独有的珍稀植物楷树。据传孔子门人子贡为楷雕创始人，他用楷木雕刻的其师孔子、师母亓官氏两尊圆雕坐像，已成千古传世之宝，现存于孔子博物馆内。历史上，曲阜楷木雕刻历来是孔府象征吉祥如意的装饰品，其上乘之作是孔府向历代皇帝进贡的贡品和馈赠达官贵人的礼品。光绪十七年，山东巡抚张汝梅献给慈禧太后的寿礼就有两架如意：一架如意刻八仙贺寿，另一架刻百子祝寿。 新中国成立后，楷雕佳品多次参加全国及世界工艺美术大展。1984 年，楷雕"八仙如意"被国家外事部门选定为国家主要领导人出访礼品。2008 年 6 月，曲阜楷木雕刻经国务院批准列入第二批国家级非物质文化遗产名录（图 2-11）。

图 2-11 曲阜楷木如意雕刻——孔红宴拍摄

曲阜楷木雕刻已成为一种尊贵、高雅、吉祥、和谐的象征，受到国人和世界各国人民的广泛赞誉。这株东方艺苑中的奇葩，以其悠久的历史、丰富的思想内涵、鲜明的民族特色和独特的艺术魅力，展现了历史价值、文化价值、艺术价值和社会价值。

（三）鲁班传说

鲁班，姓公输名般，春秋时期的鲁国人，后世称他为鲁班。鲁班故里曲阜地区的鲁班传说大致分为以下几类：木工工具的传说，以墨斗、锯、刨等传说为代表；生活用具发明的传说，以石磨的传说为代表；建筑方面的传说，以"鱼抬梁与土堆亭"和"九梁十八柱七十二脊"的建筑绝艺传说为代表；带有神话色彩的传说，以"鲁班爷显灵""鲁班兄妹比赛建赵州桥"等最为著名[①]。2008 年 6 月，鲁班传说经国务院批准列入第二批国家级非物质文化遗产名录。

以鲁班传说为代表的传统文化的内涵、价值和作用与当代工匠精神内涵是一脉

---

① 《鲁班传说》，载中国非物质文化遗产网·中国非物质文化遗产数字博物馆，https://www.ihchina.cn/project_details/12270/，最后访问日期：2023 年 5 月 4 日。

相承的。大力弘扬工匠精神，是时代的需要，也是一种文化传承。曲阜市在整合以孔子为代表的儒家文化资源的同时，同样强调和重视鲁班文化，举办中国曲阜鲁班文化节、全国班门传人祭祖师等一系列活动，建成曲阜鲁班故里园（图2-12）；挖掘班门传人，2016年6月，刘

图 2-12　曲阜鲁班故里园——曲阜市城乡规划中心

德虎被认定为《鲁班技艺》非物质文化遗产代表性传承人，弘扬鲁班工匠精神（图2-13）。2017年6月，山东金德建筑工程有限公司被认定为曲阜市非物质文化遗产传习所。2019年8月，鲁班殿重建落成仪式在曲阜鲁班故里园举行，复原鲁班圣像同时揭幕。2019年11月，《国家级非物质文化遗产代表性项目保护单位名单》公布，曲阜市文化馆获得"鲁班传说"项目保护单位资格。2021年11月，山东省人民政府印发《关于公布第五批省级非物质文化遗产代表性项目名录的通知》，"曲阜刘氏古建筑木作营造技艺"列入项目名录。

图 2-13　非遗传承人刘德虎现场展示鲁班技艺
　　　　——山东金德建筑工程有限公司

　　鲁班传说作为中华民族优秀传统文化的重要组成部分，已经融入了中华民族的血液和灵魂，滋养着民族的精神和品格，除民间文学本身的学科意义之外，还有较高的思想价值、艺术价值和科学价值，是中华民族不可多得的珍贵文化遗产。

（四）孔府菜烹饪技艺

　　孔府菜是孔子后裔在长期的生活实践中形成的一种独具特色的官府菜系，秉承孔子"食不厌精，脍不厌细"的饮食观念，凝聚着儒家文化特色和底蕴，是我国饮食文化重要的组成部分，起源于宋仁宗宝元年间，用于接待贵宾、上任、生辰家日、婚丧喜寿时特备，是乾隆时代的官府菜。孔府菜的形成直接影响了中国四大菜系中鲁菜一系的形成。

　　孔府菜的历史可追溯到公元前 272 年，历代传承不绝，创新不断。到 19 世纪末和 20 世纪初，孔府菜已形成了色、香、味、形、器、意独具一格的菜系。孔府菜用料广泛，做工精细，善于调味，讲究盛器，烹饪技法全面，制作程式复杂。在诸多技法上，尤以烧、炒、煨、爐、炸、扒、蒸见长。其风味特色则是清淡鲜嫩，软烂香醇。其盛器和用餐桌椅更是华贵奇巧，精美绝伦，仅御赐"满汉全席"银质餐具就有 404 件。[①]

　　孔府菜最为著名的代表有烤花篮桂鱼、金钩挂银条、一品豆腐、诗礼银杏等。由于孔府在历史上"与国咸休"的政治经济地位，孔府菜不仅吸纳了宫廷菜的特色，更是汇集了全国各地地方菜的精粹，而且许多孔府菜的背后还蕴含典故。如"金钩挂银条"，据记载，有一次乾隆皇帝来曲阜孔庙朝圣，一路上吃腻了山珍海味，席间没有胃口。衍圣公和家厨在焦急之时，用豆芽户送来的新鲜豆芽，掐头去尾，随后放了几粒花椒、海米，用急火清炒，皇帝吃后，顿觉清脆爽口，胃口大开，随口说了一句话："这真是一道好菜，黄白分明，就像是金钩挂银条"，菜由此得名。诗礼银杏是以雪梨、银杏、红枣熬制的一道甜品，香甜可口，颇具营养价值，是

---

① 《孔府菜烹饪技艺》，载中国非物质文化遗产网·中国非物质文化遗产数字博物馆，https://www.ihchina.cn/project_details/14727/，最后访问日期：2023 年 5 月 4 日。

图 2-14 曲阜孔府菜（诗礼银杏）——孔红宴拍摄

孔府菜中特有的传统名菜。孔子曰："不学诗，无以言；不学礼，无以立。"其后代自称诗礼世家，孔子第五十三代孙衍圣公孔治，建造诗礼堂，以表敬意。在堂前种下了两棵银杏树，果实硕大丰满，每到中秋时节成熟，这道菜当中的银杏就取自这两棵树上，因此而得名。

孔府菜对于丰富我国饮食文化，保存和研究中国烹饪技艺和历史沿革，丰富儒家文化内涵，扩大儒家文化的对外影响都具有重要的历史意义和时代价值。

2011 年 5 月 23 日，孔府菜烹饪技艺经国务院批准列入第三批国家级非物质文化遗产名录。2018 年 6 月，孔府菜在上海合作组织青岛峰会上惊艳亮相，引起国内民众的广泛关注，掀起了一股"孔府菜"热（图 2-14）。

（五）琉璃烧制技艺

曲阜琉璃烧制技艺是用当地黏土塑型、挂釉，进而烧制的用于宫廷及庙堂装饰的多彩琉璃瓦当制造工艺，其系列品种主要有宝顶、大吻、屋兽人物、方脊、沟头滴水、连砖。琉璃艺术品有望君归、菊花、荷花、水草、松竹等，集宫廷建筑和庙堂建筑的富丽堂皇、庄重威严于一体，成为宫廷建筑和庙堂建筑的标志性特征。

据记载，公元 1008 年（宋大中祥符年间），朝廷下令把山西朱氏窑户的长支迁至曲阜城西，设窑场烧制黄色琉璃瓦，以满足曲阜孔庙扩建之需，琉璃瓦制作技艺开始在曲阜传播。1512 年，明正德七年，明武宗特赐朱氏窑户为"裕盛公窑场"，朱氏制作技艺得以世代相传。1949 年，原"裕盛公窑场"改为"曲阜琉璃瓦厂"。

朱氏第十二代孙朱玉良、朱玉海为琉璃瓦制作技艺的传承做出了积极贡献。[1]2014年，曲阜市的琉璃烧制技艺经国务院批准列入第四批国家级非物质文化遗产代表性项目名录扩展项目（国务院先后于 2006 年、2008 年、2011 年、2014 年和 2021 公

图 2-15　曲阜琉璃瓦——曲阜琉璃瓦厂宣传册

布了五批国家级项目名录，前三批名录名称为"国家级非物质文化遗产名录"，《非物质文化遗产法》实施后，第四批名录名称改为"国家级非物质文化遗产代表性项目名录"[2]（图 2-15）。

琉璃瓦艺术品技艺精湛、造型逼真，是我国古代雕塑艺术的精品，表现了较强的文化艺术价值。该技艺比较完整地保持了传统的手工烧制工艺，对于古代建筑装饰材料的研究、利用具有较强的参考价值，为文物保护提供了可资借鉴的技术参数，具有较高的社会文化价值。该技艺及其产品的传播，对于弘扬古代建筑艺术传统，弘扬民族优秀文化，具有广泛而深远的影响。

六、最佳城市选址

中国古代的城市规划受风水的影响很深，曲阜被誉为中国古代城市选址最好的城市之一。其地处鲁西平原东缘，北望泰岱，东接鲁中南丘陵，有条带状的隆起自

---

[1]　参见张磊：《曲阜鲁城大庄琉璃瓦制作技艺入选国家级非遗》，载中国山东网，http://jining.sdchina.com/show/3050476.html,2022 年 6 月 16 日。

[2]　参见中国非物质文化遗产网，中国非物质文化遗产数字博物馆，http://www.ihchina.cn/project.html,最后访问日期：2022 年 6 月 16 日。

东而西缓缓向此委曲延伸,北、西两面有泗水绕过,南面有沂水西流注入泗水。①
从风水的角度来看,曲阜的地理形势或山水格局颇为典型,完全符合风水观念中"负
阴抱阳、背山面水、藏风聚气"基址选择的基本原则和基本格局(图2-16)。

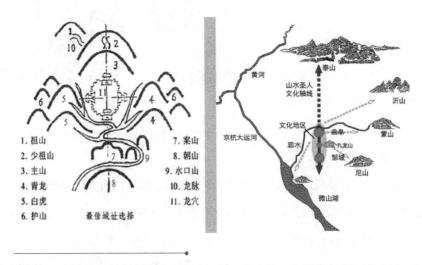

1. 祖山　　7. 案山
2. 少祖山　8. 朝山
3. 主山　　9. 水口山
4. 青龙　　10. 龙脉
5. 白虎　　11. 龙穴
6. 护山　　最佳城址选择

图 2-16　中国传统风水理想格局图(左)和曲阜城市区位图(右)——曲阜市规划局

(一)尼山

尼山原名尼丘山,据《史记》记载,孔子父母"祷于尼丘得孔子",后人避孔
子讳称为尼山。孔子因为出生在尼山而得名仲尼,尼山因孔子"集大成"而成为中
国文化源头的重要标志之一,是历代儒客朝拜的圣地。尼山位于曲阜市城东南30
千米,海拔340余米,山顶有五座山头相连,远远望去,如五位老人,所以又称"五
老峰"。中峰为尼丘,中峰东麓有孔子庙和尼山书院等建筑,另有五老峰、鲁源林(有
说智源林)、智源溪、坤灵洞、观川亭、中和壑、文德林、白云洞等所谓"尼山八景"。
孔子庙内东南角的观川亭,传说是孔子临川慨叹"逝者如斯夫,不舍昼夜"的地点。
尼山建筑群始建于五代后周显德年间,宋庆历三年(公元1043年)作新宫庙,建讲堂,
立学舍,称"尼山书院"。金末全部毁圮,元至顺、至正年间重建,元末又毁于兵火。

---

① 参见曲英杰:《曲阜古城址变迁考述》,载《中国历史地理论丛》1993年第2期。

明洪武十年（公元 1377 年）、
永乐十五年（公元 1417 年）
先后鼎新重建。其后，各代
均有修葺。现存庙堂、书院、
山神殿等，占地约 1.6 万平
方米，布局呈坐北朝南，前
为庙堂，后为书院，皆自成
院落。孔庙横分三路，五进
院落，殿堂共计 80 余间。大
成殿在大成门内，祀孔子像

图 2-17　曲阜尼山书院——光明网

及颜、曾、思、孟四配像。东西两庑各 5 间，供奉十二哲及七十二贤木主牌位。寝
殿 5 间，在大成殿之后，供奉孔子夫人亓官氏牌位。东西厢房各 3 间，分别祀孔子
之子孔鲤、孙孔伋。东路有讲堂、照壁、土地祠。西路有启圣殿，祀孔父叔梁纥。
后为寝殿，祀孔母颜氏。毓圣侯祠位于中路西北部，奉祀尼山神。尼山书院在庙东
北百余米处，元至元二年（公元 1336 年）创立。院内有正房 3 间，东西厢房各 3 间，
系当年讲学授业和纪念孔子的处所。尼山孔庙，1977 年被公布为山东省文物保护
单位，[①]2006 年被公布为全国重点文物保护单位，2007 年作为"三孔遗产地扩展项
目"列入国家世界遗产预备名单（图 2-17）。

尼山东麓有一天然石洞——夫子洞。曲阜当地有孔子"凤生、虎养、鹰打扇"
的传说。相传孔子的母亲颜徵在与孔子的父亲叔梁纥结合，在尼山脚下生下孔子（有
说孔子生在夫子洞中）。孔子出生后，因孔子的母亲与父亲年龄相差太大而被世人
所不容，而且孔子的父亲看孔子生得太丑陋，故把孔子抛弃于尼山山坡。当夫妻二
人走后，从山上下来一只母虎，母虎不但没有伤害孔子，反而将其衔入山洞中，为

---

① 　参见有道 youdao 网，http://dict.youdao.com/seurch?q=bk: 尼山建筑群 &wikisearch。

他哺乳，精心看护。由于洞内热不透风，当孔子闷热难耐时，远处飞来一只老鹰，停在洞口，张开翅膀，为孔子扇风纳凉。当年，母虎喂养孔子的山洞，便是坤灵洞，世人称"夫子洞"。今有"夫子洞"石碑立于洞前，洞内仍有天然石床、石枕等（图2-18）。

图 2-18　曲阜尼山夫子洞——作者拍摄

（二）九龙山

九龙山位于曲阜城南 9 千米处，因发掘出土西汉诸鲁王陵墓和拥有摩崖造像石刻而著名。崖壁上东西并列 5 个西汉时的鲁王陵墓，现为全国重点文物保护单位（图 2-19）。九龙山汉墓均为依山开凿，是中国最大的山崖墓群，除东起第一座外，其余四座都于 1970 年被发掘。陵墓形制、结构基本相同，尤以西起第三座最有代表性，墓纵深全长 72.1 米，最宽处 24.3 米，最高处 18.4 米，前为墓道，由人工自山表下凿山石而成，葬后以土回填。墓道向北凿石为洞，依次为墓门、甬道、前室、四耳室、后室、石龛。整个

图 2-19　曲阜九龙山汉墓群——曲阜市欧亚城乡合作办公室

墓群布局严谨，规模宏大，对研究我国汉代墓葬制度具有很高的参考价值。[1]九龙山摩崖造像石刻于 1985 年被公布为济宁市重点文物保护单位，于 2006 被公布为山东省文物保护单位，2009 年升级为国家级重点文物保护单位。

（三）九仙山

九仙山古称甄山，位于曲阜城北 18.5 千米处，海拔 460 米（图 2-20），文物

图 2-20　曲阜九仙山全貌——作者拍摄

古迹始建于康熙八年，有石台阶 938 级，大小庙宇 32 间。山下"红门宫"红墙壁瓦、高庙门、方影壁，是我国传统古建筑的杰作（图 2-21），每年农历三月初三庙会前自发来供奉的人数达几万人，自康熙八年由孔子后代世袭衍圣公孔毓圻创始以来一直

图 2-21　曲阜九仙山红门宫——作者拍摄

---

[1]　参见《山东曲阜九龙山》，载中国园林网，https://www.yuanlin.com/gujian/Html/Detail/2011-7/11715.html。

长盛不衰。

（四）石门山

石门山位于曲阜城东北 25 千米处，原名龙门山，因山有二峰对峙，状如石门，而得名。传说，著名的《易经·系辞》就是由孔子在此撰写而成。此处是李白、杜甫结伴游齐鲁时宴别之地，"秋水潭"为李白、杜甫两次"以文会友"的游迹。《桃花扇》作者孔尚任出仕前后两次隐居在此，有"孤云草堂"遗址。石门山右侧的胜涵峰为全山主峰，海拔 406 米。石门山被列为国家森林公园，有水雪洞、蟠龙洞等二十四景，尤以石门月霁为胜景。

石门山山腰有"十大名刹"之一的石门寺故址，始建于金泰和年间（1201~1208年），原名全真观，是峰山道教的下院。明永乐年间（1403~1424 年）扩建时，道教势力衰微，佛教兴盛。因观中有"玉泉"，遂更名玉泉寺，也习称石门寺，现存建筑有千佛殿、藏经阁等，塑有三世佛、十八罗汉等神像（图 2-2）。

图 2-22　曲阜石门山入口——作者拍摄

（五）泗河

泗河，古称泗水，为古代著名的大川，四渎八流之一。《水经注》卷二十五曰："泗水出鲁卞县（今泗水县）北山……西南过鲁县北，泗水又西南流，径鲁县，分为二流，水侧有一城，为二水之分会也……泗水自城北，南径鲁城西南，合沂水。"

资料显示：泗水发源于新泰市东南太平顶山西麓上峪村东黑峪山，经新泰、泗水、曲阜、兖州、邹县、济宁、微山 7 县市，于济宁新闸南泄入南四湖，河长 169 千米，流域面积 2383.6 平方千米（图 2-23）。

图 2-23 曲阜泗河书院橡胶坝（左）和红旗闸（右）——曲阜市水务局

（六）沂河

沂河，古称沂水。孔子早期弟子曾皙在谈志向时，所希望的"莫春者，春服既成，冠者五六人，童子六七人，浴乎沂，风乎舞雩，咏而归"中的"沂"指的就是沂水；"舞雩"就是沂水北岸的舞雩台，是鲁国求雨的祭坛。

沂河，是泗河支流，曲阜第二大河流，曾名庆源河、泗沂河。《水经注》卷二十五曰："沂水出鲁城东南尼丘山西北，山即颜母所祈而生孔子也。山东十里有颜母庙。山南数里，孔子父葬处，《礼》所谓防墓崩者也。平地发泉，流径鲁县故城南……沂水北对稷门……改名高门也……《春秋左传》庄公十年，公子偃请击宋师，窃从雩门蒙皋比而出者也。门南隔水有雩坛，坛高三丈，曾点（曾皙）所欲风舞处也……沂水又西，右注泗水也。"

现在的说法是，沂河发源于邹城市城前镇凤凰山北麓，全长 58 千米。从孔子湖（尼山水库）上游的曲、邹交界处入境，至曲、兖交界的金口坝入泗河（图2-24）。

图 2-24　曲阜大沂河城区段——微信公众号"曲阜头条"

（七）洙水

春秋时期，洙泗二水流经鲁国都城曲阜，孔子于二水之间聚徒讲学，创立了儒家学派，洙泗遂成为儒家文化的象征而闻名遐迩。时至今日，洙源盖县或新泰东北说、分流说、改道说、湮没诸说仍相当流行。如《辞海》："洙水，古水名。据《水经·洙水注》，源出今山东新泰市东北，西流至新泰市，折西南至泗水县北与泗水合流，西至曲阜城东北又与泗水分流，西经兖州市至济宁市合洸水，折南注入泗水。后世上源在泰安市东南改道西流与柴汶会合北入汶水，今为小汶河上游，已与泗水隔绝。曲阜、兖州二市间故道久湮，今有洙水自曲阜城北孔林之东，西南流入沂水，与古洙水无涉。自兖州以下，现今的府河和济宁市、鲁桥间的运河大致即其故道。"[①]

传说孔子晚年堪选泗水之滨作为墓地时，子路不解，问孔子"此处龙脉虽好，可前面缺水"，孔子答"自有秦人来送水"。秦始皇焚书坑儒，有人建议：要想让儒学消亡，应当破坏孔子坟墓的风水，孔林里没有河，如果在孔子墓前挖一道河，

---

① 参见孔孟之乡：《洙水源流探考：孔子设教于洙泗之间的"洙水"在哪里？》，载新浪网 2019 年12 月 17 日，https://k.sina.com.cn/article_1619180225_6082bac100100lrtl.html。

将它和阙里故宅隔断，孔子就不能显圣了。秦始皇听后马上征派徭役，在孔子墓地南面挖了洙水孔林段（图2-25）。

图 2-25　孔子墓（左）和洙水河孔林段（右）——曲阜市规划局

第二节　曲阜名城保护的内容

城市是自然的，它是隐藏在自然规律下的人口聚集形式。城市更是人文的，任何一个饱含人文情怀的城市都有着独特的气质和美感。城市的气质和美感与城市特有的地域环境、文化特色、建筑风格等"基因"密不可分。因此，历史文化名城保护是一个整体性的过程，不仅要关注人工造就的物质形态遗产的保护，更要关注作为背景要素与环境必需的自然生态系统的保护，也要关注作为物质形态遗产源流的地方性历史文化传统的保护，以及历史形成的地方性社会生活体系的保护，[1]其保护范围、内容等要通过城市规划来予以确定。

历史文化名城保护要处理好四个关系：一是自然因素与人工因素的关系。要尽

---

① 参见陶文静、阮仪三、袁菲：《以"人民性"为尺度保护及合理利用江南水乡》，载《城市发展研究》2012年第9期。

可能地顺应、利用和尊重富有特色的自然因素，在尊重自然规律的前提下，创造自然与人工相结合的美好环境。二是多样性与统一性的关系。城市建筑应当多样化，同时又要维护城市的统一性、整体性和协调性。三是新与旧的关系。城市在发展的历史长河中，总是新建筑与旧建筑并存，因此，一方面要珍惜和保护具有历史文化传统的旧建筑，另一方面又要建造起一批具有时代感和创新性的新建筑；但不能把旧的统统拆毁，以新盖旧。四是重点和一般的关系。城市的各项建设量大面广，要使城市体现特色，一定要突出重点，照顾一般，城市建设不可能处处体现特色，重点是要搞好总体构思，精心设计和建设好重点街区和建筑群。[①]

曲阜作为首批国家历史文化名城，从一个侧面体现了我国历史文化遗产保护的大体经历：保护的认识不断提升，保护理念一脉相承，保护对象逐步扩大，保护手段日趋多元，探索实践不断深入，从静态保护转向动态继承和发展，保护范围在重点保护基础上，将保护扩展到市域范围。

一、保护内容

（一）城市的物质形态

城市的物质形态保护是历史文化名城保护的主要内容，包括自然环境和人工环境两个方面。

自然环境是历史文化名城所根植的自然环境，包括地形（山体、水体）、地貌（地质构造、植物、植被、作物）等多方面的自然物质形态。人类历代对自然环境的加工又具有人文和历史的内涵。另外，自然环境的保护还具有生态学上的意义，良好的城市环境，是历史文化名城形成特色的重要保证。曲阜名城的自然环境保护主要包括对曲阜周围尼山、九龙山、石门山、九仙山等山体及沂水、泗水等水体所

---

① 参见高友清：《南方北方大城小城一个样——专家提醒警惕我国城市出现"特色危机"》，载《新华每日电讯》2002年9月25日，第3版。

构成的自然地理环境特征及其生态系统的保护。

人工环境是人类对自然环境加工成果的积淀，包括城市的形态格局、文物古迹、典型民居、传统商肆、空间环境等，是历史文化名城保护的重点。曲阜名城的人工环境保护主要指对曲阜市域内，以近方形明故城城池，护城河及十字、丁字街巷为骨架，以孔庙为核心，以城内外各处公共建筑与寺庙楼阁为点缀的方格网形道路结构与空间格局，和沿街商业店铺、街区中的传统民居群体聚落、特色民居以及其他各类文物点所反映的人工环境特征。

（二）城市的非物质形态

城市的非物质形态保护是指地方历史文化传统的继承，以及人们生活风貌的环境体现，这是历史文化名城保护不可分割的重要方面，主要分为以下三个层次：

1. 语言、文学。

2. 城市居民的生活方式和文化观念所形成的精神风貌，如审美、饮食习惯、娱乐方式、节日活动、礼仪、信仰、习俗、道德、伦理等。

3. 社会群体、政治形式和经济结构所产生的城市结构，如社会结构、家庭结构、土特产等。

二、保护范围

曲阜历史文化名城保护的范围为曲阜市域行政辖区，总面积 814.76 平方千米，重点范围为曲阜历史城区（以明故城、鲁故城为主），总面积 17.51 平方千米。

（一）重点保护

一是突出儒文化特征，发掘与继承历史文脉，促进曲阜物质文明与精神文明协调发展。二是突出"两城、两片、三轴、四山"[①]的保护，点、线、面相结合，开

---

① 两城即明故城、鲁故城，两片即孔林片、少昊陵片，三轴即孔庙轴线、周公庙轴线、少昊陵轴线，四山即尼山、九龙山、石门山、九仙山四处山体自然景观与文物古迹保护圈。在本书第四章有详细介绍。

创保护规划的新局面。

（二）新城建设

从国外古城保护的经验来看，保护效果良好的城市，大多是采用"保护古城、另建新城"的规划模式。曲阜被列为国家第一批历史文化名城后，在编制1983年《曲阜县城总体规划》时，就已把"开发新区、疏解旧城"作为历史文化名城保护的主要措施。

为了保护已有500多年历史的曲阜明故城，使故城内密集的文物古迹、精良的古建筑受到保护，同时也保护故城近旁的地下遗存，曲阜在故城南部另建新城，城市发展方向主要是往南发展，东西拓展，北部控制。

新旧城区间没有足够的隔离空间、过渡带建设不完善、新城与旧城风格不一致，是历史文化名城发展的瓶颈。因此，曲阜在制定发展规划的时候，借鉴国际园林城市的发展经验，将城市整体有机分为三部分：古城—过渡区—新城，并加强新旧城区间过渡区的城市风貌控制与引导。

过渡区和新城区的范围是不断变化的。1983年《曲阜县城总体规划》确定的新城区为大沂河以北与小沂河以南之间的区域，过渡区为小沂河以北至古城区之间的区域。随着城市规模不断扩大，新城区由南北向——小沂河与静轩路之间、东西向——火车站与曲阜师范大学之间区域，变为小沂河至大沂河之间区域，又变为大沂河以南区域。现在"新区"已具规模，功能合理，道路通畅，设施完善，可以用来从容地研究在改造的同时保护古城风貌的问题。"开发新区、疏解旧城"所形成的新老结合部——过渡区，是具有历史、生态、旅游价值和独特风貌的城市重点区域，也是名城保护的重点对象。

（三）全域保护

全域保护突出曲阜在"山水圣人轴线"中的重要节点位置，与济南、泰安、邹城共同打造齐鲁中枢文化轴线。市域范围内突出山脉山体、河湖水系的生态人文价值，与不可移动文物、历史村镇等共同构成曲阜文化遗产保护框架。

曲阜名城的整体保护结构为"一轴、两廊、一核、三区、多点"；其中：

一轴，区域山水圣人文化轴线；

两廊，市域文化遗产聚集、与曲阜发展历程密切相关的两条文化遗产廊道，包括泗河生态文化廊道、沂河生态文化廊道；

一核，老城儒学文化核心区；

三区，市域文化遗产聚集、生态文化特色较突出的三大片区，包括尼山儒学文化新区、九仙山—石门山生态民俗文化体验区、九龙山—凫村孟氏儒学文化传承发展区；

多点，市域内历史文化镇村、传统村落、不可移动文物等。

第三章

重大事件

　　熟悉历史的人都知道，一座城市的兴衰变迁往往与一些历史事件联系在一起。城市的发展过程，既有人类文明发展的内生性因素，也不缺乏因某些事件而促进城市不断发展的外生性因素。有些城市本身就是因某事件而诞生的，例如，美国首都华盛顿就是因为政治事件，作为政治中心而新建的城市。在人类文明的长河中，任何一座城市的兴衰成败都与这两个因素息息相关。

　　在经济全球化的过程中，城市往往会因一些重大事件的发生而得到迅速发展。例如，G20峰会促进了杭州的城市基础设施建设、环境治理等，提升了杭州的国际知名度、美誉度，使其城市地位、形象、基础建设等都得到了大幅度提升，促进了当地的外向型经济和国际化水平。

　　城市重大事件分为广义和狭义两种概念。广义上，城市发展过程中，对城市具有长远性、全局性、战略性影响的关键事件都构成该城市的重大事件。狭义上，城市重大事件则具有长远性、全局性、稀缺性、主动性和活动性等特性。重大事件已经发展成为全世界城市之间除了人才竞争、资金竞争、信息竞争和自然资源竞争以外所竞争的一项非常重要的外部发展因素。今天的城市重大事件已经成为全球城市竞争中的重要历史性机遇。[①]

第一节　重大事件与城市发展的关系

一、政治类事件与城市发展

政治类大事件以政治因素为主导，由政府主办或者政府授权主办，依靠一定的政府资源。当城市发展到一定阶段的时候，城市经济水平发展到较高的程度，而城市空间结构急需调整，政治类大事件的相关建设就能为城市发展提供平台。重大政治类事件能为城市的发展带来正面的推动作用，包括新城建设和旧区改造，对城市发展有着重大的影响。政治类大事件不仅能够促进城市新区的开发，推进城市空间的拓展，还能够振兴城市衰落地区，为旧区注入新的城市活力，或延续原有地区的发展动力，改善原有城市基础设施，提高城市环境品质，利用城市现有设施资源，促进城市发展。

二、经济类事件与城市发展

经济类大事件是一种新型经济形态，预示着社会现代化发展水平已经达到了一个新的阶段，是举办地经济发展到一定阶段后形成的跨产业、跨区域的综合经济形态。经济类大事件是通过举办各种会议、商品展示和展览等活动，在取得直接经济效益的同时，带动城市餐饮、住宿、旅游、零售、交通、通信等行业发展，从而产

---

① 　参见吴志强：《重大事件对城市规划学科发展的意义及启示》，载《城市规划学刊》2008 年第 6 期。

生间接的经济效应和社会效应的经济现象和经济行为，最终达到促进经济和社会全面发展的目的，成为城市经济发展新的增长点。

例如，1986 年在加拿大温哥华举办的世界博览会（以下简称世博会）吸引了来自世界各地的参观者 2000 多万人，并有 100 多个国家接受邀请参加这次博览会，这是世博会有史以来参展国最多的一次。令人没想到的是，这次世博会给温哥华的旅游业带来了巨大的契机。在举办世博会以前，温哥华从没有将自己视为一个旅游城市。自世博会举办以来，当地的旅游事业一直稳步增长，1986 年增长最快，第二年增幅有所回落，后来又开始增长。当然，这其中有许多因素在起作用，但毫无疑问世博会是一个重要的催化剂。大多数人认为，温哥华旅游业的发展是世博会所起到的持久的正面影响，这一影响并不是偶然发生的。

三、文化类事件与城市发展

文化类大事件是指文化庆典事件，包括节日庆典和文化庆典（艺术节、电影节、狂欢节等）。城市举办文化类重大事件会对城市的交通基础设施、公用基础设施、环境保护、绿化环境等有很高的标准和要求。因此，城市在举办文化类重大事件之前，必须重视城市的交通建设、市政建设等城市基础设施的完善工作。同时，文化类大事件对于挖掘、整理城市文化资源，打造城市文化品牌、提高城市文化品位也具有重要作用。

四、体育类事件与城市发展

体育类赛事的举办会引发城市的发展变化，这些变化一方面保证了体育赛事的顺利举办，另一方面为举办赛事的城市的今后发展创造了机会。例如，城市基础设施、环境、治安等方面条件的改善，为举办城市进一步吸引外资流入并促使其提高效率创造了良好的投资环境。另外，体育类大事件不仅会对建筑业、制造业、旅游业以及其他行业产生影响，还能有效刺激就业，提高人力资本。

　　然而，体育类大事件也有负面影响，例如蒙特利尔奥运会被很多人视为奥运会运营的反面教材。15天的奥运会，蒙特利尔居民"奥运还债20年"的说法相当盛行。[1]曲阜市为承办山东省第23届运动会女子篮球比赛新建的体育馆，因周边居民较少，在省运会期间使用一周后，一直处于半闲置状态，与曲阜市中心的老体育场馆人山人海的状况形成明显对比。

五、突发公共事件与城市发展

　　突发公共事件主要包括自然灾害、事故灾难、公共卫生事件、社会安全事件等。例如，2015年11月底，曲阜遭遇57年最强降雪，孔庙内的上百棵古树遭大雪损毁。[2]恶劣天气造成经济损失，对社会生活的方方面面带来影响在所难免，包括有群众需要转移安置、水电基础设施可能受损、农作物可能受灾、一些生活用品可能出现短缺、人们出行可能受到影响等。[3]暴雪可能还会来，其他的突发公共事件也可能随时来敲门。2021年，河南郑州"7·20"特大暴雨，导致严重城市内涝、河流洪水、山洪滑坡等多灾并发，造成重大人员伤亡和财产损失。2003年抗击传染性非典型肺炎（以下简称抗击非典）和2019年新型冠状病毒肺炎疫情（以下简称新冠疫情），对我国的经济增长、消费、通货膨胀等都有不同程度的负面影响。问题的关键在于，要有危机意识、超前意识，不仅要懂得未雨绸缪，更要把绸缪的每一个环节、细节都安排妥当、考虑周全，还要有适当地演练，查缺补漏。

六、重大事件与文化遗产保护

　　建筑是城市生命的延续，民众应对历史建筑有敬畏和爱护之心。保护优秀的历

---

[1]　参见汪洋：《大事件与城市规划、城市发展的关系》，载《美与时代（城市版）》2019年第3期。

[2]　参见王成林：《山东曲阜遇57年最强降雪　孔庙古树遭大雪损坏》，载央广网，http://china.cnr.cn/ygxw/20151129/t20151129_520630634.shtml。

[3]　参见林琳：《工人日报："雪势汹汹"是一道城市治理的考题》，载人民网，http://opinion.people.com.cn/n1/2019/0111/c1003-30516185.html。

史文化遗产是留住城市温度和城市文脉的重要方式。城市重大事件往往为较大规模的历史文化城市遗产保护创造契机，提供动力。例如，为迎接奥运会，北京市启动了北京大栅栏历史文化街区，简称"大栅栏"的保护与整治工程，使大栅栏焕发了全新光彩，呈现"古典与时尚"融合的特色。

文化遗产保护的重大事件，也引发了一系列争议。例如，在旧城区一些重点地段采用"脱胎换骨"式的保护模式。19世纪中叶，巴黎地区行政长官乔治·欧仁·奥斯曼对巴黎展开了史无前例的改造，不过，大刀阔斧地改造，还是毁坏了很多中世纪建筑和文物，折断了巴黎的历史。因此，奥斯曼在后人眼里，始终不那么完美，但也正是因为这些争议，让后来的城市规划者们多了一份警惕和小心。

文化遗产保护的重大事件，往往给民众带来阵痛和伤痕，引发良性的变革和进步。2019年4月15日，有800多年历史的法国巴黎圣母院突发大火。由于火势凶猛，大火蔓延至巴黎圣母院内部，巴黎圣母院的尖塔和屋顶大部分焚毁。2022年8月6日晚，全国重点文物保护单位、我国最长木拱廊桥——福建省宁德市屏南县的万安桥突发大火，并被烧毁。巴黎圣母院和万安桥火灾告诉我们，政府及其主管部门应充分认识到优秀历史建筑安全和预防性保护的重要性，并加强历史建筑保护政策的执行力度。

第二节　曲阜城市发展中的重大事件

一、城墙的拆除与重建

（一）明故城墙

曲阜明故城墙是非常珍贵的历史文化遗产，始建于明代正德年间，到20世

70 年代中期，一直是中国保存最完整的城墙之一。它是曲阜历史上第一座砖砌城墙，也是明故城的象征之一。曲阜明故城墙略呈长方形，其南城墙基本落于曲阜鲁故城城墙基上。其周长约 4.8 千米、东城墙约 1.2 千米、南城墙长约 1.4 千米、西城墙长约 0.7 千米、北城墙长约 1.5 千米。城墙内为明故城区，占地约 1.41 平方千米。城墙高 7 米，厚 3.5 米，墙与护城河间距 7 米至 10 米。曲阜明故城墙有五座城门（东、北、西各有一座，南有两座），即东门秉礼门、北门廷恩门、西门宗鲁门、南门仰圣门、东南门崇信门，

图 3-1　曲阜明故城仰圣门及孔庙鸟瞰——曲阜市规划局

各门都筑有深阔的瓮城，城门上建有歇山重檐式的城楼（见图 3-1）。

明故城的正南门——万仞宫墙（仰圣门），正对孔庙，古时只有皇帝和钦差大臣来曲阜祭孔时才开。为方便官员及百姓平时出入，而特设东南门，即崇信门。万仞宫墙之名出自子贡"夫子之墙数仞，不得其门而入，不见宗庙之美，百官之富"之语。明故城万仞宫墙门额，原为明嘉靖时山东巡抚胡缵宗所题。清乾隆皇帝亲临曲阜祭孔时，将胡书凿去，易以御笔。因明故城是"移城卫庙"而建，万仞宫墙作为孔庙的一部分，以致"文庙"形成普遍的制度——建筑布局基本固定，承袭了我国传统四合宫殿体系。以大成殿为中心，南北成一条中轴线，左右对称排列，由南向北依次为万仞宫墙（照壁）、泮池、棂星门、戟门（大成门）、大成殿、明伦堂、尊经阁、名宦祠、乡贤祠、东庑、西庑，另外在文庙东西建有崇圣祠、节孝祠。

（二）明城墙的拆

曲阜城市的现代化发展，与世界几乎所有的古城一样，都面临过这样一个问题，那就是对于"残破"的古旧建筑，是拆还是留？经历过几个世纪的风雨，明故城墙和曾经的许多古典建筑一样，遭到了毁灭的命运。

1. 过程

20世纪70年代后期，曲阜城市决策者认为明故城墙限制了城市发展，决定拆除明故城墙。当时的曲阜县革命委员会于1976年2月17日向省革命委员会文化局报送了《关于拆除曲阜城墙的请示》；省文化局上报国家文物事业管理局，7月26日国家文物管理局以（76）文物字第056号复文批准省文化局拆除曲阜城墙的意见。1978年7月，曲阜政府拆除了明故城墙，仅保留南北两城门及东北、西北两城角，并且在城基上建起了民房及部分单位。

当时一些专家学者表达了强烈的不满，他们以不同的方式向城市决策者进行请愿，但城墙最终还是没有保住。

2. 相伴事件

明城墙拆除的同时，1977年3月，经国家文物局批准，山东省文化局调集一批考古人员，对曲阜鲁国故城进行大规模考古勘探和重点发掘，共布探孔10万个以上，至1978年10月结束。本次勘探初步探明了鲁国故城的年代、形制和城市布局，查明了其文化内涵和文物分布情况，并出土了一批珍贵文物。

3. 历史与现实

拆除明城墙这类不可逆转的重大错误无疑是令人痛心疾首的，它不仅使国家珍贵历史文化遗产遭到了不可弥补的损失，而且给名城风貌造成了极大损毁。但是任何事件的发生都离不开它所处的时代背景，这背后有法治的问题、认识的局限和市场的强势等种种因素，它在很大程度上反映了当时城市发展中人们所持的社会意识和思想观念。

曾经，城墙被认为是封建社会的余孽。我国经历过两次轰轰烈烈的拆城墙运动：第一次是在民国初年，各地开始了陆陆续续的拆城墙运动，例如，1912 年拆除了上海城墙，1913 年拆除了杭州城墙，1918 年拆除了广州城墙等。第二次是 20 世纪50~60 年代，这之后全国所剩城墙便十分少了。

改革开放后，我国国民经济全面转向"以经济建设为中心"，由此开启了大规模的旧城改造工程，对城市文物保护产生了重大威胁。明故城墙拆除前，曲阜的旧城改造工程一直处于盲目改造、无规划、无控制的状态[①]，因为缺少城市规划的指导，建设性破坏常有发生。同时，城市决策者和民众对古城保护认识不足，当时"革故鼎新"的思想还深深地影响着城市的领导者和群众，使其对明故城墙的历史文化价值及特征缺乏理性认识。

当时，我国名城保护的立法尚未在国家层面形成，这直接导致了"大拆城墙运动"缺乏法律规制。曲阜明故城墙拆除是按程序上报国家主管部门审批后进行的，与其同时发生的事件是曲阜鲁故城考古工作。因此不可否认，明故城墙拆除的出发点不是破坏文物，而是解决民生问题、提升环境品质、增强城市活力。但由于发展和认识的局限性，导致人们对历史遗存真实性的保护意识不足、认识水平不够高，出现了难以补救的遗憾。当时历史文化遗产让道城市建设是司空见惯的现象。

（三）新城墙的建

1. 过程

当"建设新城、疏解旧城"和"十字花瓣"城市模式概念提出后，城市的发展超越了城墙的限制，城墙对于城市形态的限制作用基本上已经消失。1986 年 8 月，曲阜的领导在向时任中共中央书记处书记的谷牧委员汇报工作时，就提出了修复老城墙的设想。1986 年 10 月编制的《曲阜历史文化名城城市规划建设纲要》提出"恢

---

① 1979 年 5 月成立的曲阜县城市建设规划工作组编制的《曲阜县城总体规划》，是新中国成立后针对曲阜城市建设制定的第一版规划方案。

复明代城墙，建设环城绿带"的要求。《曲阜市明故城控制性详细规划（1993 年）》再提出了恢复明故城墙的要求。

为更好地保护世界文化遗产孔庙、孔府，突出"东方圣城"的氛围，2000 年，明故城墙恢复建设旅游项目被列入山东省旅游发展示范项目之一。2001 年省政府正式立项。2002 年 3 月，作为山东省 7 个优先发展项目之一，首期城墙恢复建设工程正式破土动工。

长期以来，我们的民众对古城墙等"历史建筑"的保护持一种漠视态度。对于新城墙的建设，民众更多是持看热闹的心态，关注度并不高。在欧洲的许多古城，民众的历史文化遗产保护意识深入人心，民众都在竭力保持城市千百年流传下来的独特风貌，哪怕破旧不堪也要保护起来。一些古城的老建筑，即便是换一扇窗户，也要进行严格审核，经有关部门批准后才能更换。例如，巴黎市民视文物保护为自身义不容辞的责任，巴黎有民间文物保护组织 2000 多个，在他们的保护名单上，保护对象数量比政府的高出一倍之多。这些欧洲国家民众对"历史建筑"敬畏和爱护的心态，值得我们学习。我国还需要通过教育和宣传，提高民众对历史文化遗产保护的意义和重要性等方面的认识。

2. 利用

恢复的明城墙长 5300 米，高 6 米，内部空间加以利用（建成博物馆城，有中外酒器博物馆、孔孟之乡民俗博物馆、曲阜文玩城等），顶部用来供游客和市民登临游玩休憩。城墙外是长达 6 千米的环城水系公园，形成一条休闲观光旅游带；城墙内为石板马道，形成一条民俗旅游线。城墙恢复外形保持历史原貌，但未"原样"建设，只保留南北两城门及东北、西北两城角原封不动地镶嵌在新砌的墙体内，并保持了两者外观方面的差别以突出前者。城墙恢复后共有 12 个城门，25 个门洞，其中正南门、北门和鼓楼南街城门上建有门楼，仓巷、东南马道东首和颜庙街东首是单孔城门，天官第街西首为双孔城门，其他全为三孔城门。为了方便明故城内外的交通，连接新城墙内外的大小桥梁被增至 14 座。

2004 年 9 月，首期城墙恢复建设工程完工。2004 年国际孔子文化节开幕之际，"明故城"开城迎宾。曲阜把明故城的开城仪式作为曲阜市常规性的旅游产品，向海内外游客推介，使之与现有的大型广场乐舞《杏坛圣梦》相得益彰，以更加充分地展示"东方圣城"的文化神韵。

3. 惑与不惑

专家、学者们对新城墙建设事件的观点有分歧，既有赞成者也有反对者。反对者认为历史遗产是不可再生的，仿造只有其躯壳而没有其灵魂，犹如逼真的蜡像，充其量不过是个赝品。新城墙完全不是"明城"意义里的城墙，而且新城墙建设时，势必会把原来明城墙的基础又第二次加以破坏。赞成者认为新城墙与明城墙混建在一起，构成当下的城市新景观，不仅替代了旧城脏乱差的面貌，能够成为"旅游业发展龙头"，具有一定的经济效益，又利于名城风貌的形成，留下城市记忆，具有更大的社会效益（见图 3-2）。

图 3-2　恢复后的曲阜明故城墙——作者拍摄

"拆旧"和"仿古"是中国城市化进程中的独特风景。一方面，部分历史文化名城和历史文化街区岌岌可危；另一方面，再造凤凰、重塑汴京，仿制古城遍地开花。放眼全国各地，在复兴传统文化的大潮中，"古迹重修"项目如火如荼。例如，西安大明宫遗址公园重建了唐代大明宫正门"丹凤门"，聊城市启动古城重建计划等。一方面，大家认为"风貌"不是"原貌","原貌"不一定是"原物"。"原物"作为一种文物,一旦毁坏无存,是不可能再生的。另一方面,在国外被称作"模型保护"[①]的科学复制品,被认为可以再现原貌,具有科学和艺术价值,具有体现历史风貌的作用。

在不破坏文物的前提下进行一些重建、仿建未必是坏事。"古城重建热"在某种程度上也与全社会的文化发展热情,甚至是与人们渴望进一步参与文化遗产保护的倾向密切相关。中国已经进入到充分利用文化遗产、实现经济效益最大化的时期,利用文化遗产来刺激旅游、发展经济成为现代化城市发展的显著特征,也应成为一种可持续的发展趋势。但如果有"体"无"魂"、有形式无内涵,就难免遭遇市场和公众的双重否决。任何不计成本、不讲实效、盲目跟风的伪文化行为,不但不能为人民带来福祉,而且还可能带来社会建设、生态建设方面的问题。[②]

(四)问题与挑战

曲阜明故城墙陪伴着沧桑巨变,目睹过 500 年的朝代兴衰更替,它的兴与废,它所引发的现代城建与古迹存留的矛盾,今日仍难以说清道明。它古老的城墙扎根于封建王朝,止步于新城改造。也许不破不立有道理,但让城市有记忆,让城市有爱心,是城市健康有序发展必须遵循的原则。我们为文物的破坏而惋惜,可是惋惜的背后,我们更应该反思和采取行动。让每一次拆除毁灭之后带来的都是良性的变革和进步,让每一场阵痛和伤痕,都值得承受。[③]

历史文化名城一直以来就承受着"旧城改造"式地破坏,文化遗产一方面在城市建设中遭到摒弃,另一方面又受到市场的追捧,各地不断出现古城新建和复建项目。2019 年 3 月 14 日,住房和城乡建设部、国家文物局发布了《关于部分保护不

---

① 对于已遭毁坏而有保存价值,又有复原依据的历史建筑予以重建,使其作为文物复制品的科学模型再现于世,具有体现历史风貌的作用,这种科学复原被视为一种保护方法,称作模型保护。

② 参见闻白:《人民时评:"古城热"切莫丢了文化魂》,载中国共产党新闻网,http://theory.people.com.cn/n/2012/1119/c226269-19621410.html。

③ 参见陈月芹:《保护式更新迫在眉睫 城市有机更新需多方聚力》,载中国建设新闻网,http://www.chinajsb.cn/html/201812/17/811_2.html。

力国家历史文化名城的通报》，对保护不力的城市点名通报批评，受到社会的广泛关注。[1] 但是，我们不能在不断总结历史经验的同时又在不断地重复同样的错误。

曲阜城墙的拆与建警示我们：一方面，历史文化名城保护与发展是一种非常专业的活动，需要专业人士来做；另一方面，人们对历史文化名城保护与发展带有主观意志，但人的认识具有局限性。因此，历史文化名城保护与发展工作不能操之过急，其有赖于一整套制度和手段来支撑。这方面工作的推动很大程度上需要依靠具有专业知识的人员和相关职能部门通过专业的法规和以规划的方法来进行，同时也需要征求社会各界的意见，让更多的人参与进来，充分论证，凝聚社会共识，形成合力。

二、名城建设座谈会

（一）中国孔子基金会

中国孔子基金会是 1984 年 9 月中共中央书记处决定成立的国家支持的群众性学术团体。

"文化大革命"初期，北京师范大学的谭厚兰，以"讨孔"总指挥的身份带领"讨孔战斗队"来到曲阜，掀起了一场疯狂的"讨孔"运动，使曲阜众多的文物古迹遭到前所未有的大破坏。[2] 其间，烧毁古书 2700 余册，各种字画 900 多轴，其中有国家一级保护文物 70 余件，珍版书籍 1700 余册；砸毁包括孔子墓碑在内的历代石碑 1000 余座，捣毁孔庙，破坏孔府、孔林、鲁国故址，刨平孔坟，挖开第 76 代"衍圣公"孔令贻的坟等。

1984 年夏，时任全国政协主席的邓颖超到曲阜视察工作，看到"三孔"一片

---

[1]　参见王长松：《历史文化名城的保护与发展模式》，载人民论坛网，http://www.rmlt.com.cn/2019/1015/559172.shtml。

[2]　参见谷牧：《我对孔子的认识》，载《光明日报》2009 年 3 月 23 日，第 12 版。

破败的景象，不禁扼腕叹息。① 陪同她的山东省委书记苏毅然介绍说，"1979 年，经胡耀邦同志批准，山东省和曲阜县已着手对孔林、孔庙、孔府进行修复，但资金缺口比较大，建议成立一个孔子基金会，多方筹集经费，进一步整修'三孔'"，并请邓颖超主席出面领衔主持。邓颖超主席赞同成立基金会，但认为自己不宜出面，推举了时任中共中央书记处书记、国务委员的谷牧，并建议邀请南京大学名誉校长匡亚明也参与此事。邓颖超主席回到北京后，向中央提出了上述建议。1984 年 9 月，中共中央办公厅以电报的形式批复"中央同意以民间名义成立孔子基金会和谷牧任名誉会长，匡亚明任会长"。

1984 年 9 月 26 日，孔子基金会第一次会长会议在曲阜孔府忠恕堂召开。匡亚明会长主持会议，他在讲话中提出，成立基金会的主要目的有三个，一是保护好"三孔"，二是进一步加强对孔子思想的研究，三是把曲阜建设好。

中国孔子基金会被批复后，建立了由有关方面代表人士 100 多人组成的理事会，创办了《孔子研究》学术杂志，进行了经费筹集工作，开展了国际孔子、儒学研究的学术交流。谷牧在《孔子研究》发刊词中写道："不应该打倒我们民族文化的代表。"1989 年 10 月，中国孔子基金会与联合国教科文组织合作，在北京、曲阜两地举行了孔子诞辰 2540 周年纪念与学术讨论会。时任中共中央总书记的江泽民同志接见了部分海外学者，发表了重要讲话。

1984 年至 1986 年，中国孔子基金会在曲阜办公。1986 年至 1996 年，基金会迁至北京。1996 年 8 月，在谷牧委员的建议下，经中央批准，基金会迁回济南，由山东省委领导，时任省委书记的赵志浩同志亲自担任会长，并成立中国孔子基金会秘书处作为办事机构，在曲阜设办事处。中国孔子基金会为全国性公募基金会，自成立以来，在组织和推动孔子、儒学及中国传统思想文化研究方面做了大量的工作。其围绕孔子、儒学研究的热点及当代相关社会问题，举办了一系列全国性、国

---

① 参见傅鸿泉：《谷牧与曲阜》，中国文史出版社 2014 年版，第 5 页。

际性学术会议。例如：1985 年和 1986 年，在曲阜举行了两次由国内学者参加的学术讨论会；1991 年，在曲阜主办了海峡两岸首次儒学学术讨论会等。

2020 年 10 月，经山东省委研究，中国孔子基金会秘书处整建制并入尼山世界儒学中心。尼山世界儒学中心作为尼山世界儒学中心理事会和中国孔子基金会常设办事机构，为省政府直属公益一类正厅级事业单位，归山东省委宣传部管理。

（二）名城保护和建设座谈会

用谷牧同志自己的话说，"中央交待的事，我当然认真去办。我担任的社团名誉职务有 20 多个，比较起来，孔子基金会的事情，我管得多些。对曲阜的建设我们特别关心"。中国孔子基金会成立后，曲阜的城市建设、文物保护、旅游工作和城市发展得到谷牧委员的关心关注。

为了配合曲阜"三孔"的对外开放，搞好曲阜的文化旅游、文物保护及对外接待工作，展示孔子故里的面貌，尽快把曲阜推向世界，1986 年 10 月、1987 年 3 月、1988 年 3 月，谷牧委员分别在曲阜、北京主持召开了曲阜历史文化名城保护和建设座谈会，为建设"著名东方圣城、文化旅游名城和世界孔子文化儒家思想研究中心"制定了政策方针、发展方向。

1. 1986 年座谈会

根据时任中共中央总书记的胡耀邦同志关于曲阜名城保护、建设的谈话和批示精神和在曲阜举办国际孔子学术

图 3-3　1986 年 10 月，谷牧主持曲阜历史文化名城保护和建设座谈会
——微信公众号"曲阜史敢当"

研讨会的准备工作的需求，1986 年 10 月 23 日至 25 日，时任中共中央书记处书记、国务委员、国家文物旅游工作领导小组组长的谷牧同志，在曲阜阙里宾舍主持召开曲阜历史文化名城保护和建设座谈会。时任山东省委书记梁步庭、中国孔子基金会会长匡亚明、原城乡建设环境保护部副部长戴念慈、山东省副省长谭庆琏以及有关方面的负责人参加会议（图 3-3）。

会议主要讨论了曲阜名城的规划建设，文物的保护利用，旅游事业的发展和两次国际性孔子研讨会的准备工作问题。[①] 在会上，谷牧委员从战略高度为曲阜的名城保护建设及曲阜今后的发展指明了方向。他提出了三个奋斗目标：一要把曲阜建成世界研究孔子的中心；二要把曲阜办成中国一流的文化旅游胜地；三是曲阜的精神文明建设要走到全国前列，起示范作用。

会议确定要加强对曲阜名城规划建设的领导：总的规划，要以保护明故城区为主，同时在故城以南，兴建一个相应的新城区。故城内，多年来乱占乱建现象严重，拥塞不堪，杂乱无章。为保持故城风貌，必须有规划、有步骤地进行改造。近期内，急需解决古建筑和重要文物的保护和市容市貌的整治问题。建议：一是尽快迁出孔府围墙内所有占住单位和居民；二是尽快铺设孔府、孔庙消防排污通道和更换所有明线电缆；三是抓紧修建确保孔府大量历史档案和文物安全的档案馆和文物库；四是修复孔府、孔庙部分残缺围墙；五是清理孔府后作街杂乱粪堆、草垛，疏散居民，装修各街铺面门牌，书写文雅匾额，清理好环境卫生；六是改造故城街道；七是疏浚护城河，营造环城绿化带。新城区建设，要按照现代化城市规划，但建筑风格也要与故城大体协调。

会议期间谷牧委员视察了曲阜的文物保护和城市建设工作。10 月 23 日上午，谷牧在曲阜新区现场听取城市建设发展汇报之后，沿明故城墙旧址查看了护城河和城墙角、城门遗址。他在视察明故城西北城角时说："护城河应治理，城角应修起来，

---

① 参见傅鸿泉：《谷牧与曲阜》，中国文史出版社 2014 年版，第 52 页。

要把现存的古城墙砖收集起来，修城角……"（图3-4）座谈会后形成了关于《曲阜历史文化名城保护和建设座谈会纪要》。1986年11月10日，中共山东省委向中央呈送了该纪要，得到了胡耀邦等中央领导圈阅同意。

图3-4　1986年10月23日，谷牧同志视察曲阜明故城西北角
　　　　——微信公众号"曲阜史敢当"

2. 1987年座谈会

1987年3月2日，谷牧在北京中南海第三会议室召开关于落实《关于曲阜历史文化名城保护和建设座谈会纪要》会议。

会议主题是集中研究1986年《关于曲阜历史文化名城保护和建设座谈会纪要》落实问题。谷牧委员要求："对曲阜既要按历史文化名城，又要按旅游的特殊重点对待。曲阜作为文化名城建设，软件、硬件都应有很高的要求和水平。曲阜在精神文明建设上，应该做到党和国家号召什么，要求什么，都要走在全国的前头，要做到一进曲阜就让人们感到是圣人之地。"

会议议定：（1）关于曲阜历史文化名城的规划和建设。（2）关于召开"儒学国际学术讨论会"的筹备工作。（3）关于1989年国际学术讨论会的筹备工作。（4）关于孔子故里博物馆的建设问题。（5）其他资金问题。（6）关于中国孔子基金会今后一段时期的工作，应重点放在孔子学术研究和有关的学术交流上面；应坚持不从国内筹款，从国外筹款也应持谨慎态度。[①] 会后形成了《关于研究中国孔子基金会及曲阜建设有关工作的会议纪要》（国阅〔1987〕17号），分送国务院总理、

---

① 参见傅鸿泉：《谷牧与曲阜》，中国文史出版社2014年版，第67页。

副总理，国务委员、秘书长、副秘书长和有关部委局、山东省人民政府、中国孔子基金会、中国国际文化交流中心、曲阜市人民政府。

1987年3月30日晚，曲阜市召开常委会会议。会议听取了曲阜市城乡建设委员会"关于落实曲阜历史文化名城规划建设委员会第一次会议精神、迎接9月儒学国际学术讨论会、治理曲阜明故城和护城河的方案意见"。会议提出，1987年的护城河及重点小区治理必须以迎接9月会议为中心，突出重点。护城河南门段、北门段是护城河治理的关键段，必须根治，城东南段和西护城河为辅助段；护城河两个关键段和两个辅助段治理要切实体现"人民城市人民建"的精神，对各乡镇划段分片明确任务，进行施工。

1987年4月13日，曲阜市在曲阜剧院召开"落实《纪要》建设名城振兴曲阜动员大会"（图3-5）。会上传达了中央领导人对该纪要的批示，宣讲了山东省委、省人民政府《关于成立曲阜历史文化名城规划建设委员会的通知》，曲阜市委领导作了题为《全市人民紧急行动起来，为落实〈纪要〉、建设名城、振兴曲阜而奋斗》的动员讲话。4月21日，中共曲阜市委、曲阜市人民政府批转落实《曲阜历史文化名城保护和建设座谈会纪要》领导小组《关于落实〈纪要〉准备迎接今年9月儒学国际学术讨论会的工作意见》，成立护城河治理、搬迁、公路建设、综合治理等指挥部。自此，作为历史文化名城规划建设的各项建设工作在曲阜大地全面展开。

图3-5　1987年4月13日，"落实《纪要》建设名城振兴曲阜动员大会"在曲阜剧院召开——微信公众号"曲阜史敢当"

3. 1988 年座谈会

1988 年 3 月 9 日，谷牧同志在国务院第三会议室主持召开落实《关于曲阜历史文化名城保护和建设座谈会纪要》精神专题会议。[①]

会议重申和强调了曲阜历史文化名城保护和建设的重要性："把曲阜历史文化名城保护和建设好，对于扩大我们党和国家在国内外的声誉，有着重要作用。曲阜是具有世界影响的孔子故乡，孔子在世界上只有一个，曲阜在世界上也只有一个。建设好曲阜名城，在世界上特别是在东南亚国家，有着很大的影响。应该把曲阜建设成为世界上有影响、一流的历史文化旅游名城。"

会议进一步明确了曲阜历史文化名城保护和建设的指导思想：一是坚持和恢复曲阜古城风貌。要修旧如旧，形式要古老。比如，陋巷要保持"陋"，不能搞"洋陋巷"。二是文物古迹要以保护为主，不要发生人为的和自然的灾害，万一发生了，要有及时的有效救援措施，消除隐患；"三孔"内要禁止吸烟。三是要注意研究如何提高文物古迹的观赏价值，提高观赏度，要在这方面下功夫。四是 1989 年于孔子 2540 周年诞辰之际将要举办的国际孔子学术研讨会，一定要搞好，以扩大影响。对这次国际会议，要注意勤俭节约。五是曲阜名城的各项规划建设，都是十分重要的，一定要搞好。要发扬"自力更生、艰苦创业"精神，坚持"高起点、高标准、高质量"，分期分批有计划地建设。

会议研究了曲阜历史文化名城保护和建设两年内要重点搞好的建设项目：一是根治曲阜明故城河污染；二是搞好护城河两岸和正南门外的绿化；三是搞好旧城区的排水设施建设；四是搞好后作街仿古"百户作坊街"建设；五是搞好五马祠商业街的综合开发建设；六是打通曲阜孔子故里、孟母林、九龙山汉墓群到邹城朱檀墓的旅游路线，逐步打造孔孟之乡二日游路线图。

会后，国务院办公厅秘书局印发了《关于曲阜历史文化名城建设问题的会议纪

---

① 参见傅鸿泉：《谷牧与曲阜》，中国文史出版社 2014 年版，第 70 页。

要》（国阅〔1988〕36号），分送国务院总理、副总理，国务委员、秘书长、副秘书长和有关部委局、山东省人民政府、中国孔子基金会、中国国际文化交流中心、曲阜市人民政府。

（三）影响和意义

中国孔子基金会在民政部注册，由文化和旅游部主管，其原始基金数额为人民币800万元，来源于财政部和社会捐助。作为"官办"民间组织，中国孔子基金会处于"准政府组织"的地位，参照行政机关的标准运行。无论是在人员构成、经费来源、组织结构方面，还是在运作规范、活动方式等方面都或多或少带有行政色彩。[1]

曲阜历史文化名城保护和建设座谈会，是政治类大事件推动历史文化名城保护和发展的典型案例。第一次会议在曲阜召开，并形成了《曲阜历史文化名城保护和建设座谈会纪要》，为曲阜名城保护和建设制定了政策方针，明确了发展方向。第二和第三次会议在北京召开，是为落实第一次会议所形成的纪要中提出的任务要求，研究遇到问题的解决方案。座谈会的召开使曲阜的古城保护、名城建设、经济发展都收到了较好的成效，为曲阜未来的发展奠定了良好的基础。

"曲阜的建设问题，最主要的是要有个通盘规划。整个曲阜的建设，要找专家进行科学论证。""曲阜的文章，要考虑得深点、高点。不是以搞工厂为主。主要是以学术研究为主。这篇文章怎么做法？李光耀说，曲阜的这个条件很好。应充分利用这个条件发展文化、学术研究。要使有文化、有知识的老年人看了之后不想走。要搞成公路畅通、清洁卫生的好城市。你们曲阜，将来除'三孔'外，也要搞些艺术品的展览。不是干巴巴的搞学问，还要有点别的文化生活，今天看'三孔'，明天看别的文化生活。"[2]谷牧委员的这些谈话以及当年形成的《曲阜历史文化名城保护和建设座谈会纪要》精神，对曲阜的建设有着极其重要的指导意义。

---

[1]　参见孙发锋：《中国民间组织"去行政化"改革的障碍及消除》，载《学习与探索》2012年第8期。
[2]　参见傅鸿泉：《谷牧与曲阜》，中国文史出版社2014年版，第149页。

三次座谈会议形成了三个纪要，第一次会议的纪要由山东省委行文上报中央领导人，第二、三次会议的相关纪要由国务院办公厅以"国阅"文件的形式行文印发。三次会议的召开和三个文件的出台，对于增强中央对曲阜的关心支持、增强民众对孔子的认识，清除"左"的影响，拨乱反正，正本清源，起到了积极的推动作用。这几个文件不仅在中央、全国产生了很大的影响，而且对曲阜的文物保护、精神文明建设、名城规划建设、旅游事业发展、儒家思想研究等起到了至关重要的作用，还大大提高了曲阜的知名度和在国内外的影响。

为贯彻落实三次会议的精神和相关纪要，从中央到山东省，自 1986 年起，国家分别连续三年拨付 1000 万元、500 万元专项资金用于曲阜的历史文化名城建设。曲阜市掀起了建设名城、振兴曲阜的高潮：曲阜市政府公布明故城、古泮池、仙源县故城等 87 处文物古迹为全市第一批重点文物保护单位；绿化旧城，在神道路两旁建广场绿地，根治明故城护城河污染，建成环城绿化带，创造高质量的古城环境；大批的古建筑得到了修缮；古树名木保护工作富有成效；加强了对鲁故城的保护和管理；在古城内严格控制建筑高度，新建筑与古城风貌相协调；按照规划要求，在旧城区内严格控制人口、用地、交通和污染；对古城内的鼓楼大街、半壁街、南马道等六条街道进行了整治；使外围旅游点的开发建设初具规模。举办首届国际孔子文化节、建设孔府文物档案馆、设计孔子研究院都是座谈会上被直接提出的。

三、国际孔子文化节

（一）基本情况

中国曲阜国际孔子文化节是由文化和旅游部（原国家旅游局）、山东省人民政府联合主办的一项大型国际性节庆活动，是原国家旅游局推出的中国 14 大旅游节庆活动之一。其作为一项融纪念先哲、交流文化、旅游观光、学术研讨于一体的大型综合性国际旅游节庆活动，形式多样，内容丰富。主要包括祭孔大典、开幕式及文艺汇演、专项游览、大型展览、学术研讨、中外文化交流、游览名胜古迹及人才交流等多项活动。其前身是创办于 1984 年的国际性"孔子诞辰故里游"专项旅游活动。

根据时任中共中央总书记胡耀邦"要把孔子像复原起来,为旅游服务,以孔养孔"和时任全国政协主席邓颖超"古为今用"的指示精神,为了彻底否定"文化大革命"中的错误做法,搞好对外宣传,促进祖国统一,发展旅游事业,经中共山东省委、山东省人民政府上报中共中央宣传部批准,1984 年 9 月 22 日(农历八月二十七日),中共曲阜县委、曲阜县人民政府举办了首届孔子诞辰故里游活动(图 3-6)。①

图 3-6 1984 年 9 月 22 日,首届孔子诞辰故里游开幕式暨孔子像复原揭幕仪式在曲阜孔庙举行——微信公众号"曲阜史敢当"

1989 年 10 月,中国孔子基金会与联合国教科文组织合作,在北京和曲阜举行了孔子诞辰 2540 周年纪念与学术讨论会。五大洲 25 个国家和地区的 300 多名学者参加了这次盛会。当时分管外交工作的国务院副总理吴学谦出席开幕式并宣布会议开始,谷牧委员作了主题讲演。时任中共中央总书记江泽民接见了部分海外学者并发表重要讲话。同年,经山东省委、省政府和中央有关部门批准,更名为"中国曲阜国际孔子文化节",于每年的孔子诞辰(公历 9 月 28 日)前后,即 9 月 26 日至 10 月 10 日在曲阜举行。

20 世纪 90 年代初,为推动孔子文化走向世界,增强中外文化交流,在美国夏

---

① 参见《红色记忆·曲阜举办首届孔子诞辰故里游活动》,载微信公众号"曲阜史敢当"2022 年 6 月 29 日,https://mp.weixin.qq.com/s/ksy2CcJPRCMVKWuCnj7InA。

威夷大学教授成中英、香港大学教授赵令扬、台湾政治大学教授董金裕等学者的倡议下，在谷牧委员的大力支持下，中国孔子基金会决定联合海内外其他 8 家儒学组织及文化组织，酝酿成立国际儒学研究联合组织（后来的国际儒学联合会），中国孔子基金会负责起草有关倡议书和章程草案。1994 年 10 月，经过多年筹备的国际儒学联合会正式成立，谷牧兼任会长。与此同时，曲阜地方政府和民间合办的祭孔活动也开始浮出水面。2004 年，政府举行了新中国成立以来第一次公祭孔子的纪念活动，是从国家层面对孔子及儒家文化的认同，被称为"祭孔大典"，孔庙祭典活动逐渐成型。2017 年，中国（曲阜）国际孔子文化节开幕式暨第十二届"联合国教科文组织孔子教育奖"颁奖典礼在曲阜孔子文化会展中心举行。孔庙祭典的内涵逐渐发生变化，仪式也大大简化，在仪式展演的过程中潜移默化地加强文化认同与交流。

国际孔子文化节，是不断挖掘、包装、展示儒家文化，以纪念先哲为核心，同时将学术研讨、文化旅游、经贸合作融于一体的节庆活动。文化节期间，孔子诞辰纪念与学术讨论会以及孔子学术会堂的开展，大大推动了儒学研究的进程。一方面，学者们对儒家思想及儒学史的研究不断深化，研究的范围也趋向于多元化；另一方面，学者们将关注的重点转移到关于儒学现代价值的思考方面，从政治、经济、文明对话、道德伦理、生态、教育等多个方面阐释儒家思想的现代价值以及在建设现代文明中的重要作用。

国际孔子文化节，在国内外引起的巨大反响，进一步促进了曲阜文化旅游等相关产业的发展。一方面，凭借孔子故里的独特优势，慕名前来参加国际孔子文化节的中外宾客越来越多，曲阜在国内外的知名度越来越高，有力带动了曲阜经济社会各项事业的快速发展。另一方面，随着改革开放的不断深入，人民思想观念也不断解放，如何对待孔子及传统文化，成了社会大众普遍思考的问题。国际孔子文化节带来的影响已大大超出了单纯的旅游活动范围，正在不断促进着物质文明、精神文明和政治文明的蓬勃发展。

（二）尼山世界文明论坛

尼山世界文明论坛是全国人大常委会原副委员长、中华文化标志城专家咨询委员会主任许嘉璐倡议发起，以维护世界文明多样性、构建人类命运共同体为宗旨使命，以世界文化巨人孔子的诞生地——尼山命名的文明交流互鉴平台。尼山世界文明论坛于 2010 年创办。

首届尼山世界文明论坛于 2010 年 9 月在曲阜尼山举办，主题是"和而不同与和谐世界"。历届尼山世界文明论坛的举办对于促进世界不同文明之间的交流互鉴、推动建设和谐世界、增强中华文化在国际上的传播力和影响力发挥了重要作用，在海内外兴起了儒学热、研学旅游热。

2018 中国（曲阜）国际孔子文化节暨第五届尼山世界文明论坛首次提升为文化和旅游部、教育部、山东省人民政府共同主办，来自世界 27 个国家和地区的 260 多名专家学者共话文化相融（图 3-7）。

2020 年 9 月 27 日至 28 日，2020 中国（曲阜）国际孔子文化节、第六届尼山世界文明论坛在曲阜举办，两大节会首次融为一体，实现强强联合。来自 17 个国家和地区的 160 多位专家学者、嘉宾，齐聚儒家思想的源头尼山，围绕"文明照鉴未来"，展开交流对话，深入挖掘古老文明的深邃智慧，共同探索多元文明的相融途径，成为向世界介绍中国智慧、中国道路、中国方案的传播平台。

图 3-7 尼山世界文明论坛——搜狐网

随着国际孔子文化节的不断发展和创新,其逐渐发展成为世界范围的文化盛典,在海内外产生了广泛影响,更赋予纪念孔子以现代价值和意义。它是在传统的孔子诞辰纪念活动基础上的变革和升华,在纪念先哲、弘扬与传承中华民族优秀文化的同时,成为加强国际文化交流的一个载体。曲阜孔庙的祭孔活动已有两千多年的历史文化积淀,在漫长的历史长河中,为历代统治者所推崇,成为中国古代社会的"国之要典",曲阜孔庙的祭孔活动持续到1948年。1984年以孔子像复原揭幕为契机,举办首届孔子诞辰故里游活动,而后逐渐成为机制。

从1984年9月22日纪念孔子诞辰2535周年的"孔子诞辰故里游"到中国曲阜国际孔子文化节被原国家旅游局确定为国家级"中国旅游节庆精选"活动,被国际节庆协会评为"中国最具国际影响力的十大节庆活动",被中国节庆产业评选活动组委会评为"中国十大人物类节庆活动"和"中国十大节庆活动",获得"2008中国十大国际性节庆暨改革开放30年中国节庆杰出典范奖",作为现今仍保留的传统文化节庆活动之一,国际孔子文化节已成为中国旅游节庆可持续发展的典型案例。

（三）影响和意义

国际孔子文化节,是文化类大事件推动历史文化名城保护和发展的典型案例。作为节庆礼仪,它是以非物质形态存在的非物质文化遗产,在全国有较大影响,已经成为中国最能代表民族历史文化内涵的文化活动之一,是国家保留的几大节庆活动之一。自举办以来,国际孔子文化节秉承了"纪念孔子、弘扬民族优秀文化"的主题,纪念活动同文化交流、旅游观光、经贸合作密切结合,达到了纪念先哲、交流文化、发展旅游、促进开放、繁荣经济、增进友谊的目的,突出了内容丰富多彩、文化特色显著、乡土气息浓郁、规模大、国际性强、举办形式多样、社会参与性强的特色。

国际孔子文化节的缘起和发展是社会发展到一定阶段的产物,"文化大革命"

造成的严重破坏，使整个社会千疮百孔、百废待兴。改革开放以后，社会主义事业全面重新起步和发展，拥有深厚文化底蕴的曲阜看到了文物旅游的美好前景，于是策划举办"孔子诞辰故里游"活动。连续多届的故里游活动得到了发展，取得了较好的社会效果，于是在政府部门的主导和支持下，发展成为"中国曲阜国际孔子文化节"。其发展的近 40 年，正是我国改革开放事业蓬勃发展时期，社会主义政治、经济、文化不断发展和进步，也促使国际孔子文化节不断蓬勃发展壮大。

国际孔子文化节的举办是孔子文化的集中体现，也是以孔子文化为主干的中华优秀传统文化弘扬和传播的重要载体。其极为丰富的文化内涵和底蕴，有力地弘扬了中华民族优秀传统文化，凝聚了广大华人的心，在海内外产生了广泛而深远的影响，并以其独特的中介作用和综合功能，大力推动了孔孟之乡的旅游、科技、经济、贸易等事业的发展。

国际孔子文化节一直处于探索发展阶段，在取得较大社会作用和影响的同时，也存在一些不足，例如纪念功能不完善，普及化不够，活动形式和所依托的文化内涵还有待挖掘等，同时国际孔子文化节给曲阜带来的直接经济效益也并不明显。

有些地方提出"保护就是为了开发利用"，这种观点不能正确处理保护与利用的关系。片面地认为保护古城就是为了发展旅游、获取经济回报，强化的是商业、收入、金钱，淡化的是历史遗产的文化价值，会使历史文化名城的韵味和风貌逐年削减，甚至遭到人为破坏。

发挥历史文化名城的优势，以传统文化促进旅游事业蓬勃发展，扩大对外开放和推进经济振兴，集中向中外游客展现历史文化名城的风貌，才是正确的做法。曲阜市政府每年都为国际孔子文化节的举办投入大量的资金用于改善城市环境和基础设施建设，加强了历史文化名城保护以及促进了城市管理升级。同样，曲阜市政府也会做一些形象工程，以最佳的状态迎接国际孔子文化节；而当文化节过后，政府和各部门会松弛一段时间。但总体来看，城市治理效能还是会借着整顿的机会迈上一个新的台阶。

四、曲阜撤县建市

（一）各地为什么要撤县建市

各地之所以申请撤县建市，主要原因有四点：一是市的影响、声誉要比县高，有利于提高居民的自豪感，也有利于招商引资、吸引人才；二是市比县的行政管理范围更宽，行政管理权限更大，体制机制、政策更灵活，未来的自主权更大；三是县对农业、耕地保护等要求更严格，县改市后有利于城区扩大规模，产业之间相互融合，加快服务业发展，为下一步机制体制的创新和政策先行先试提供机遇；四是市比县更容易争取到更多的项目、资金和政策支持以及一笔可观的城市建设费用。

（二）曲阜撤县建市过程

曲阜作为普通农业县的建制与首批国家历史文化名城的地位极不相称，非常不利于文物古迹的保护、维修和利用，不利于与国外城市开展合作、对外开放等。例如，许多国外城市想与曲阜建立国际友好城市关系，却因受限于曲阜县的建制而不能成功。因此，早在1983年《曲阜县城总体规划》中实施规划的措施部分就提出"为了搞好对外开放、发展旅游事业，建议设立县级曲阜市"。

1985年5月，中国孔子基金会会长匡亚明根据部分专家学者的建议，分别致信谷牧和山东省领导，"为了便于孔子基金会向省内外、国内外开展工作，实事求是地宣传和开展对孔子思想的研究和评价，达到'古为今用'的目的；为了加强对曲阜文物古迹的保护、维修和开发利用，促进曲阜历史名城的建设和旅游事业的发展"，建议曲阜撤县建市。同年6月，谷牧同志在曲阜与中国孔子基金会领导吴富恒和程汉邦，在济南与山东省领导梁步庭等交谈时，都提到了曲阜建市问题，并建议山东省委提出意见。按照当时的国家规定，曲阜县离改市标准相去甚远，但谷牧

图 3-8　1986 年 8 月 1 日，举行曲阜撤县建市挂牌仪式
——微信公众号"曲阜史敢当"

同志强调"可以打破框框"，"我在北京也给你们呼吁一下"，这给山东省就曲阜建市问题增添了底气和信心。

1985 年 10 月，曲阜县政府向济宁市报送了《关于将曲阜县改为曲阜市的请示》。济宁市政府在接到请示报告后，向山东省政府报送了《曲阜撤县建市》的报告。1986 年 2 月 19 日，山东省政府向国务院报送了《关于撤销曲阜县建制建立曲阜市的请示》。同年 6 月 2 日，国务院向山东省政府下发《关于同意山东省撤销曲阜县设立曲阜市给山东省人民政府的批复》（国函〔1986〕74 号）。该批复称"同意撤销曲阜县，设立曲阜市（县级），以原曲阜县的行政区域为曲阜市的行政区域"。6 月 23 日，山东省政府向曲阜县政府下发《关于撤销曲阜县，设立曲阜市的通知》。同年 8 月 1 日，曲阜市委、市政府在曲阜市剧院隆重举行曲阜市建立庆祝大会。会后在市委、市政府大院门口举行挂牌仪式，曲阜市开始正式对外办公（图 3-8）。

（三）撤县建市的历史回望

曲阜撤县设市，开启了城市建设现代化的新纪元。2016 年 7 月 23 日，为期一个月的"纪念曲阜撤县设市 30 周年成就展"在孔子国际会展中心东展厅举行，回望过去 30 年留下的坚实脚印、收获的胜利果实。30 年来，曲阜在中央和省、市各级领导的关心支持帮助下，在历届市级领导班子的接力奋斗、接续探索中，在曲阜人民矢志不移地不懈努力下，实现了加速度发展、全方位开放、全领域追赶、全局性巨变。

1986~2020 年，曲阜地区生产总值从 3.76 亿元增加到 365.38 亿元，人均生产总值从 694 元增长到 57,454 元，全社会固定资产投资由 0.46 亿元增长到 96.48 亿元，有两家企业实现主板上市，地方财政收入由 1597 万元增长到 240,179 万元。城镇化率由 1984 年的 7.5% 增长至 2020 年的 64.8%。在岗职工年平均工资由 1986 年的 1106 元增长到 2019 年的 62,579 元（约 57 倍）。[①]

励精图治，曲阜的综合实力显著增强、发展活力更趋强劲，产业结构不断优化、产业层次明显提升，城乡面貌实现巨变、城乡统筹加快推进，人民生活显著改善、社会民生全面进步，社会建设更加和谐、作风效能不断转变。

五、曲阜新区成立到撤销

（一）济宁—曲阜都市区战略规划

济宁市为了寻求科学合理的"城镇体系发展目标"，于 1985 年邀请北京大学地理系周一星教授等规划专家做布局规划，编制了《济宁市域城镇体系发展规划》。周教授和他的团队提出了利用济宁—兖州—邹城"金三角"的有利构架组成复合中心城市，以解决济宁市作为中心城市实力不足问题的建议。

济宁市经过"七五""八五""九五"时期的发展，各市县区的经济总量有了极大发展与积累。在此期间，曲阜借助旅游经济兴盛，引领济宁发展，与同属百强县的兖州、邹城互成新三角之势，共同支撑起济宁全市生产总值的半壁江山，给了最初的"金三角"城镇体系规划新的想象空间。加之城镇规模因经济发展而不断膨胀，使原城镇布局受到了自然、社会、经济、交通、城市等发展特点和优势彰显方面的限制。在此背景下，济宁市以整合各县市区资源、功能分区定位、项目合理布

---

① 参见曲阜市统计局、国家统计局曲阜调查队编：《曲阜统计年鉴》（2020），山东齐鲁音像出版有限公司 2021 年版，第 3、33~48 页。

局为基本出发点，再次邀请周一星教授等对原规划进行调整，于1998年编制了《济宁—曲阜都市区发展战略规划》。调整后的新规划将曲阜纳入"金三角"规划序列，并经山东省政府批准，最终形成济、兖、邹、曲复合中心城市概念。新规划设想通过协同发展，形成区域优势互补，最终通过济宁市区、兖州市（今兖州区）、邹城市、曲阜市的共同努力，打造成四个齐头并进的经济发动机，带动整个济宁市的发展。

那么复合中心城市的行政中心放在哪里？从济宁市的市区范围来看，市区（包含市中区和任城区）周围都是煤区和煤炭塌陷带，如果城市向外扩展是万万不能的，必须寻找一个出口。在调查济宁市所有辖区后其得出结论——只有城区东北方向的曲阜空间更为开阔，可以拓展新城，更好地施展拳脚。同时曲阜拥有良好的交通区位和世界级的文化资源，故济宁市决定往曲阜发展。

（二）曲阜新区成立到撤销

2000年，山东省委、省政府把济宁市列入全省重点规划的四大区域中心城市之一，要求济宁到2010年同淄博、烟台、潍坊一起跨入特大城市行列。2003年，济宁市政府决定着手建设曲阜新区。2003年6月，曲阜新区党工委、管委会正式成立，为济宁市委、市政府派出机构，全面负责曲阜新区的规划、建设与管理。其规划将曲阜市陵城镇、小雪镇、息陬乡3个乡镇划为济宁市曲阜新区管理，规划的南部就是规划中的中华文化标志城规划建设区。

2004年，山东省人民政府批准的《曲阜市城市总体规划（2003—2020年）》，将曲阜市定位为济、兖、邹、曲组群式大城市的政治中心、文化中心和交通枢纽，规划2020年曲阜城市人口达到50万人。2006年，济宁市政府把济宁师范专科学校（济宁学院前身）从济宁市区搬到曲阜新区，并规划将济宁市政府搬迁到新区，以利用曲阜的文化资源进一步提高济宁市的知名度。当一切按规划顺利进行时，让人意想不到的是在2008年，济宁市在主城区南部设立同样由市级直属的太白湖新区。2009年，《济宁市城市总体规划（2008—2030年）》获得省政府批复，太白湖新区被确定为城市发展的主中心，这标志着济宁将行政资源和工作重心重新转回主城区。最终的结果是，曲阜新区建设停滞不前，2012 年 10 月，曲阜新区正式被撤销。

（三）历史回望

2008 年编制的《济宁市城市总体规划 (2008—2030 年)》，2009 年被山东省政府批准，该规划再次提出了济兖邹曲组群城市融合发展。为什么要融合发展？融合发展的目的是将一些战略性的产业打造成为各自区域发展的主导力量，避免恶性竞争。

经过 30 余年的发展实践证明，这依然是一个规划质量非常好非常高的规划，并且被同样情况的其他城市的实践证明了。然而规划在执行中却很随意，"换一任领导换一套思路"、发展规划"朝令夕改"。某任济宁市主要领导提出，省政府批准的济兖邹曲组群式大城市这个规划方案虽然很有建设性，但是操作起来难度比较大。原因很简单，既然是四个地区协同发展，那么势必会有主次之分，而这四个地区谁也不甘心成为陪跑者，而是都想成为领跑者。每个地区都有自己的优势，谁也不服谁。就拿经济发展水平来说，曲阜市是经济发展水平最弱的，而济宁市区（市中区和任城区）、邹城市和兖州市（今为兖州区）经济发展水平都是相对比较高的，在经济发展中，这几个地市都会谋求四地协同发展的主导权，但曲阜却偏偏是一个知名度极高的明星城市，做什么事情都感觉更应该主导一切。

从济宁市的市区范围来看，城区的北部和东部空间更为开阔，理论上可以更好地施展拳脚，但为何把济宁市发展的主中心选在了城南的太白湖北岸了？当时的济宁市领导认为：曲阜新区的设立颇具争议，主城区东迁曲阜新区，势必会造成任城区地位的下滑以及中心城区对城区西部嘉祥、金乡等几个县的辐射带动能力减弱。至于选址太白湖，一定程度上是考虑了多个区域的长远发展。城区东部是济宁高新区，主要是以工业和高新技术产业为主，不支持大规模居住和办公休闲用地。通过高新区的产业发展和扩张可与兖州区实现连接。如选择城区北部，则限制了任城区的扩展空间，反而变相地将现在的太白湖新区的位置留给了任城区做扩张用地，而这里扩展空间有限，不利于任城区做强，毕竟太白湖新区的定位并不是取代任城区。

城市规划成功的诀窍，不仅仅在于好的规划，更重要的是这个好的规划能够得到持续的贯彻实施。济宁市行政中心选址的摇摆不定，使济宁市的发展方向变得十分模糊。正如在济宁市战略规划论证会上的部分专家所言："济宁的规划怎么编制无所谓，关键在于落实。不要今天东、明天西。济宁在提出行政中心迁往曲阜、建设曲阜新区时，徐州市还到曲阜新区学习，现在徐州的高铁新城都建好了，济宁的曲阜新区没了，又开始了小北湖建设。在小北湖建设也好，不过希望不要再调整。"济宁主城区南部的太白湖新区，由于在地理位置上相对闭塞，所以花大力气在此处打造新区的做法是否正确一直是学界探讨的热门话题。太白湖新区虽然在名称上看似与任城区、兖州区一样都是"区"，但它并非行政区划意义上的市辖区（目前济宁行政区划层面上的区只有任城和兖州）。太白湖新区的性质是市级直属的功能区，由市政府的派出机构——济宁市太白湖新区管理委员会直接管理，无区政府，由济宁市级直接操盘，这也决定了这里会在短时间内发生大的变化。

规划的随意性严重影响了规划对经济社会发展的宏观调控和指导作用，甚至出现无序建设、重复建设的现象，浪费大量人力、财力。我们必须坚决响应习近平总书记的号召："发扬钉钉子的精神，一张好的蓝图一干到底。""为官一方，为政一时，当然要大胆开展工作、锐意进取，同时也要保持工作的稳定性和连续性。"领导干部要有"功成必定有我"但"功成不必在我"的无私奉献精神。只要上任领导的规划、布局是科学的、切合实际的、符合人民愿望的，就要一茬一茬接着干。

（四）缘由与启示

1.缘由

城市规划、建设和管理的许多决策都是在政治舞台上作出，乃至被接纳成为公共政策的。因此，从某种程度上说，城市规划、建设和管理就是一个"政治过程"。政治作为一种有效的决策因素，通常贯穿了城市规划、建设和管理全过程，在城市建设史上有着相当重要的影响。城市规划的"权力主义"，也就是平常所说的"长官意志"和"部门意志"，对我国城乡规划建设和谐发展的影响不容忽视。"唯长官意志论"长期以来是我们城乡规划建设的主要动力。

尽管我们处于伟大的变革时期，但政治性的"长官意志"因素仍不断地影响着城乡规划的方向。基于此，我们的城乡规划师们宁愿从事低风险而毫无创造性的工作也不愿意去思考去解决城市真正需要解决的问题。所以即使是在这样难得的历史机遇之中，城市规划也未能尽自己的历史责任，相反却沦为为领导服务的简单工具。城乡规划紧跟长官意志，不可避免地追求功利性和短期效益，就很难保证城市的长远利益和可持续发展，其后果既可能浪费社会公共财富，也会导致对公共资源的破坏和对社会公正的损害。①

同样，如果不能为历史文化名城保护提供一个长期稳定的政策，一个好的城市同样也可能变成风貌被破坏的城市。例如，2019 年 3 月 14 日，住房和城乡建设部、国家文物局颁布的《关于部分保护不力国家历史文化名城的通报》指出，山西省大同市存在在古城或历史文化街区内大拆大建、拆真建假问题。从曾经被专家、学者誉为"中国历史文化名城保护的大同模式"到因保护不力使国家历史文化名城中的历史文化遗存遭到严重破坏，历史文化价值受到严重影响，其中的原因何在？

一个城市要想持续健康地发展，离不开一张符合发展实际，能够让经济、社会均衡发展的规划蓝图。但是由于任期制度、财政体制、考核机制等多方面因素，许多城市的建设规划经常为"领导意志"所左右。"领导一句话"能够使投入增多、各方协力、加快发展，"领导一句话"也能够改变一个地方的规划用途。有些地方政府官员甚至认为自己既然是城市规划的第一责任人，就应该拥有对修改城市规划

---

① 参见赵带：《我国城市规划值得注意的几种倾向》，载《城市规划》2007 年第 9 期。

的绝对权力。于是乎，有的城市一换届，新领导就急于将上任的规划推倒重来，出现了"一届政府一张规划"的现象。这种科学决策让位于短期政绩的做法，也造成了城市建设中的种种乱象。

目前，单纯从人口城镇化率看，中国已开始进入城市型社会，这也对城市规划提出了更高要求，而保持城市规划的连续性也是新型城镇化建设的题中之义，不能因为地方官员意志或地区（部门）利益而随意变更。说一千道一万，城市规划的目标应该是让每一个居民过上幸福安宁的生活，而不是隔几年就面临尘土飞扬、机械轰鸣的大拆大建难局。

2. 启示

城市规划是一个城市的灵魂，事关经济社会等综合发展目标，决定了城市发展在一定时期内的方向、路径，理所当然应具有足够的严肃性、前瞻性和稳定性。如果城市规划不仅要为领导服务，而且也要为房地产商服务，城市规划极有可能成为少数人对社会财富进行分配和再分配的工具和手段。随着社会经济的发展和全民自我意识的觉醒，"公民意识"也逐渐在城市规划中活跃起来，成为影响我国城市规划的一支重要力量。

规划总是改来改去，很难对城市的发展起指导作用，更不必说长远引领经济社会协调发展。要保障规划的连续性，就必须剔除干扰规划的短期政绩考量，排除"领导意志"的影响，让城市真正的主人——市民广泛参与进来，使法律和追责机制成为重要保障。2013年12月，改革开放以来首次举行的中央城镇化工作会议中也更加明确了城市规划要保持连续性："不能政府一换届、规划就换届。编制空间规划和城市规划要多听取群众意见、尊重专家意见，形成后要通过立法形式确定下来，使之具有法律权威性。"

要发挥城市规划的法定效力，健全而行之有效的决策和执行机制必不可少。2015年12月，中央城市工作会议在北京举行。会议上，习近平总书记强调：要全面贯彻依法治国方针，依法规划、建设、治理城市，促进城市治理体系和治理能力现代化。要健全依法决策的体制机制，把公众参与、专家论证、风险评估等确定为城市重大决策的法定程序。要深入推进城市管理和执法体制改革，确保严格规范公正文明执法。

六、中华文化标志城

2008 年全国两会期间，一项关于"中华文化标志城"的发言，两份反对建设的提案，在会场之内激起纷争。

（一）基本情况

中华文化标志城的构思，始于 2000 年"华夏文化纽带工程"的一份公告。华夏文化纽带工程是一个由中国社会科学院负责实施的旨在弘扬华夏文化的工程。2000 年 3 月，华夏文化纽带工程组委会在《光明日报》上发布《华夏文化纽带工程理论文稿与文化标志造型设计征评公告》，公告内容是：为建造华夏标志项目，向海内外征集总体设计及策划方案。2000 年 9 月初，在北京开会的济宁市政府副秘书长高述群，见到了时任华夏文化纽带工程组委会的秘书长李靖。在交流过程中，高述群提出在孔孟之乡建中华文化标志城的构思，得到李靖的赞同。2000 年 9 月 12 日，高述群就把想法以方案形式递交华夏文化纽带工程组委会。这份名为"龙文化园"的方案，是中华文化标志城最早的雏形。

2006 年年初，济宁市政府邀请 5 家规划单位为中华文化标志城进行总体规划。2006 年底，5 家受托单位形成了 5 份规划方案：复旦大学《中华文化标志城战略规划方案》、中国人民大学《中华文化标志城整体创意方案》、北京华建景观设计公司《中华文化标志城概念规划设计方案》、山东省城乡规划设计研究院《中华文化标志城概念规划方案》、山东省鲁南地质工程勘察院《九龙山山体恢复和植被恢复方案》。

2007 年 10 月 22 日，山东省接到国家发展改革委办公厅下发的《关于中华文化标志城项目有关意见的通知》。该通知明确，标志城项目将分两步实施：第一步，主要是开展标志城范围内历史文化遗产保护，做好古建筑、古遗址的文物本体维修、环境整治、基础设施建设；第二步，在完成主建区创意征集和充分做好项目可行性研究的基础上，落实好建设资金，待相关条件具备后，适时启动项目建设。

中华文化标志城是"三区一体"的空间概念，即北部的历史文化保护区——曲阜城区，南部的历史文化保护区——邹城城区，中部的生态文化保护区——九龙山区。这个区域既是独特的精神文化空间，又是独特的自然生态空间。根据"两城、两轴、三区"[①]的总体规划，九龙山处于华夏文化轴和儒家文化轴两条文脉的核心地带，在整个规划区域中处于重要的纽带地位。四面圣迹和历史文化遗产共同托起九龙山这块宝地，构成独特的文化空间，是极为少见的文化区位组合，其本身就具有重要的文化象征意义。

中华文化标志城实际是以曲阜、邹城两座国家历史文化名城为依托，以寿丘、少昊陵、"三孔"、"四孟"等古文物、古遗址为载体，保护整合提升少昊之墟、商奄之都、邹鲁之地、孔孟之乡绵延不绝密集层叠的文化遗存，使之更加具有中华文化标志意义和德化、教育、纪念、展示功能的独特的精神文化空间。[②]

（二）相关工作

依托中华文化标志城，推动开展有关工作。

1. 曲阜片区大遗址保护

曲阜片区大遗址包括曲阜、邹城及其之间的九龙山区。这里历史源远流长，文化积淀深厚，是始祖文化的发源地、儒家文化的诞生地，拥有极其丰富的历史文化遗产，现有世界文化遗产 1 处，国家重点文物保护单位 21 处，省级重点文物保护

---

① "两城"即曲阜和邹城，"两轴"是指华夏文化轴和孔孟文化轴，"三区"即曲阜历史文化保护区、邹城历史文化保护区、九龙山生态文化保护区。

② 参见王炳春：《关于曲阜片区大遗址保护的几点思考》，载《理论学习》2009 年第 7 期。

单位 92 处，还有大量待查证的历史文化遗迹。山东省切实加强了对曲阜片区大遗址的保护工作，组织编制了"三孔"世界文化遗产保护规划，曲阜、邹城国家级历史文化名城保护规划，曲阜明故城控制性规划，曲阜片区历史文化遗产保护总体规划、鲁国故城大遗址保护规划、山东曲阜寿丘大遗址保护利用规划等。省市加大了文物保护和维修力度，2008 年到 2012 年，先后投入 1 亿多元，重点对孔府、孔庙、孔林和孟府、孟庙、孟林等进行保护性维修，并组织开展对鲁国故城、寿丘、九龙山、尼山、"两孟"和邹县古城、峄山和邾国故城等六大遗址组群保护利用的方案调研和规划制定。省市组织开展了第三次文物普查工作，新发现文化遗产 70 处，并将其纳入文物保护体系，为做好曲阜片区大遗址保护工作奠定了良好基础。

2. 曲阜鲁国故城遗址保护

曲阜鲁国故城于 1961 年被国务院公布为首批全国重点文物保护单位，是国家文物局"十一五"规划重大重点遗址保护项目。2010 年 10 月，鲁国故城遗址被列入第一批国家考古遗址公园立项名单。2011 年，国家文物局将"大遗址保护曲阜片区"列入《国家文物博物馆事业发展"十二五"规划》和"六片四线一圈"①保护战略，曲阜片区成为全国重点保护的六大文化遗产片区之一，鲁国故城国家考古遗址公园项目建设由此成为"曲阜片区"的核心项目和关键点。山东省将曲阜片区规划为全省"七区两带"②保护框架的核心区域，并与国家文物局先后于 2011 年 3 月签署《合作加强山东文化遗产保护工作框架协议》，于 2012 年 5 月在曲阜鲁国故城宫展区遗址举行国家大遗址保护曲阜片区暨山东省文物保护 88 项重点工程开工仪式，对曲阜片区进行大力支持和全力打造。

2013 年 7 月，山东省人民政府办公厅下发了《关于实施鲁国故城等遗址保护

---

① 国家文物局提出："十二五"期间建立以六片（西安、洛阳、荆州、成都、曲阜、郑州）、四线（长城、丝绸之路、大运河、茶马古道）、一圈（陆疆、海疆）为重点，以 150 处重要大遗址为支撑的大遗址保护格局。

② 即曲阜片区、齐文化片区、秦沂片区、黄河三角洲片区、半岛文化片区、沂蒙片区、鲁西片区和大运河、齐长城等文化遗产保护片区。

规划的通知》（鲁政办字〔2013〕88号），公布了已经国家文物局批准的曲阜鲁国故城遗址保护总体规划。鲁国故城国家考古遗址公园于2013年12月由国家文物局认定，正式被评为第二批国家考古遗址公园。

山东通过多方融资，包括积极利用财政资金、引入世界银行贷款、与国家开发银行合作，并积极开发利用社会资金等方式，开展曲阜片区的文化遗产保护工作。

首先是积极利用国家财政资金。国家文物局和山东省签署《合作加强山东文化遗产保护工作框架协议》以来，各级政府加大了对该片区文化遗产保护资金的投入。

其次是积极引入世界银行贷款。为解决曲阜片区文化遗产保护资金的不足，中华文化标志城从2009年开始积极申报山东省孔孟文化遗产地保护利用世界银行贷款项目，并得到国务院和世界银行的大力支持。该项目于2011年10月正式实施，成为新中国成立以来我国首个利用世界银行贷款开展文化遗产保护的项目。

再次是与国家开发银行合作，开拓融资渠道。为了给曲阜片区重大文化项目提供资金保障，山东省文物局（省中华文化标志城规划建设办公室）、济宁市政府积极推动与国家开发银行开展金融合作，并成立了合作领导小组，2013年9月17日，三方在济南召开了国家大遗址曲阜片区文化遗产保护金融合作启动会，三方签订了《国家大遗址曲阜片区文化遗产保护利用金融合作协议》。

最后，山东省还创新项目融资方式，积极利用社会资金开展文化遗产保护利用工作。随着《国家大遗址曲阜片区文化遗产保护总体规划》以及中华文化标志城、曲阜文化经济特区规划的编制和论证，曲阜片区不断生成新的文化遗产保护、展示和利用工程，在资金上不断产生新的需求。为此，曲阜片区各级政府在利用好上述资金的基础上，不断创新融资方式，采取建设—经营—转让（Build-Operate-Transfer，BOT）、建设—移交（Build-Transfer，BT）等项目运作模式引入社会资金。比如，总投资8亿元的孔子博物馆项目正是与浙江绿城集团开展融资合作建设的，这些合作都为曲阜片区新的重大文化项目的金融合作提供了成功的范例。

3.九龙山山体水系生态保护规划

2003 年编制曲阜市城市总体规划时提出："九龙山地区植树造林。曲阜和邹城之间的九龙山地理位置优越，文化底蕴丰厚，对外交通便利，发展潜力巨大。现已被初步确定为'华夏文化纽带工程'的主体工程文化标志城的建设地点。但是与这一国家级大型文化工程的要求不太相称的是九龙山经过多年的开山挖石，山体已经遍体鳞伤，严重影响到这个地区的环境景观。作为一种弥补措施，首先在山体下部种植高大速生乔木，可以起到一定的视觉阻挡作用。同时尽早进行山体绿化工程，严格禁止对山林的进一步破坏。"

2008 年 3 月，济宁市政府通过公开招标确定了 3 家设计单位参与方案设计，最后由上海市园林工程有限公司对方案进行整合、升华和完善，形成了《九龙山山体水系生态保护规划》。

2004 年开始，以中华文化标志城为契机，济宁市委、市政府正式启动九龙山区植被恢复工程。2005 年完成绿化任务 400 亩。2006 年对九龙山区 12 个标段 1392 亩山体进行中标绿化，其中栽植侧柏 786 亩，蜀桧 606 亩，共计 84 万株。2007 年以来，九龙山区加快了山体植被恢复工作的进程，为中华文化标志城的建设奠定了一个良好的环境基础。

为做好九龙山山体修复、水系营造、生态环境保护工作，2009 年，山东省中华文化标志城规划建设办公室在济南召开九龙山山体水系生态保护规划座谈会。该座谈会从历史文化遗产保护入手，扎实推进中华文化标志城规划建设的总体思路，明确了中华文化标志城的基本概念、核心理念、规划内涵、历史文脉和建设目标。

国家发展改革委办公厅向山东省发展改革委发出的《关于中华文化标志城项目有关意见的通知》明确提出："请山东省和济宁市进一步做好九龙山山体保护和生态环境恢复工作"。位于中华文化标志城规划区的九龙山区，山体、水系、生态受到一定程度的破坏，影响曲阜、邹城两座国家历史文化名城之间的有机连接，影响中华文化标志城三区一体总体格局的协调与和谐。规划的编制，无论是对于修复九龙山山体、水系、生态，对于曲阜、邹城两座国家历史文化名城协调性的保护，还是对于中华文化标志城文化生态空间的营造，都具有重要意义。

4. 孔孟文化遗产地保护项目

孔孟文化遗产地保护项目主要是申请世界银行贷款对中华文化标志城规划区曲阜、邹城两市既有的古建筑、古遗址进行保护，是世界银行在中国首批实施的文化遗产保护项目之一，也是山东省首次在文化领域利用世界银行贷款的项目，同时还是中华文化标志城启动的首个项目。

2009年，济宁市向省、国家有关部门申报了"山东省孔孟文化遗产地保护"项目。2009年5月，世界银行总部同意《山东省孔孟文化遗产地保护》世界银行贷款项目立项。该项目于2009年7月被正式列入国家利用世界银行贷款2010~2012财年备选项目规划，由世界银行提供5000万美元贷款对孔孟文化遗产地进行保护。

中外双方确定的项目内容：一是文化遗产的保护和展示，包括曲阜明故城遗迹与古建筑保护、曲阜鲁故城大遗址保护与展示、尼山文化遗产保护与展示，邹城"三孟"综合保护、文物标识和解说系统、孔孟文化数字信息系统。二是历史街区和基础设施改造，包括曲阜明故城城市基础设施改造、鲁故城及明故城水系改造，邹城故城街区改造、邹城护城河及水系改造。三是技术援助，包括文物保护的技术、管理和执行手册、项目办能力建设、监测指标评价、可持续旅游开发等。

（三）思索

中华文化标志城既有支持者，也有反对者。两方面意见既有客观的也有主观的，双方的声音又都是多方面的。赞成者希望借中华文化标志城来打造中华民族共有的精神家园，希望借助强势力量来弘扬中华传统文化，增强民族凝聚力；反对者认为中华文化标志城不但不能保护好中华文化标志城片区的文物古迹，大量的人造景观还会破坏现有的历史环境，不能真正起到弘扬文化的作用。总而言之，赞同者认为中华民族伟大复兴需要精神推动，民族精神需要物质体现，反对者认为弘扬民族精神不等于大兴土木，民心所向才是推动民族复兴的根本力量。

正是由于中华文化标志城的规模宏大才引起了大众的警觉，引起了社会的广泛关注。但是我们不应该一味地指责中华文化标志城的倡导者，而是要深思现有的社会政策和规划体制。地方要发展经济、保护文化遗产，可是资金从何而来？在这样的情况下，文化成了最好的"招牌"，这种"以项目为本位发展地方经济"的思想左右着地方的行动。所以，我们最重要的是应该端正态度，要从体制、政策本身去找问题，出台一系列法律，通过立法来保护文化遗产、弘扬传统文化，使地方经济发展走上良性循环的道路。

七、习近平总书记考察曲阜

习近平总书记多次阐明传统文化与社会主义核心价值观之间的关系，并通过考察曲阜孔府、过问贵州孔学堂办学情况、了解《儒藏》编纂等不断提醒国人：传统中有我们的精神基因，文化中有民族的志气底蕴。[①]2013 年 11 月 26 日，习近平总书记到曲阜孔府考察，并在孔子研究院同专家学者座谈时发表了重要讲话，提出"使孔子故里成为首善之区"的殷切希望，为曲阜建设发展指明了方向、注入了强大动力。

2014 年 9 月 24 日，习近平总书记在人民大会堂出席纪念孔子诞辰 2565 周年国际学术研讨会暨国际儒学联合会第五届会员大会开幕会并发表重要讲话。这样的大会，自 1994 年起每五年举办一次，这一年规格最高，首次有国家最高领导人登台演讲。

（一）曲阜文化建设示范区

1. 机构情况

建设曲阜优秀传统文化传承发展示范区，是深入学习贯彻习近平总书记关于文

---

① 参见王斯敏、谢文、张春丽：《为国家立心　为民族铸魂——十八大以来党中央推进和深化社会主义核心价值观建设纪实》，载《光明日报》2016 年 2 月 5 日，第 1 版。

化建设的系列重要讲话和对山东工作的重要指示、重要批示精神的实际行动，是深入挖掘阐发齐鲁优秀传统文化、积极践行社会主义核心价值观、不断提升文化软实力、增强"文化自信"的重要举措。2015 年 6 月，中共山东省委机构编制委员会办公室批复了示范区机构，确定曲阜文化示范区为济宁市委、市政府派出正县级机构。2015 年 12 月 26 日，曲阜文化建设示范区党工委、管委会（今曲阜文化建设示范区推进办公室）揭牌成立，正式进入实质性运作阶段。

"曲阜优秀传统文化传承发展示范区"于 2016 年年初正式纳入国家"十三五"规划纲要，这是济宁市第一个进入国家层面的重大项目。山东省委、省政府高度重视，十分支持示范区建设，在山东省"十三五"规划建议和纲要中均将曲阜优秀传统文化传承发展示范区建设作为一项重点工作进行系统谋划。山东省争取经过 15 年左右的努力，把示范区打造成具有国际影响力的首善之区和世界东方精神家园，使之在世界儒学研究和文明交流互鉴中的核心地位更加巩固。

2. 规划情况

于 2017 年至 2030 年，山东省统筹考虑历史文化资源分布，按照重点突破、融合互动、整体推进的原则，将整个示范区按照核心区、协作区、联动区等"三区"规划布局展开建设。

一是提升核心区。核心区包括曲阜、邹城、泗水 3 个市县，面积 3631 平方千米，是整个示范区的核心。规划打造"一轴、一带、九大片区"，即南北纵向的孔孟文化轴，东西横向的泗河文明带和包括曲阜古城区、尼山片区、孟子湖新区等各具特色的九大片区在内的文化圣地整体框架。

二是壮大协作区。协作区涵盖核心区 100 千米范围内具有相同历史人文资源的区域，包括济宁其他县区，以及北到泰安、莱芜、淄博，南到枣庄，东到临沂，西到菏泽、聊城的鲁中南地区。规划提出，以儒家文化与齐文化、黄河文化、泰山文化等对接融合发展为方向，重点打造遗址保护区、主题公园、纪念馆、旅游城、文化街区等一批优秀传统文化载体。

三是做优联动区。联动区包括全省其他具有相同或相近文化资源的聚集区。

整个示范区着力打造五项系统工程：一是文化遗产保护工程，更好地发挥历史文化遗产的承载功能和作用。二是传承弘扬创新工程，坚持将弘扬儒家优秀传统文化融入现实生活，使之成为涵养社会主义核心价值观的重要源泉。三是国际文化影响力提升工程，高水平举办世界儒学大会、尼山世界文明论坛、国际孔子文化节，借助"三大平台"打造世界儒学文化修学中心。四是文化经济融合发展工程。五是生态文化家园建设工程。

3. 落实情况

曲阜文化建设示范区概念的提出，是为了打破区域行政封闭管理体系，推进城市群相邻城市之间的同城化发展。要求两市一县的产业实现联动，资源互补、扬长避短，不再零敲碎打地各自谋发展，而是全区一盘棋地统筹，推动中华优秀传统文化创造性转化、创新性发展，以时代精神激活中华优秀传统文化的生命力。随着尼山圣境、曲阜南站等项目的建设，曲阜、泗水、邹城三地之间快速通道的建设，两市一县交通基础设施的配置缩短了城市间要素流通时间，相当于在一个城市内部流通，在物理空间上两市一县基本实现了同城化。

但是发展区域经济，必须突破行政区划。行政区划作为一种有意识的国家行为，是在一定的历史条件下进行的。行政区划和经济区域是两个不同的概念，前者主要是"分"（行政划分），后者主要是"合"（经济融合），两者有着不同的运行方式和发展规律。任何一级的行政区划，都有自己的劣势和不足，会形成一些贸易的壁垒、生产的壁垒。因此，经济区域合作一定要打破以行政区划为基础的所谓"诸侯经济"，打破地域之间的行政贸易保护主义、地方保护主义、行政壁垒，打破狭隘的行政地域观念，提出新的发展思路；否则，就很难适应新的发展形式。统筹规划、合理分工、优势互补、协调发展、利益兼顾、共同富裕，逐步实现生产力的合理布局，是区域经济发展的指导思想。

当前，行政区划上的限制并没有被打破。打破行政区划的限制，需要以下几个方面共同发力：一是实现土地资源、土地适用功能的互相调配；二是实现公共服务资源配置的均等化；三是基础设施和公共服务项目的投入、申报和审批要打破城市行政管辖区的界限；四是要充分利用不同规模城市间的成本差异，实现功能的疏解和要素的再分配，特别是允许产业间的合理流动；五是要通过产业互补来化解竞争；六是要逐步取消政绩考核的传统标准，以区域间总体发展水平的提高为最终标准。

目前，行政区划的限制主要还是在政府政绩考核的传统标准上。地方党政领导班子和领导干部的年度考核、目标责任考核、绩效考核、任职考察、换届考察以及其他考核考察等，受传统标准的考核限制，加上项目、资金、政策等方面的支持力度等限制，三地依然是各自为政、各求所需、各谋所利，依然存在规划难以统一的问题。该整合的不整合，也造成了很大的资源浪费。只有逐步取消政绩考核的传统标准，三地干部才能以"功成不必在我"的精神境界和"功成必定有我"的历史担当，保持历史耐心，发扬"钉钉子"精神，一张蓝图绘到底，一任接着一任干。

同城化发展不等于因两个相邻城市空间距离较近，就要在规划上相互靠拢，试图创造一个城市发展空间。我国的许多城市距离较近，但是要填补两个城市间十几千米长度的空间，则需要巨大的投资和产业的进入，在某种程度上并不现实。如果规划的空间进行了基础设施投入和开发，而没有带来相应的产业进入，反而会造成过度投入，导致资源的闲置和浪费。因此要在尊重城市发展规律的基础上，允许城市之间市场资源自动选择发展空间。政府的作用是提出环境和生态的约束要求，并根据空间规划和发展规划，解决基础设施和公共服务资源配置的问题。

（二）孔子故里的答卷

党的十八大后，习近平总书记从曲阜开始，对传承和弘扬中华优秀传统文化发表重要讲话，这对于曲阜来说，不仅是历史机遇，更是艰巨使命。2013年以来，曲阜始终以习近平总书记的重要讲话精神为指引，大力推进中华优秀传统文化传承发展：高度重视优秀传统文化的研究、阐发、普及，让文化"新"起来、"活"起来、"兴"起来，融入生产生活的方方面面，写好"登峰"与"落地"两篇大文章，构建多元立体的文化传承发展崭新格局，让传统文化的力量在孔子故里生生不息。

1. 构建立体多元文化"两创"新格局

推动中华优秀传统文化创造性转化、创新性发展（"两创"）是国家在实现现代化过程中必须解决好的问题。曲阜坚持优秀传统文化"两创"方针，以儒家文化为底色，以融合发展为路径，通过体制机制创新，打造产业文化融合发展路径，实现文物保护与文化活化并重。承办央视春晚分会场、央视中秋晚会主会场、中国网络诚信大会等重大活动，承办山东省旅游发展大会、世界文化旅游名城济宁（曲阜）论坛等文化会议；在传统文化平台建设、人才引育、研究阐发、传播交流等方面形成新的优势与特色，构建起多元立体的文化传承发展崭新格局，赋能城市新发展。以"爱、诚、孝、仁"为切入点，深入实施传统文化"六进工程"，全方位推进优秀传统文化进学校、进机关、进农村、进社区、进企业、进家庭。提速重点项目建设，以孔子研究院、孔子博物馆、尼山圣境为代表的"新三孔"，成为山东省文化旅游的新地标；尼山世界文明论坛永久落户，尼山世界儒学中心揭牌成立；优秀传统文化深度融入百姓生活和基层社会治理，文化"两创"正逐步由梦想走进现实。

2. 新时代文明实践工作走深走实

在推进中华优秀传统文化"两创"过程中，曲阜创新性地提出了"全民参与"理念。实施"百姓儒学"工程，在全市405个乡村建成"百姓儒学讲堂"；城乡大街小巷上随处可见"德不孤，必有邻"等道德警句；用全覆盖理念建立"善行义举四德榜"，市有市榜、镇有镇榜、村有村榜、家有家榜，传递着道德榜样力量的"善行义举四德榜"成为每个居委村庄的"标配"。传承着儒家文化的孔子讲堂、集教育和服务群众于一体的新时代文明实践站、实现"小事不出村、大事不出镇、矛盾不上交"的"和为贵"调解室，共同激励着曲阜居民向上向善。打造干部政德教育基地，开发"三孔"景区、孔子研究院等为干部政德教育现场教学点，推动党员干部带头学国学、用国学，对在职在岗机关干部进行儒家文化培训，将弘扬崇德向善的优秀传统美德融入党员党性修养。同时，发挥文化企业、社会组织乃至旅客游客的积极性，通过文化传播、国学培训、志愿服务等方式，形成全民参与优秀传统文化传承发展的生动局面。推进新时代文明实践活动向纵深发展，将儒家文化、孝善文化与文明实践有机结合，按照"政府主导、村级管理、村民自愿、非营利性"的原则，稳步推广建设"幸福食堂"，不断探索总结可复制、可推广的长效机制。

3. "文化 +" 赋能城市新发展

曲阜充分发挥优秀传统文化资源优势，以文化事业产业繁荣发展，为城市经济社会发展赋能。优化营商环境支持社会经济高质量发展，推出居家医康养、交房即发证、为民服务中心等改革经验 190 余项；坚持把文旅产业作为"文化 +"赋能的前沿阵地，编制全域旅游发展规划，推动曲阜旅游从"三孔"一核带动向多点支撑转变；主动对接京津冀、长三角，深度融入鲁南经济圈和尼山世界儒学中心、济泰曲优秀传统文化旅游示范区建设；培植发展新动能，孵化壮大一批文化企业和特色品牌，发展各类文化企业近 1000 家，形成了教育培训、会展演艺、文物复仿、古玩交易、园林古建、孔府菜餐饮、篆刻楷雕等特色产业，获评全省"文化与科技深度融合"试点地区。以"夜游尼山"品牌为导引，通过文化遗产活化、现代文化创意等手段，落地一批覆盖全市的夜间经济品牌活动，丰富了健身、餐饮、娱乐、购物等经济业态。打造祭孔朝圣、修身研学、"六艺"体验、《论语》背诵等一批文化教育项目，不断丰富研学旅游产品、拓宽研学旅游市场。

第三节　本章小结

　　曲阜历史文化名城保护和发展的成果，是多种因素共同作用的结果，而重大事件的影响无疑是其中的重要因素之一。在漫长的发展进程中，伴随种种重大事件，曲阜无论是在物质文明方面还是在精神文明方面都得到了不断的发展。例如，曲阜明故城墙的拆与建，是当时曲阜领导保护意识不足，认识水平不够，没有听取专家和群众的意见而一意孤行的典型案例，但其引发的反响和思考，推动了曲阜领导和社会大众历史文化遗产保护意识和观念的提高；曲阜历史文化名城保护和建设座谈会的召开与落实，促进了曲阜的文物保护、城市建设和旅游开发，整治了明故城护城河沿岸和旧城墙残基，改造了明故城内街道，疏浚了护城河，营造了环城绿化带，支持了孔府文物档案馆和孔子研究院的建设等。

　　对于城市而言，重大事件的光环无比耀眼。当今城市发展处在正视不确定性、应对不确定性的大思考中，而城市重大事件更是极具不确定性的特殊研究对象，城市重大事件能否为一个城市带来更好的发展，不仅要看活动本身的意义，还要看该城市当前所处的时机和环境。这里所指的环境包括城市所在国的国情、城市的基础地位以及整个城市所处的发展阶段和社会状态。如果这一事件的发生正好与城市的发展契机相吻合，这个城市的发展便会得到飞跃，也就是说城市重大事件起到了"强心剂"的作用。反之，城市重大事件的举办就不能如期给城市带来好的发展和效果，甚至会给举办城市带来小震荡或小退缩。[①] 凡是重大事件，其后果往往难以预料。例如，曲阜新区的建立到撤销，没有尊重城市发展规律，"另起炉灶"规划折腾，

_____

① 参见范丽琴：《初探"城市重大事件"的概念和影响》，载《科技信息（科学教研）》2007年第21期。

给大众生动地展现了"领导一句话，规划就要变"，而其给城市发展造成的却是难以弥补的财产损失和生态破坏。

城市重大事件正在越来越多、越来越深入地影响着城市的发展和历史文化保护，如何面对重大事件并提前做好准备对每一个城市来说都至关重要。当某座城市被选定为重大事件的举办地时，举办地本身也不是一片空白和虚无的，它们都有着不同的基础。城市举办的重大事件，只有与这座城市的战略性发展融为一体，才能起到助推器的作用，将城市变革从愿望变为现实。

一、根据城市经济选择大事件

作为城市转型升级综合效应的倍增器，重大事件正在成为城市发展战略的重要组成部分。在经济建设过程中，我们所遵循的经济学理论只强调了通过促进效率获得自身利益，却并未正视过度透支未来的现状。以经济发展数据比拼政绩的发展现状下，我们对于透支形式的经济发展策略显然没有足够正视，这势必会造成对城市长期可持续发展规划的缺失，以及长期缺乏对社会纲纪的节制。

法国著名城市学家 F.Ascher 认为：大大小小的事件不仅是城市活力的指示器，而且地方政府也可以通过制造事件来影响城市的发展。因此，大事件可以说是城市活力的发动机，是城市经济发展的重要手段之一。如今，大事件已成为一个频繁出现的词。大事件（如世界杯、世博会、奥运会等）会对一个城市的旅游业、城市开发建设、城市营销做出卓有成效的贡献，同时也被誉为在全球化竞争日益激烈过程中有力提升城市或国家竞争力的战略工具。回顾我们经历的国内外大事件的兴起及发展历程，可以发现大事件的开始和结束乃至后期影响都与经济环境息息相关。

二、根据城市政治选择大事件

在当前体制下，政治因素依然是我国城市规划建设管理的主导因素。历史和现实都表明，"权智结合"是双向的，政治干预的效果和结局并不一定是积极的，这就对所有建设决策参与者提出了更高的素质要求，也对城市建设体制提出了新的要求。[1]

政治是绝大多数城市建设活动所涉及的重要干预和影响因素之一，"政治理想"常常是城市规划建设的主导动力，也常常是城市建设优先予以保证的。政治干预方式的合适与否，对城市规划建设的成败至关重要，所以在城市发展中，我们亦应从政治方面对大事件之间是如何双向互动与选择的进行分析。

政治因素的介入有助于按统一步骤，有条不紊地进行城市建设，特别是在当今城市建设存在多重经济形式及错综复杂的制约因素的现实情况下运用得当，将具有任何其他因素都无法替代的作用和效能。由于政治介入城市规划建设常由少数人制订，要求多数人执行，但任何人都不是全能的，决策者也不例外。通过查阅资料和了解历史我们可以得知，"梁陈方案"未得到实施很大程度上是因为当时的政治因素。因此，政治化的建设决策过程应该是一种高度理性化的"决定论工程"。

政治对城市规划的作用机制实际上在于权力和利益对城市空间和土地的处置权。权力从方向、层次和时间性等方面影响城市规划的作用机制，城市规划进行分配与控制的目的在于平衡各种要素所形成的权力结构。例如，2014 年曲阜新建的曲阜市体育馆位于兖石铁路以东、孔子大道以北，占地在《曲阜市城市总体规划（2003—2020）》中为二类居住用地，建设体育馆正是权力影响城市规划的体现，体育场馆的建设并不是基于曲阜的实际需要和城市规划要求。山东省第 23 届运动会于 2014 年在济宁市举行，安排曲阜市承办男子足球和女子篮球比赛，为此，曲阜新建了曲阜市体育馆，并对曲阜市体育中心和曲阜一中足球场进行改造。曲阜市体育馆包括综合馆和游泳馆两部分，总占地 138 亩，投资 3.9 亿元。当时的规划是，综合馆承办山东省第 23 届运动会青少年组女子篮球比赛，赛事结束后将面向曲阜

---

[1] 参见王建国：《析城市规划建设的政治因素》，载《华中建筑》1990 年第 1 期。

市民开放，游泳馆则为全民健身场馆，不承担省运会比赛任务。[1]为曲阜市民提供一个群众性健身娱乐场所的美好愿景实际并未实现，由于附近居民较少，体育馆在省运会期间使用一周后至今，8 年多时间一直处于半闲置状态，而且这种状态还会继续存在不知多长时间。

三、根据城市文化选择大事件

城市实力是一个综合概念，既包括硬实力（经济），也包括软实力（文化）。城市文化水平、人文环境等因素对城市发展的影响与作用越来越突出。离开城市文化选择大事件，看上去没有历史包袱，可以轻装前进，这既是优势，同时也是劣势。因为缺少了文化底蕴，就缺少了一种信仰，一种不可或缺的精神根基。如果城市在发展过程中对软实力的重视不够，存在重经济建设、轻社会发展，重硬件建设、轻软件配套的现象，结果就会在不同程度上造成城市有了筋骨肉却缺乏精气神。因此，有必要提高认识、创新观念，在提升城市软实力上多下功夫。城市文化是一个城市的市民在长期的生活过程中共同创造的、具有城市特点的文化模式，是人们的生活环境、生活方式和生活习俗的提炼，具有复杂化、多元化的特点。同时城市文化也反映了一个城市的精神面貌和文化底蕴，也就是说，在一座有文化底蕴的城市里举办大事件会为其奠定较好的文化基础。[2]

四、突发公共事件而设立的应急方案

随着我国城镇化进程的不断加快，一些城市规划中的缺陷也日益暴露出来，更容易产生突发公共事件，例如"暴雨淹城""汽车没顶""地铁关闭"等一系列威胁城市安全的问题。

---

[1] 参见张昭晖：《曲阜市"山水双子"体育馆月底前全面完工》，载中国山东网 2014 年 3 月 14 日，http://jining.sdchina.com/show/2928999.html。

[2] 参见汪洋：《大事件与城市规划、城市发展的关系》，载《美与时代（城市版）》2019 年第 3 期。

　　这些证明城市公共治理中有一种管理制度和机制不可或缺，即应急响应机制。它是针对各种突发公共事件而设立的应急方案，目的在于将突发公共事件的损失减到最小。进一步言之，城市治理、社会治理的方方面面都要有危机意识、超前意识，不仅要懂得未雨绸缪，更要把绸缪的每一个环节、细节都安排妥当、考虑周全，还要有适当地演练，查缺补漏。

第四章

城市规划

2014年2月，习近平总书记在北京市规划展览馆考察时强调："考察一个城市首先看规划，规划科学是最大的效益，规划失误是最大的浪费，规划折腾是最大的忌讳。"城市规划是一门自古就有的学问，每个民族都有其独特的知识组成。但是，现代城市规划作为政府行政管理的一项职能，是经济基础和上层建筑之间关系发展到一定阶段的产物。[1] 它是研究城市的未来发展、城市的合理布局和综合安排城市各项工程建设的综合部署，是一定时期内城市发展的蓝图，是城市建设和管理的依据，是一项系统性、科学性、政策性和区域性都很强的工作。

一个城市能否建设好、管理好，关键是要有一个好的规划。有了好规划，城市的建设和管理才能依据规划科学、有序地进行。否则，建设和管理在很大程度上出现盲目性和随意性。因此，城市规划要预见并合理地确定城市的发展方向、规模和布局，做好环境预测和评价，协调各方面在发展中的关系，统筹安排各项建设，使

---

[1] 参见唐子来、吴志强：《若干发达国家和地区的城市规划体系评述》，载《规划师》1998年第3期。

整个城市的建设和管理，达到技术先进、经济合理、"骨肉"协调、环境优美的综合效果，为城市人民的居住、劳动、学习、交通、休息以及各种社会活动创造良好条件。

历史文化名城的可持续发展离不开科学的城市规划，城市规划对历史文化名城的保护有着重要作用：

一是分析总结名城的历史发展和现状特点，确定合理的城市社会经济战略，并在空间上予以落实。城市要不断发展，历史文化名城也不可能当作博物馆，生产和生活不可以停顿。名城的规划，重点是控制和引导，保持城市的活力与繁荣，而不是排斥发展。名城的经济发展战略要考虑保护城市中大量的优秀历史文化遗产，处理好发展与保护的关系。应研究名城历史上的兴衰规律，寻找与保护工作相得益彰的经济发展战略，如发展传统产业、旅游业、第三产业，在处理与保护有干扰的工业项目时注意选址位置，这些都是行之有效的办法。

二是确定合理的城市布局、用地发展方向和道路系统。古城是名城的核心，古城内集中了较多文物古迹和历史街区，建筑的高度和形式往往受到诸多因素制约，规划布局要为保护古城、保护文物古迹创造先决条件。应保护古城格局和历史环境，通过道路布局和控制建筑高度展现文物古迹建筑和地段，更好地突出名城的特色。

三是把文物古迹、园林名胜、遗迹遗址以及展示名城历史文化的各类标志物在空间上组织起来，形成网络体系，使人们便于感知和理解名城深厚的历史文化渊源。许多文物古迹在遭受一定的破坏以后丧失了相互间原有的空间关系和联系，看起来像是孤立而不相关的。应通过规划把文物古迹、园林名胜以及各类标志物（如古树名木、碑刻、标牌等）在空间上组织起来，形成网络，从而为人们的欣赏创造有机的空间线路和逻辑线索。

四是处理好新建筑与古建筑的关系，使它们的整体环境不失名城特色。文物建筑由于陈旧、体量小等原因非常容易淹没在新建筑的汪洋大海中，如何使人们发现它们，如何突出它们而表现名城的特色，城市规划具有不可替代的作用。可以通过道路的选线、建筑高度分区控制和重要古建筑之间的视廊控制，突出地展现文物古迹。

五是确定保护范围，制定有关要求、规定及指标，制止建设性破坏。通过在城市规划中划定各级各类保护及控制区，制定出相应的要求和规定、控制指标，在规划管理中严格把关，保证名城的文物古迹保护单位以及历史文化保护区不至于在建设中被破坏。

第一节　城市总体规划

城市规划按照其内容和任务的不同分为总体规划和详细规划，详细规划又分为控制性详细规划和修建性详细规划。城市总体规划作为指导城市发展和建设的基础性和纲领性公共政策，在决定城市性质、城市规模、城市发展方向等与城市发展有关的重大决策方面发挥着不可替代的作用。

新时代的城市总体规划更是城市政府在一定规划期限内，"增强城市宜居性，引导调控城市规模，优化城市空间布局，加强市政基础设施建设，保护历史文化遗产"的战略纲领、法定蓝图和协调平台。

1979年，国家宣布曲阜对外开放以来，曲阜先后编制完成了五版城市总体规划，分别是：

（1）1979年的《曲阜县城总体规划》（以下简称1979年版总规）；

（2）1983年的《曲阜县城总体规划》（以下简称1983年版总规）；

（3）1993年的《曲阜市城市总体规划（1994—2010）》（以下简称1993年

版总规）；

（4）2003 年的《曲阜市城市总体规划（2003—2020）》（以下简称 2003 年
版总规）；

（5）2019 年的《曲阜市国土空间总体规划（2021—2035 年）》（以下简称
2019 年版总规）。

2003 年版总规是目前曲阜正在使用中的城市总体规划。

一、规划编制历程

新中国成立初期，曲阜城乡处于自然"生长"状态，旧城改造没有规划，处于
无序建设状态。1958 年，开始拟定县城建设规划，当年 11 月，因县治迁往兖州而停止。
1976 年，县"革命"委员会制订"旧城区改造规划"。

1979 年 5 月，由山东省城市基本建设局、济宁地区（1983 年经国务院批准，
撤销济宁地区，组建省辖地级济宁市）基本建设委员会、曲阜县基本建设委员会及
县城市基本建设局共同组成曲阜县城市建设规划工作组，在进行现场勘察、综合分
析的基础上，拟定了《曲阜县城总体规划》。1980 年 11 月由济宁行署报请山东省
人民政府审核。1982 年 10 月 9 日，山东省人民政府以（82）鲁政函 186 号文批准
1979 年版总规。

1982 年 2 月 8 日，曲阜县被公布为全国历史文化名城；1982 年 11 月 19 日，
《文物保护法》公布施行；1983 年 2 月公布的《城乡建设环境保护部关于加强历
史文化名城规划工作的几点意见》要求名城保护作为一种总的指导思想和原则，应
当在城市规划中体现出来。要编制保护规划，确定保护重点；1983 年 3 月 9 日，
原城乡建设环境保护部发布《关于加强历史文化名城规划工作的通知》。1979 年
版总规原定的东新区在鲁国故城范围内，且地下文物遗址较多，按《文物保护法》
和有关文件规定，已经不能再继续进行建设。为规划好、建设好、保护好曲阜历史

文化名城，本着既有利于文物保护，又有利于城市建设的原则，1983 年曲阜县政府提出将 1979 年版总规中的东新区改为向城南发展。1983 年 3 月，山东省城建局、文化局、济宁地区建委和曲阜县政府联合组成曲阜历史文化名城保护规划编制组，对 1979 年版总规进行了适当的修编。1985 年 12 月 31 日，山东省人民政府以（85）鲁政函 178 号文给予批复。

1993 年，为贯彻落实山东省政府鲁政发（1993）71 号文精神，搞好新一轮城市总体规划的编制工作，山东省建委研究决定把曲阜市列入省新一轮城市总体规划的试点城市，组织编制《曲阜市城市总体规划（1994—2010）》，1995 年 12 月 18 日，山东省人民政府以鲁政字〔1995〕196 号文批准实施。

2003 年，依据《城市规划法》（现已失效）、《城市规划编制办法》、《济宁—曲阜都市区发展战略规划》，以及济宁市、曲阜市《国民经济和社会发展第十个五年计划》等要求，结合曲阜发展实际，曲阜市政府对 1993 年版总规进行调整。2004 年 3 月 28 日，山东省人民政府以鲁政字〔2004〕315 号文给予批复。

2016 年 5 月，《曲阜市城市总体规划（2015—2030）》修编工作启动。2018 年 11 月，《曲阜市城市总体规划（2017—2035）纲要成果》通过省住房和城乡建设厅专家组审查。2019 年 6 月，《山东省人民政府办公厅关于印发山东省国土空间规划编制工作方案的通知》确定曲阜为市县规划编制试点单位，曲阜启动《曲阜市国土空间总体规划（2021—2035 年）》编制工作。

二、曲阜市城镇化进程

1982 年以前，曲阜城区较小，孔庙、孔府纵贯全城，东西两侧土地有限，住着近 3 万居民，农业人口比重大，占 58.6%。[①]1982 年曲阜有 13 个公社（镇），即城关镇和书院、王庄（原陈庄）、董家庄、吴村、姚村、时庄、陵城、小雪、息陬、

---

① 参见方运承：《曲阜建城史实与城市发展规划的瞻望》，载《城市规划》1982 年第 4 期。

南辛、尼山、防山 12 处人民公社，县域总用地面积 895 平方千米，总人口 52.3 万人，其中非农业人口 3.1 万人，农业人口 49.2 万人。建成区总人口 3.85 万人，其中非农业人口 2.05 万人，建成区总用地为 4.09 平方千米，人均 106.25 平方米（1982 年人口普查数据，来自 1983 年版曲阜名城保护规划）。

1984 年 5 月，农村进行体制改革，实行政社分离，撤销人民公社建制，全县改建为曲阜镇和书院、王庄、董庄、吴村、姚村、时庄、陵城、小雪、息陬、南辛、防山 11 个区。1984 年年底，曲阜县有行政区镇 12 个（1985 年 10 月尼山乡从南辛区划出，列为县直属乡），县域总用地面积 895 平方千米，总人口 53.28 万人，其中非农业人口为 4.01 万人，占总人口的 7.5%。县城建成区总人口 5.34 万人，其中非农业人口为 2.48 万人，城市建设用地为 4.35 平方千米，人均 81.48 平方米。

1986 年 7 月，撤区并乡（镇），全市共设曲阜、陵城、小雪、南辛、吴村、姚村 6 镇和时庄、息陬、尼山、防山、书院、王庄、董庄 7 乡。1993 年，曲阜市辖 6 镇 7 乡，全市总人口 61.11 万人，其中非农业人口 6.98 万人。曲阜城区总人口 9.29 万人，其中非农业人口 5.20 万人，建成区面积 10.36 平方千米。

2001 年年底，曲阜市辖 2 个街道办事处、6 个镇、4 个乡。总人口 63.64 万人，市区城镇人口（"城镇人口"自 1990 年后在统计学领域使用较多，渐渐代替之前的"非农业人口"）16.20 万人。

2008 年 5 月，按照"管辖分离"的方式，泗河东岸曲阜市时庄镇的田家村、河头村、焦家村三个行政村和陵城镇的粉店、牛厂两个自然村，划归兖州市酒仙桥街道管理。2008 年年底，曲阜市辖 2 个街道办事处、6 个镇、4 个乡，总面积 815 平方千米，总人口 63.73 万人，其中城镇人口 17.97 万人。

2019 年年底，曲阜市辖 4 个街道办事处、8 个镇，总面积 815 平方千米，常住人口 64.99 万人，其中城镇人口 42.13 万人，农村人口 22.86 万人，常住人口城镇化率 64.83%。

回顾曲阜的城镇化发展进程，可以看出 20 世纪 90 年代以前的发展相当缓慢，进入 90 年代以后有了较快的发展，党的十六大以后，城镇化发展迅速。当前，曲阜市常住人口城镇化率已经超过 65%，步入城镇化较快发展的中后期。这与我国的城镇化发展进程基本一致，1978~2020 年，我国城镇化率由 17.90% 增长至 63.89%。2000 年，全国设市城市 660 多个，建制镇 2 万多个，城镇人口 45,594 万人，城镇化水平达到 36.09%。2011 年年底，常住人口城镇化率达到 51.27%，工作和生活在城镇的人口比重超过了 50%，比 1978 年年底提高 33.35 个百分点，年均提高 1.01 个百分点。2018 年年底，常住人口城镇化率比 2011 年提高了 8.31 个百分点，年均提高 1.19 个百分点；户籍人口城镇化率达到 43.37%，比 2015 年提高了 3.47 个百分点，年均提高 1.16 个百分点。[1]

三、五版城市总体规划

（一）1979 年版总规

1979 年版总规是曲阜第一版现代城市规划。该总规确定曲阜县城市性质为历史文化游览名城，向东发展新城区。城市规划区范围为东至少昊陵，西至曲阜师范学院（今曲阜师范大学），南至小沂河，北至孔林，面积 20 平方千米。规划期限为 20 年，到 2000 年，城市人口规模控制在 6.5 万人，规划用地规模控制在 6 平方千米。近期规划到 1985 年，城市人口规模控制在 4 万人，规划用地规模控制在 3.8 平方千米。

规划布局以明故城为中心，东新区、文化区、雪泉（现曲阜城南水源地附近）、孔林分置东、西、南、北，呈"十字花瓣"形布局。城东南设工业区，重点发展为旅游服务的工艺美术、食品加工制品等，工业、建材、化工等企业在城东八宝山一带，旧城区有碍景观或污染环境的工厂逐步改产或搬迁，储备仓库在城东南，靠近兖岚

---

[1] 参见国家统计局城市司：《城镇化水平不断提升 城市发展阔步前进——新中国成立 70 周年经济社会发展成就系列报告之十七》，载中华人民共和国中央人民政府网，http://www.gov.cn/xinwen/2019-08/15/content_5421382.htm。

公路（今静轩路），转运库在铁路线附近，东新区主要为生活居住区，以县党政机关组成中心（图4-1）。

1979年版总规提出，为了适应旅游事业的需要和城市的发展，仅在2.2平方千米的旧城内发展是不够的，另辟新区十分必要。"十字花瓣"布局为保护古城、保

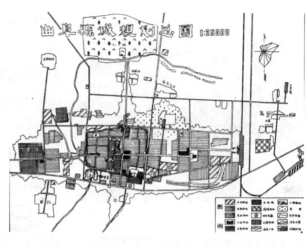

图4-1　1979年版曲阜县城总体规划用地规划——曲阜市规划局

护文物古迹创造了先决条件，保持了旧城的传统风格和"三孔"的城市地位，注意到了历史地区的价值。另辟新区，新、旧区之间保持适当的绿化空隙地等构想具有前瞻性。另外，1979年版总规注重保护与建设相结合，将传统道路格局、文物古迹、传统民居等加以保护和延续，强化城市特色和文化特质。

1979年版总规确定的城市性质和用地规模非常合理，"十字花瓣"与"梁陈方案"在规划核心原则方面非常接近，都是"保护旧城、建设新城""城市有机疏散"。"十字花瓣"布局既保持了旧城的历史风貌，也凸显了旧城的文化价值，正确地处理了城市建设与保护古迹的关系，确立了以后曲阜城市规划总体布局的基础。

（二）1983年版总规

1983年版总规由规划说明书、附表、附图和附件共同组成，其中规划说明书包括前言、城市基本情况、城市总体规划、实施规划的措施等部分。该总规确定了城市性质为历史文化旅游名城，延续了1979年版总规确定的城市性质，仅仅是将原城市性质中"游览"二字改为"旅游"。规划期限，近期规划至1990年，远期规划至2000年。县城规模到1990年总人口为5.2万人，用地5.4平方千米；到

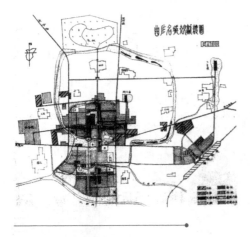

图 4-2　1983 年版曲阜县城总体规划用地规划
　　　　——曲阜市规划局

2000 年总人口为 7.5 万人，用地 7.8 平方千米。城市发展用地方向调整为依托旧城向南发展，建设新区。城市规划区范围确定为东至少昊陵，西至曲阜师范学院，南至蓼河，北至孔林，面积约 60 平方千米，以及城外的文物古迹及风景旅游点。规划布局仍为"十字花瓣"型，以明故城为中心，东鲁（故城）、西文（曲师院）、南新（新区）、北林（孔林）。规划期内以发展南新区为主，火车站区适当配套，远景在火车站区发展（图 4-2）。

城市工业区设在火车站区北部，以发展为旅游业服务的文化、食品以及工艺美术品为主，建材、化工等工业布置在城东八宝山工业点，旧城区内有碍景观和污染的工业、仓库要逐步转产或搬迁。储运仓库安排在火车站区，生活仓库在旧城东南布置，济微公路（今批发街、东南门大街）、兖岚公路须迁至城外通过。

生活居住用地分为 3 个区，旧城区远期控制在 3 万人，南新区发展规模为 3 万人，火车站区发展规模为 1.5 万人。对旧城区要加强保护并注意保留和发展古城风貌，道路基本保持现状，可局部改善；名城古迹要原状恢复，新建筑的体量和高度应严格控制，高度一般不超过钟楼，造型和风格要与古城相协调。现有不协调的建筑要尽快改造或拆除。要适当增添水面，加强庭院绿化。要建设步行商业区，将五马祠街建成店铺街。对南新区西部用地和路网要适当压缩，避开压煤区，不要跨越小林河。小沂河以北至旧城区，应以加强绿化为主，适当配置小体量低层建筑，作为新旧区的过渡地段。新区建设要结合小沂河整治，扩大滨河绿化，形成园林化中心。

其中，近期建设规划确定近期城市建设以改造旧城为主，相应建设新城基础设施，适当发展新区，为远期新城建设创造条件。旧城建设以完善基础设施为重点，使之与古城相协调，设施基本配套，公共活动中心基本形成。加强绿化，改善生活环境。明确提出要抓紧做好旧城改造规划和新区建设详细规划，严格城市建设各项管理，尽快使曲阜县城成为古朴、典雅、文化发达、经济繁荣、设施齐全、文明整洁的历史、文化、旅游名城。

1986 年 10 月，为了迎接 1987 年在曲阜召开的世界孔子学术讨论会（暨儒学国际学术讨论会），国家领导提出曲阜的建设要有个通盘规划。山东省城乡规划设计研究院和曲阜市建委共同编制了《曲阜历史文化名城城市规划建设纲要》，补充进 1983 年版总规。主要内容是：

一、规划建设方针

以历史文化游览为名城规划总的指导思想，全面保护古城风貌，继承和发展城市特色，创造新的文明和高质量的城市环境，争取成为一流的历史文化名城和世界孔子研究中心。

二、规划建设要求

（一）旧城的保护建设要求包括：1. 全面保护；2. 严格控制；3. 逐步恢复；4. 协调改造。

（二）开发建设新区的要求包括：1. 主要职能；2. 城市现代化的要求；3. 城市特色的要求。

三、"七五"期间实施规划的主要工程

（一）搞好明护城河的综合整治；

（二）旧城内主要道路以及文物古迹附近的电力线、电话线、广播线应转入地下；

（三）建设三条街（鼓楼大街、后作街、五马祠街）和鼓楼广场，并改造林道路；

（四）完成古泮池公园第一期工程；

（五）加快南新区建设步伐。

（三）1993 年版总规

1993 年版总规由规划文本、规划图纸和附件（包括规划说明书、专题报告和基础资料汇编）三部分组成。该总规确定曲阜城市性质为国际性历史文化名城，总目标是把曲阜建成国际性历史文化旅游名城、世界孔子研究中心和花园式生态城市。规划原则是充分体现曲阜历史文化特征，整体保护历史文化遗产，创建新的文明，建成国际性旅游胜地和孔子研究中心；充分发挥自身优势，依托各级中心城镇，加速城乡一体化进程，增强中心城市活力，促进经济和社会的全面发展；按照国际性历史文化名城的目标加速发展；突出城市特点，完善城市布局，优化城市功能，建设高标准的城市基础设施、高质量的城市生活和良好的生态环境，创造优美丰富的城市空间，使城市健康有序地发展。

规划期限近期到 2000 年，城市人口为 13 万~15 万人，用地 18 平方千米左右；远期到 2010 年，城市人口为 18 万~20 万人，用地 24 平方千米左右。城市规划区分为市区和几个远郊文物古迹及风景点，总面积为 164.8 平方千米。市区范围北到泗河（104 国道以东至王庄），南到蓼河，西到时庄乡（今时庄街道）颜家村，东到八宝山工业区东侧，面积为 160 平方千米。城市向东、向南同时发展。

城市用地布局采用组团式布局，分为中心组团、西组团、东组团和南组团，形成南新、北林、东工、西文的"十字花瓣"形城市结构形态。中心组团用地 9.5 平方千米，人口 5 万人，其中明故城居住人口控制在 1 万人以内，是全市政治、金融、商贸、文化娱乐、旅游及服务中心。西组团用地 3.5 平方千米，人口 3.5 万人，以曲阜师范大学为中心，重点发展科技、文教，相应安排高新技术产业，形成科、工、贸一体的科教区。东组团用地 4 平方千米左右，人口 5 万人，充分发挥本区交通优势，主要发展工业和仓储业，相应安排商业、服务、贸易咨询及文化娱乐设施。南组团用地 7 平方千米，人口 8 万人，以居住为主，相应安排会议中心、商贸、文化娱乐、旅游服务、体育和无污染工业（图 4-3）。

市域城镇体系规划把市域城镇分为三级：一级为曲阜市区；二级为陵城镇、姚村镇和南辛镇；三级为小雪、王庄、书院、董庄、吴村、时庄、息陬、防山、尼山等镇。城市化水平到 2000 年和 2010 年分别为 38% 和 54% 左右。

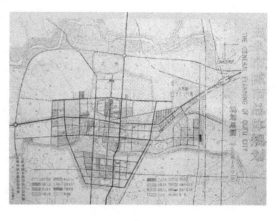

图 4-3　1993 年版曲阜城市总体规划用地规划
　　　　——曲阜市规划局

（四）2003 年版总规

2003 年版总规由文本、附件（说明书、专题报告、基础资料汇编）和图纸共同组成。该总规确定曲阜城市性质为世界著名的历史文化名城，城市发展的总目标是建设成为历史文化与现代文明相结合的花园式生态城市。曲阜市城市发展战略确定为：依托区域，突出重点，强化旅游，保护资源。

规划期限近期到 2010 年，城市人口为 30 万人，用地 35 平方千米；远期到 2020 年，城市人口为 50 万人，用地控制在 58 平方千米以内。城市规划建设要贯彻合理用地、节约用地的原则，合理确定建设时序、适当集中紧凑发展。城市规划区为曲阜市市域范围，总面积 895.93 平方千米。

城市以向南发展为主，呈"南展、北控、东进、西扩"态势。城市总体布局为"一城、两区、四组团"的结构。一城为曲阜城；两区为北城区、南城区；四组团为东北组团、高铁组团、时庄组团、陵城组团。北城区以商贸、旅游、文化娱乐和居住为主，充分展现历史文化风貌；南城区是城市未来发展的主要区域，是以行政

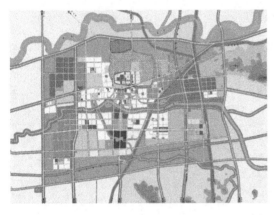

图 4-4 2003 年版曲阜城市总体规划用地规划
——曲阜市规划局

办公、文化娱乐、商业服务、旅游观光、信息产业、居住为主的城市综合性中心区；东北组团是以外向型加工工业为主导的工业园区；高铁组团是以发展为高速铁路配套的服务业、商贸和高新技术产业为主的区域；时庄组团是加工工业、仓储物流和商贸、居住相结合的产业园区；陵城组团是高新技术产业、教育研发产业及配套商业、居住相结合的综合区。适当压缩东北组团、高铁组团和陵城组团的用地，其中东北组团和高铁组团不宜跨越京沪高速铁路发展（图 4-4）。

该总规重点强调保护好、利用好曲阜的历史文化和文物古迹。城市近期建设规划要按照基础设施适度超前、注重生态环境与历史文化遗产保护、改善人居环境的原则，坚持节约用地，依法用地，根据现实与可能合理安排城市近期建设项目，确定建设时序。近期建设要紧凑集中，防止摊子铺得过散过大过乱。

曲阜市城镇体系职能等级分为 2 级，职能类型分为 4 种。曲阜市区（含规划进入市区的防山、息陬、小雪、陵城、时庄）为一级中心，是区域的综合中心。外围 8 个小城镇为二级中心，是该地域范围的小服务基地。工业发展杜绝污染较大、耗水较大的企业，保持良好的历史文化和自然景观不受损坏。鼓励围绕旅游业、农副产品加工业和高技术产业发展。其他工业企业可依据市场经济自由发展。

（五）2019 年版总规

1. 编制背景

党的十八大以来，中央一直强调和贯彻多规合一、生态文明、用途管制、空间治理等理念、政策。2013 年 12 月，中央城镇化工作会议，第一次提出建立统一的空间规划体系。2014 年 8 月，国家发改委、国土部、环保部、住建部联合印发了《关于开展市县"多规合一"试点工作的通知》，包括后来的生态文明体制改革，都强调要开展"多规合一"。

根据 2018 年 3 月 13 日十三届全国人大一次会议第四次全体会议审议通过的国务院提请审议的《国务院机构改革方案》，不再保留国土资源部、国家海洋局、国家测绘地理信息局，组建自然资源部。新的部门整合了此前 8 个部门的职能，包括将国家发改委的组织编制主体功能区规划职责、住建部的城乡规划管理职责等整合划归自然资源部，核心在于规划和调查职能。一个部门把原有的国土规划、土地利用总体规划、城乡规划等统筹起来进行考虑，负责全国范围内所有国土空间用途管制职责，能够避免规划体系破碎带来的弊端。

2019 年 5 月，《中共中央　国务院关于建立国土空间规划体系并监督实施的若干意见》指出："建立国土空间规划体系并监督实施，将主体功能区规划、土地利用规划、城乡规划等空间规划融合为统一的国土空间规划，实现'多规合一'，强化国土空间规划对各专项规划的指导约束作用，是党中央、国务院作出的重大部署。"2019 年 5 月，《自然资源部关于全面开展国土空间规划工作的通知》提出："抓紧启动编制全国、省级、市县和乡镇国土空间规划（规划期至 2035 年，展望至 2050 年），尽快形成规划成果。"各地不再新编和报批主体功能区规划、土地利用总体规划、城镇体系规划、城市（镇）总体规划、海洋功能区划等。原省级空间规划试点和市县"多规合一"试点要按照新的规划编制要求，将既有规划成果融入新编制的同级国土空间规划中。

2016 年 5 月，曲阜作为省"多规合一试点城市"，对 2003 年版总规进行修编，启动《曲阜市城市总体规划（2015—2030）》编制。经过 2 年多时间完成了规划纲要成果，以《曲阜市城市总体规划（2017—2035）纲要成果》报省住建厅审查，

2018 年 11 月，通过省住建厅专家组审查。2019 年 6 月，山东省政府制定了山东省国土空间规划编制工作方案，确定曲阜为市县规划编制试点单位。曲阜应时将"多规合一"规划调整为《曲阜市国土空间总体规划（2021—2035 年）》，开始编制工作，于同年年底形成初步成果和试点总结报告上报省自然资源厅。试点经验在"中国国土空间规划"微信公众号全文刊载，探索提出的规划内容体系被《山东省市县国土空间总体规划编制导则（试行）》完整采纳并在全省推开。

2020 年，随着"三调"（第三次国土调查）和"七普"（第七次人口普查）数据陆续公开，2019 年版总规应时更新底图底数并深化完善相关成果。其间，曲阜市按照国家和省市统一安排，初步搭建了全市国土空间规划"一张图"及实施监督系统，同步启动了镇级国土空间规划编制，开展了"三区三线"划定工作。

2. 规划内容

（1）总体思路

全面贯彻落实习近平总书记系列讲话精神和视察曲阜重要指示精神，坚持目标、问题和结果导向，突出战略引领、底线约束、弹性适应，统筹保护和发展、传统和现代、本地和外地、当前和长远等关系，构筑面向全域覆盖、全要素统筹、全过程管理的国土空间格局和品质宜居、彰显曲阜自然人文魅力的现代精致城市。

（2）城市定位

立足"双评估""双评价"，综合考虑曲阜市的资源禀赋条件、历史文化特色、区位交通优势，提出曲阜市主体功能定位由"重点生态功能区"调整为"城市化发展区"。结合历版总体规划，考虑曲阜在全球、全国、都市区和本地等不同层面的地位作用，确定城市性质为"世界儒学中心，著名历史文化名城"，目标愿景为建成城文相生、蓝绿相融、古今相映、居游相宜的"东方圣城、幸福曲阜"。

（3）总体格局

基于全市"四山（尼山、九龙山、石门山、九仙山）两河（泗河、沂河）两湿地（孔子湖湿地、崇文湖湿地）"自然地理格局，考虑历史人文要素分布、城乡发展特点和人口流动规律，统筹历史文化、生态及耕地资源的保护利用和城乡融合发展，构建功能明确、共融共生的"一主一副，三带五区"开发保护总体格局。其中"一主一副"即中心城区和尼山文化新区；"三带"即山水圣人发展带、泗河生态发展带、沂河生态发展带；"五区"为中部都市功能区、东南部尼山文化生态功能区、西部塌陷地生态修复功能区、泗北现代农业功能区、北部慢城休闲旅游生态功能区。通过绿网、水网、交通网三网叠合，有机联系不同分区和功能节点，形成统一的空间体系。其中近郊功能组团型节点，包括书院、时庄、陵城、小雪、息陬（高铁组团）、南部高铁组团、防山等；远郊和外围城镇型节点，包括姚村、王庄、吴村、石门山、尼山；生态旅游型功能节点，包括九仙山、石门山、九龙山、尼山圣境、孔子湖湿地、崇文湖湿地、时庄湿地等。

（4）空间优化

一是明确城市发展方向。延续 20 世纪提出的"十字花瓣"城市结构，引导城市向东、向南发展，将陵城、息陬、防山三镇部分纳入中心城区。以尼山镇为文化发展增长极，构筑新时代城市"十字花瓣"格局。

二是优化城市空间结构。结合自然本底和廊道空间，优化城市功能布局，形成"一城、一轴、两区、多组团"城市空间结构。"一城"即以明故城为核心的老城，主导功能为文化旅游、生活居住、综合服务等。它是文化旅游、商业服务的重点片区，体现历史风貌特色、展现城市活力的核心片区。"一轴"即南北城市轴线，串联泗河—孔林—鲁故城—明故城—新儒学核心区—沂河—南部城市中心—小雪组团—九龙山，向北延伸至北部慢城，有机联系沿线"礼（秩序）乐（自然）、古（传统）今（现代）、文（文化）工（产业）"重点空间和重要节点。"两区"指以大沂河为界的北部城区和南部城区。北部城区以文化旅游、生产生活为主要功能，重点补齐公共服务和市政设施短板，提高整体系统性；南部城区以公共服务、生活居住、文化创新为主要功能，重点发展面向区域的文化创意、商业金融、文化旅游、教育培训、高新技术产业。"多组团"指主城区周边的书院、防山、小雪、陵城以及京沪高铁、鲁南高铁组团，既是中心城区的有机组成部分，又具有相对完善的服务配套。

三是提升精致城市功能。聚焦文化旅游城市特色，优化城市用地结构，大幅度增加绿地休闲、综合服务、特色功能空间。以生活圈为单元，统筹公共服务设施配套，完善城市功能。整体上推动"老城疏解、新区提质、产业外迁、文化轴聚、居住升级、服务下沉、留白增绿、显山露水"，提升精致城市空间承载能力和功能品质。

（5）名城保护

聚焦历史文化资源的系统保护和传承利用，明确全市"一轴两带、一城三区"整体保护框架，划定历史文化保护控制线并上图入库，探索优秀历史文化价值实现的空间路径。

（6）统筹"三生"空间

科学配置资源要素，统筹生产、生活、生态空间。顺应全市乡村人口转移趋势，按照"因地制宜、差异发展，适度收缩、有机布局"原则，构建"三带五区"美丽乡村布局框架，因地制宜、分类施策，引导农村新型社区向镇区和近郊地区集中，中心村向远郊平原地区集中，美丽村居向全域覆盖，助推乡村振兴。针对曲阜市国土空间碎化、发展不确定性大等矛盾和问题，综合考虑重大文化战略落地和不同人群生产生活需求，2019年版总规进一步细化生态、农业、城镇三类空间，并建立功能留白、发展留白、战略留白三级留白机制，优化全域国土空间用途分区和用途结构，落实全域全要素用途管制要求，增强弹性适应能力。

四、历版总体规划比较

城市总体规划的编制是在考虑及兼顾社会经济发展的宏观环境，切实落实国家方针政策、行业规范和地方实施细则的指导下编制的。比较历版城市总体规划，可以更清晰地看出曲阜的城市发展变化和名城保护历程。作为城市发展、建设与管理的纲领和基本依据，曲阜历版城市总体规划所确定的城市性质、城市发展方向、历史文化名城的保护、城市生态环境建设、基础设施建设及产业发展，均为曲阜的建设发展起到了很好的指导和控制作用。

（一）各个不同历史时期呈现不同的形态

城乡规划的编制与人们对当时国民经济和城乡社会发展的认识是分不开的。在改革开放初期，人们是用计划经济思维方式来考虑和编制城市总体规划。1979 年版总规和 1983 年版总规是在落实国家改革开放方针政策的基础上，结合曲阜实际情况编制的。这反映了改革开放后，城市建设由盲目、无序逐步进入科学、有序的过程。

我国在"文革"结束后，政治环境逐渐稳定，社会经济发展进入正轨，城市规划工作也得到恢复。1978 年 3 月，国务院召开了第三次全国城市工作会议，作出了"认真搞好城市规划工作"的决定。1980 年 10 月，国家基本建设委员会召开了全国城市规划工作会议；同年 12 月，国务院批转《全国城市规划工作会议纪要》，确定了城市规划在城市建设和管理中的"龙头"地位。这次会议会后，全国各地开始了新一轮城市总体规划的编制和审批工作。[①]

曲阜在党和国家的关心下，开始对"三孔"进行修复、加大保护力度，着手打造蜚声国内外的旅游城市。但由于历史原因，曲阜的名城环境、历史风貌等遭到了严重的破坏。城市建设中存在许多问题：一是管理不到位，居民私搭乱建问题严重，不仅给"三孔"带来破坏，而且存在安全隐患；二是不协调的现代建筑影响了城市街区的空间尺度感，使整体环境受到很大破坏；三是交通拥塞，严重影响了古城的

---

① 参见李东泉、韩光辉：《1949 年以来北京城市规划与城市发展的关系探析——以 1949—2004 年间的北京城市总体规划为例》，载《北京社会科学》2013 年第 5 期。

宁静氛围；四是城区缺少绿地；五是历史文化遗产保护不到位，发生拆除明城墙等不可逆转的错误行为。

1983 年版总规是在历史文化名城保护制度建立的基础上，根据国家政策要求对 1979 年版总规所作的及时修编，整体的发展理念并没有大的变化，还是在坚持保护的基础上发展新城。城市基础设施和重大项目建设的资金的主要来源是国家的财政拨款和曲阜自身的经济发展产生的财政资金。城市建设和资金来源具有明显的传统计划经济特点，1983 年版总规实施规划的措施明确提出："曲阜城市规模小，经济实力薄弱，有关城市建设的投资渠道、历史文化名城的特殊政策等，另写专题报告，望中央、省、市支持，确保总体规划的实现。"

1992 年党的十四大提出建立社会主义市场经济体制的改革目标，要求把城市基础设施纳入市场经济运行的轨道，建立与社会主义市场经济体制相适应的城市基础设施管理体制。1993 年版总规编制正值我国计划经济向社会主义市场经济转型时期，规划的编制是为了适应社会转型、城市建设的发展和城市规划实施管理的要求。1993 年版总规对计算机辅助城市总体规划和规划成果标准化方面进行了探索（1979 年版和 1983 年版总规均为手工绘制图纸）。1993 年版总规之后，曲阜的城市基础设施和重大项目建设的资金的主要来源是曲阜自身的财政资金和市场资金。

21 世纪人类社会进入了城市时代，以中心城市为核心、与周边城镇结合构成的城市区域成为提高整体竞争力的重要空间组织。这种打破行政界限、市场导向的城市区域成为全球化时代城市竞争的基本单元。2003 年 7 月 28 日，时任中共中央总书记的胡锦涛同志提出了以人为本、全面、协调、可持续的发展观。2003 年版总规编制，正是在可持续发展观指导下，济宁市提出建设"济兖邹曲"组群结构城市，行政中心迁到曲阜的背景下完成的，进一步反映了政治决策对城市发展的影响。

新时代，我国正处于发展的新常态以及国土空间开发与保护新格局的构建过程中，其核心要义是高质量和高品质，这就要求国土空间规划破除增量规划思维，更多地思考如何挖潜存量、提升品质和应对收缩等问题。与此同时，生态文明建设作为我国新时期的重大战略举措，是我国在全球视野下对过去发展模式的自觉校正，所主张的"碳达峰、碳中和"目标，则要求国土空间中的城镇空间、农业空间和生态空间的布局优化要统筹思考经济效益、环境效益、社会效益和生态效益。2019年版总规是落实新发展理念，实施高效能空间治理，促进高质量发展和高品质生活的空间政策，是市域国土空间保护、开发、利用、修复和指导各类建设的行动纲领。

历版总体规划所研究的侧重点也有不同。例如，1979年版总规注重中心城市的空间规划，突出以城市为重心的城市规划编制体系；2019年版总规注重城市开发边界和"三区四线"，注重以城乡统筹、空间利用为重心的城市规划编制体系。

（二）规划指导思想明确，城市性质定位准确

城市功能定位是政府职能的体现，是政府指导下的科学成果。规划的好坏首先要看指导思想、目标定位和实现路径是否清晰。曲阜历版总规确定"各项规划和建设都要突出、衬托、协调于历史文化名城的环境特点"和"把曲阜建成风貌古朴、文化发达、生活舒适、文明清洁的历史文化名城"的指导思想是正确的，使曲阜的各项规划和建设都紧紧围绕历史文化名城这一主题而展开，是符合曲阜实际的，也是有远见的。

城市的性质决定着城市在一个时期内的发展方针。对城市规模、城市空间结构和形态以及各种市政公共设施的水平起着重要的指导作用；不同的城市性质决定着城市发展的不同特点。在编制城市总体规划时，确定城市性质是明确城市产业发展重点、确定城市空间形态以及一系列技术经济措施及与其相适应的技术经济指标的前提和基础。改革开放以来，曲阜历版总体规划所确定的城市性质一以贯之，定位准确（如表4-1所示）。

表 4-1 曲阜历次城市总体规划确定的城市性质和城市规划区

编制年限 / 年	规划期限 / 年	城市性质	城市规划区
1979~2000	1985 2000	历史文化游览名城	东至少昊陵，西至曲师院，南至小沂河，北至孔林，面积 20 平方千米
1983~2000	1990 2000	历史文化旅游名城	东至少昊陵，西至曲师院，南至蓼河，北至孔林，面积约 60 平方千米，以及城外的文物古迹及风景旅游点
1994~2010	2000 2010	国际性历史文化名城	市区和几个远郊文物古迹及风景点，总面积为 164.8 平方千米
2003~2020	2010 2020	世界著名的历史文化名城	曲阜市市域范围，总面积 895.93 平方千米
2021~2035	2025 2035	世界儒学中心，著名历史文化名城	曲阜市域行政辖区，总面积 814.76 平方千米

1979 年版曲阜总规编制时，我国还没有历史文化名城的概念，但其前瞻性地将城市性质确定为历史文化游览名城，奠定了以后城市发展建设的基本框架，其后的几版总体规划都是在此基础上进行调整和完善，并不断提升。1983 年版总规城市性质保持不变；1993 年版和 2003 年版总规城市性质强调了曲阜在世界的文化地位和影响力，但性质基本不变；2019 年版总规城市性质补充了曲阜在世界儒学中的影响力。

曲阜城市性质既然为历史古迹旅游城市，则城市建设必须以此为前提。无论在安排工业项目、城市布局、道路系统的规划，以至新建筑的安排上都必须明确主从关系，使各方面协调一致，不致破坏城市的统一性及完整性。[①] 曲阜只有坚持保存文化古迹这个前提，才能振兴旅游。城市规划建设要为此服务。历版总规始终把历史文化名城保护作为促进城市经济发展的重点，抓住了曲阜传统文化的特点和优势。对明故城建筑高度、形式和色彩均提出一定要求，这对于古城风貌的保护起到了积

---

① 参见吴良镛：《试论历史古迹旅游城市的规划与建设——以曲阜规划为例》，载《城市规划研究》1980 年第 2 期。

极的指导与控制作用。

（三）城市用地发展和城市形态结构合理

城市布局是通过合理组织城市用地和空间，保障城市各项功能的协调、城市安全和整体运行效率，以塑造优美的城市环境和现象。城市发展方向是城市化进程中的重要问题，而城市规划中确定的城市发展方向是指导城市发展的依据。曲阜历版总规确定的城市布局和发展方向如表 4-2 所示。

表 4-2　曲阜历次城市总体规划确定的城市布局和发展方向

编制年限 / 年	城市布局	城市发展方向
1979~2000	东新、西文、南泉、北林的"十字花瓣"形布局	向东发展新城区
1983~2000	东鲁、西文、南新、北林的"十字花瓣"形布局	依托旧城向南发展新区
1994~2010	南新、北林、东工、西文的"十字花瓣"形布局	向东、向南同时发展
2003~2020	"一城、两区、四组团"的总体布局结构	向南发展为主，"南展、北控、东进、西扩"
2021~2035	新时代城市"十字花瓣"格局	向东、向南发展

历版总规由于比较合理地选择了城市空间结构，使城市实现了良好的过渡，有效控制了城市的无序蔓延，顺利构建区域协调和统筹城乡发展，并加强了城市生态环境保护。曲阜城市南北中轴线始终没有改变，而东西向的发展轴线不断变化，城市规模不断向南扩展。例如，1983 年版总规提出避免"腰斩孔庙"，以明故城为中心，增加南侧雪泉；1993 年版总规以"新儒学区"为中心，增加南部新城。

历史上的曲阜县城（明故城）规划，是以孔庙居中，在 1 千米长的轴线上构成严谨对称的宫殿建筑群，中轴轮廓线高低错落，呈现优美的体形序列。东邻的孔府建筑群亦极丰富，排列规整，体量与高度都较次于孔庙，显居从属地位，但适应了居住功能，有生活气息，除中路前部外，其余部分布置都较灵活。①1983年版总规调整城市发展为依托旧城向南发展新区，有利于明故城、鲁故城及文物古迹的保护，解决了保护与发展的矛盾，是十分妥当的。但工业区设在城市东部（火车站北部）、位于城市上位值得商榷。

城市政府为落实规划加快南新区的发展采取了一系列促进措施。例如，加大新区基础设施建设，将新建的机关办公楼规划在南新区建设。20世纪80年代财政局、税务局、卫生局等办公楼在南新区建设完成，拉开了南新区建设的序幕。1990年，在1983年版总规的基础上，重新调整了城市规划区范围，将八宝山工业区、单家村煤矿区及外围风景旅游点划入城市管理，城市规划区面积由60平方千米增加到109.3平方千米。1992年经山东省人民政府批准设立了曲阜经济开发区，但开发区建设前期缺乏切合实际的可行性规划论证，在曲阜市区上风上水位置建设工业项目（当时规划无城市污水厂）显然是错误的。

1993年版总规调整为向东以开发区建设为主，向南以南新区发展为主。而在东部大力发展经济开发区是错误的继续，导致曲阜市区部分水体污染，甚至影响到曲阜的地下水源（至少部分与此有关）。1993年版总规继续加大南新区基础设施建设；将市委市政府办公楼迁至南新区，新建论语碑苑、孔子研究院等大型公共建筑。市委市政府的搬迁，大型公共建筑的建设带动了南新区的发展。回望1993年版总规，布局上过于拘谨，发展空间受限，规划弹性不足，难以适应城市建设发展的需要。例如，市委市政府的选址，距离老城区太近。同时，规划也没有对城市空间布局中的错误及时更正。若及时调整经济开发区至城市下位的市区西部，完善城市污水处理，则能减小负效应。

2003年版总规以《山东省城镇体系规划》《济宁—曲阜都市区战略规划》，以及济宁市、曲阜市国民经济和社会发展第十个五年计划等为依据，而对城市发展

---

① 参见方运承：《曲阜建城史实与城市发展规划的瞻望》，载《城市规划》1982年第4期。

影响的主要因素考虑不足。政治是绝大多数城市建设活动所涉及的重要干预和影响因素之一。政治因素对城市建设的干预完全是"自上而下"方向起作用的。由于未能预见到行政力量的影响，规划中的济宁市行政中心迁至曲阜的设想未能实现，规划布局很快被打乱，虽然在落实过程中补充了部分控制性详细规划，但"亡羊补牢"还是影响到城市的可持续发展。

2019 年版总规延续 20 世纪提出的"十字花瓣"城市结构，引导城市向东、向南发展，将陵城、息陬、防山三镇部分纳入中心城区，以尼山镇作为文化发展增长极，构筑新时代城市"十字花瓣"格局。鲁南高铁曲阜南站片区，由于距离城区有一定距离而成为单独的组团，通过城市路网的完善加强与城区的联系。

五版城市总体规划，除 2003 年版总规布局为"一城、两区、四组团"，其他四版总规均以"十字花瓣"形为布局形态，但又有变化。1979 年版总规用地为"东新、西文、南泉、北林"的"十字花瓣"形布局。1983 年版总规用地为"东鲁、西文、南新、北林"的"十字花瓣"形布局。1993 年版总规用地采用组团式布局，分为中心组团、西组团、东组团和南组团，形成"南新、北林、东工、西文"的"十字花瓣"形城市结构形态。2019 年版总规延续 20 世纪提出的"十字花瓣"形城市结构，但相对其他三版而言，它已是脱离城市论城市的布局形态，在市域层面考量。

政府规划对城市形态的演变起重要的引导作用，曲阜历版总规确定城市发展依托旧城向南发展新区，对于明故城、鲁故城及文物古迹的保护，对于正确处理保护与发展的矛盾是十分妥当的。曲阜以明故城为中心，"东鲁、西文、南新、北林"的"十字花瓣"结构，突出了曲阜历史文化名城的特点，强调了孔庙、孔府在城市布局结构中的重要地位。

（四）城市人口增长估计不足，文化保护及发掘尚有欠缺

在科学测定的基础上界定城市人口容量，采取适宜的手段使城市人口规模

与其容量相适应，是使城市健康发展的一项十分重要的工作。如果一个城市的人口规模小于人口容量，则人口规模还有一定的扩张余地，而不至于引起资源生态环境系统或社会经济系统的危机；如果城市人口规模大于人口容量，则说明城市人口对资源生态环境系统或社会经济系统的综合压力已超出两系统的最大承载能力。一旦出现这种情况，将会引起城市所在地自然资源供给系统的永久性破坏，从而导致该城市人口容量的永久性减少或将引起城市社会经济系统功能紊乱，引起一系列社会经济问题。[①]曲阜历次城市总体规划确定的规模情况如表4-3所示。

表4-3　曲阜历次城市总体规划确定的规模情况

编制年限／年	规划期限／年	规划人口规模／万人	规划用地规模／平方千米
1979~2000	1985	4	3.8
	2000	6.5	6
1983~2000	1990	5.2	5.4
	2000	7.5	7.8
1994~2010	2000	13 至 15	18
	2010	18 至 20	24
2003~2020	2010	30	35
	2020	50	58
2021~2035	2025	——	——
	2035	45	70

注：2019年版总规仍在编制中，2025年的人口规模和用地规模尚未明确；2035年的人口规模由省住建厅下发（设计单位测算的是55万~60万人），用地规模70平方千米是规划上报的中心城区开发边界的规模。

中国大城市、中等城市、小城市是根据城市非农业人口规模来确定的，这个人口规模的地域范围是指市区和近郊区。[②]曲阜是个小城市，借鉴欧洲国家的城市化

---

① 参见百度网，http://baike.baidu.com/view/1273373.htm，最后访问日期：2022年5月1日。
② 《城市规划法》（现已失效）中指出，大城市是指市区和近郊区非农业人口50万以上的城市。中等城市是指市区和近郊区非农业人口20万以上、不满50万的城市。小城市是指市区和近郊区非农业人口不满20万的城市。

过程和中国人口政策来看，曲阜未来发展成为中等城市的可能性很大，而成为大城市的可能性很小。

对比分析曲阜历版总规确定的城市人口规模与城市发展现状之间的差异可以发现：1979 年、1983 年在编制城市总体规划时对城市人口增长的估计不足。作为城市规划中最基本的元素，对人口规模的预测决定了编制城市规划的成败，人口增长估计不足的后果就是城市规划落后于城市发展速度。这就给城市资源生态环境系统和社会经济系统带来压力，从而对历史文化名城保护产生负面影响。但事实上，当时很少有一个城市能正确地估计将来人口的规模，经济快速发展所引发的城市化进程远远超出了当初人们的想象。

1983 年版总规对城市人口规模的估计是到 2000 年城区常住人口将会达到 7.5 万人，但是实际情况却是到了 1990 年时，曲阜城区常住人口就已经突破了这个数字。一方面是大量外来人口的涌入，农业人口迅速向城市集中，对住房和就业用房等房屋的巨大市场需求在短时间内迅速形成；而另一方面是住房制度及房地产市场的改革相对滞后，原有的房屋远不能满足市场的需求。在巨大的供需差距面前，政府管理部门计划经济时代的指挥棒已失去效用，而调控市场无形的手尚未形成，所实施的管理也只能是被动应付式、效用低下的管理，不能从根本上解决问题。巨大的市场需求与无序的规划管理的结合必然会导致房地产业的畸形发展，其后果之一就是违章建筑愈演愈烈，从而成为拆迁中的难点和焦点。

历版总规尽管也强化了对历史文化的保护和对明故城、鲁故城的保护，但没有从整体保护的思想来认识，没有将各类历史文化资源作为一个整体来对待，特别是对鲁故城、少昊陵、周公庙等文物古迹的保护还不够，没有突出其应有地位。文物建筑和历史建筑的保护没有形成同步的重要性。同时，许多重要文物古迹、历史建筑与城市在功能及空间上的关系，也没有得到很好的解决。

（五）缺乏区域的概念和对经济社会发展的研究

随着改革开放的深入，国际、国内形势的变化，城市建设内、外部条件的改变，在城市总体规划修编时，总是发现上版规划未能预见到上述变化对城市建设的影响，具有滞后性。规划布局上过于拘谨，城市发展空间受限；规划显得弹性不足，难以适应城市建设发展的需要。

规划仅局限于对曲阜市及其周围环境的分析、研究，没有立足于更大范围来研究曲阜的名城保护与城市建设，一定程度上影响了对曲阜自身优势的深刻认识及其优势的充分发挥。例如，曲阜儒学对世界儒学的影响如何，或者说如何认识曲阜儒学在世界儒学研究上的引领性，我们都应该深入研究。规划着重研究城市建设自身的规律，没有把城市建设和名城保护与社会经济发展相联系，造成某些方面的脱节。规划的可操作性不够，它仅仅提出城市发展和名城保护的目标远远不够，还应继续探索实现目标的对策。规划内容和文字叙述法则性不强，使规划管理实际操作过程中的依据不够充分。

历版总规都强调了对文物古迹及周边环境的控制并在实施过程中发挥了积极作用，但对其他区域的建设控制明显缺乏力度。例如，道路红线较为明确，但对建筑后退红线距离、绿线等缺乏有效控制，执行起来难度较大，也使建设管理过程中缺乏依据。同时，对各类强制性用地没有进行明确界定，使一些公益性设施用地、公共绿地等没有得到很好的建设。

这些是由于受政治、经济和社会发展条件制约以及认识水平和规划思路等原因的限制。例如高速公路的规划。世界上真正意义的"现代高速公路"始建于20世纪30年代的德国，20世纪50~70年代，以美国为代表的发达国家陆续掀起了修建高速公路的热潮。而我国大陆地区高速公路的建设直到改革开放后的20世纪80年代中期才开始起步。在1983年版总规和1993年版总规中没有高速公路是没有预测到城市交通发展的快速与巨变。

第二节 名城保护规划

历史文化名城保护规划是以保护城市地区文物古迹、风景名胜及其民族文化资源环境为重点的专项规划，是城市总体规划的重要组成部分。保护规划是带有全局性和专业性较强的规划，不是仅仅作出城市的文物古迹或风景名胜区的保护与规划，而是对城市中历史文化遗存作出全面的安排，要制定保护框架，划定保护范围，确定建筑控制高度，并提出保护措施。

名城保护规划的编制，需要在充分研究城市发展历史和传统风貌基础上，正确处理现代化建设与历史文化保护的关系，明确保护原则和工作重点，划定历史街区和文物古迹保护范围及建设控制地带，制定严格的保护措施和控制要求，认真进行和完善。

1979 年版总规编制时，我国历史文化名城保护制度尚未建立，但规划前瞻性地提出了名城保护内容。规划要求整个旧城为文化古迹环境保护区，注意保持传统的风貌和环境的和谐。古城名胜建筑要依原状修复，新建筑应与古建筑相协调。住宅要保持传统的民居风格，建筑高度均不得超过钟楼。在保护区内与环境不协调的建筑要逐步改造。鼓楼东可模拟古代商业街道，建古色古香的内向商场，展销全省传统名产，起到古典橱窗的作用。

绿地系统规划和旅游景点、路线以及古迹保护密切结合。注意古树名树的保护，名胜古迹绿化应以松柏科常绿树种为主，也可配一些乡土树种，如楷树等。城区重点绿化孔林，并利用环城河建环城绿带，旧城西南的水面可建造古典景园。泗水、洙水两岸防护林带宽度要在 20 米以上。鲁故城保护范围要充分绿化，古城墙可考虑设计绿化带，有的地段逐步建成古城遗迹公园。苗圃面积可高于建成区面积的 2%~3% 配置。

游览区以"三孔"为中心，结合城区、郊区和邻县的其他景点如颜庙、周公庙、少昊陵、洙泗书院、尼山、孟母林、九龙山汉崖墓群、孟庙、泉林等组成一个完整的游览系统，要求对此作出统一规划。

1983 年，曲阜在根据名城保护发展实际修编 1979 年版总规的同时，开展了历史文化名城保护规划编制方面的探索。近 40 年间伴随时代更迭、政策变革，曲阜在历史文化名城保护规划编制方面不断求实创新、与时俱进。

一、1983 年版历史文化名城保护规划

1983 年历史文化名城保护规划（以下简称 1983 年版名城保护规划）与 1983 年版总规共同编制，一并上报审批。山东省人民政府（85）鲁政函 178 号《关于对曲阜县城总体规划修订方案的批复》对 1983 年版名城保护规划和 1983 年版总规一并批复。1983 年名城保护规划编制组在 1979 年版总规"保护规划"方案基础上，结合总体规划的修订进行了局部修改、充实和完善。1983 年版名城保护规划是根据"国务院和原城乡建设环境保护部关于加强历史文化名城规划工作意见的精神"，按照国家基本建设委员会、国家文物事业管理局、国家城市建设总局《关于保护我国历史文化名城的请示的通知》、城乡建设环境保护部《关于加强历史文化名城规划工作的通知》等文件要求编制，内容按文件规定确定。名城保护规划由名城保护规划说明书和图纸以及城市的重点文物、名胜古迹的保护规划说明和图纸组成。

名城保护规划说明书包括前言、曲阜名城概况、曲阜名城特点、曲阜名城保护评价、保护规划的指导思想与任务、保护规划的要求和措施、结束语等。

（一）曲阜名城的特色

曲阜名城的特色主要表现在五个方面：儒学圣地、鲁国故都、独特的城市布局、

萃集的古迹文物、宏伟的古代建筑。

（二）保护规划的指导思想与主要任务

1. 指导思想

规划是以保护本地区文物古迹、古建筑及其环境为重点的专项规划，是总体规划的重要组成部分。继承和发扬曲阜悠久历史、文化遗产和优秀传统，保存和发展城市特色，整旧如旧，突出"古"字。实行保护与建设相结合的建设方针。妥善处理好保护、利用、建设之间的关系，做到古为今用。保持名城的整体性和延续性。规划要起到承上启下、继往开来的指导作用。

2. 主要任务

在 1983~2000 年规划期限内，保护明故城的完整格局和历史风貌、保护鲁城遗址遗迹、保护与开发外环古迹名胜为三项主要任务，将曲阜建设成为既保持古城的历史风貌，又具有现代化小城市结构的历史文化名城。

（三）保护规划的要求和措施

1. 总的分区要求

采取分区分片保护，点、线、面相结合的保护方法。曲阜分为四片，即明城保护片、鲁城保护片、孔林保护片、少昊陵保护片。各片内分绝对保护区、严格控制区和一般协调区。

2. 明故城保护片规划

明故城面积 1.65 平方千米，为严格控制区，采取"控制明城、保护重点、积极建设、适应协调改造"的原则。

3. 鲁故城保护片规划

鲁故城地下保存了丰富而珍贵的文物遗址，经勘探查明重要遗址 36 处；地上除明故城以外，有周公庙、鲁故城城垣（长约 3520 米），均列入绝对保护区。

4. 孔林保护片规划

孔林保持园陵性质，以柏树、楷树、松树、柞树和起伏地形的自然景色为主，增加和丰富参观内容。诸如历史上较出名的衍圣公墓等处、林内享殿（1950 年朱德总司令召开军事会议的会址），可充实陈列内容，逐步开放，林内导游路线相应增设。

5. 少昊陵保护片规划

有历史学家认为，曲阜是华夏祖先黄帝的诞生地。史书记载"黄帝生于寿丘""寿丘在少昊陵前"，因此更应将少昊陵片保护好、建设好。少昊陵保持园陵性质，万石山上石质小庙和汉白玉石雕像应尽快恢复。"万人愁"碑修复竖起，碑东龟趺修复。建议以景灵宫遗址为中心，建立寿丘遗址公园。

6. 空间景观通视规划

为保持古城风貌，显示其古建筑的雄伟壮观，以及由于景观上的要求，要进行古建筑之间空间通视规划，要求通视走廊内的建筑物和构筑物不得遮挡通视的视线。

7. 外环主要名胜古迹的保护意见

外环主要名胜古迹的保护意见，主要是对尼山建筑群、石门山、孟母林与九龙山汉石窟墓、雪泉、洙泗书院和春秋书院等名胜古迹提出保护措施。

8. 其他

其他名城保护规划，主要是对曲阜林门古会、曲阜梆子剧团、曲阜菜肴、曲阜工艺美术、龚氏扶兴和笔庄、尼山砚、大庄琉璃瓦等非物质文化遗产提出保护与开发要求、采取措施。

二、1993 年版历史文化名城保护规划

1993 年历史文化名城保护规划（以下简称 1993 年版名城保护规划）是 1993 年版总规的重要组成部分。

（一）保护原则、等级、范围

规划确定保护应坚持整体保护与重点保护相结合的原则；坚持保护与开发利用相结合的原则；坚持继承与发展相结合的原则。规划主要对城区内及规模较大、具有较高历史文化和旅游价值、与城市关系密切的市区外的文物古迹提出保护意见及采取措施。对其他文物古迹仅提出一般保护的原则。规划确定文物古迹保护分为四个层次：绝对保护区、严格控制区、环境协调区、一般建设区。

（二）市域文物古迹保护规划

市域文物古迹保护的重点是四个大的保护圈、两条自然景观保护带及区域内10个重要文物古迹点。四个大的保护圈为：尼山自然景观与文物古迹保护圈，九龙山、孟母林保护圈，石门山、九仙山自然山林、古迹保护圈，曲阜名城保护圈。两条自然景观保护带为：泗河自然景观保护带，大沂河自然景观保护带。10个重要文物古迹点为：尼山古建筑群、防山墓群、韦庄墓群、姜村古墓、九龙山墓群、孟母林、安丘王墓、梁公林、洙泗书院、石门寺古建筑群。

（三）明故城的保护

明故城保护坚持"整体保护、严格控制、逐步恢复、协调发展"的原则。保护的主要内容是：城市格局与城市形态、传统街区、文物古迹点及外部环境。

（四）鲁故城的保护

鲁故城保护坚持"重点保护、严格控制、逐步发掘、适当利用"的原则。保护的重点是：城市格局与形态，城墙、城河和城门遗址，周公庙、斗鸡台、望父台及其他36处重点保护区。

（五）孔林片、少昊陵片的保护

规划确定孔林林墙范围内及孔林神道为绝对保护区，以林墙至外围道路为一类建设控制地带；一类建设控制地带外 50 米范围内为二类建设控制地带。规划确定对少昊陵片的文物古迹和遗址采取保护和开发利用相结合的方式，建成体现远古文化风情的游览区。

（六）三条轴线的保护

规划确定孔庙轴线、城市发展轴线、历史文化轴线为城市三条重要景观轴线。

三、2003 年版历史文化名城保护规划

2003 年历史文化名城保护规划（以下简称 2003 年版名城保护规划）同样是 2003 年版总规的重要组成部分。

（一）指导思想、内容框架与保护范围的确定

指导思想：整体保护与重点保护相结合；保护与开发利用相结合；继承与发展相结合。

内容框架：物质形态，包括自然环境和人工环境两个方面。非物质形态，主要分为语言、文学；城市的生活方式和文化观念所形成的精神风貌；社会群体、政治形式和经济结构所产生的城市结构。

保护范围：以市区范围内各类文物古迹的保护为主，同时对区域范围内的各类文物古迹划定保护区，列出保护清单，包括绝对保护区、严格控制区、环境协调区、一般建筑区。以保护"两城、两片、三轴、四山"为重点。

（二）"明故城、鲁故城"保护规划

明故城的保护应坚持"整体保护、严格控制、适当恢复、协调发展"的原则。保护的主要内容是：城市格局与城市形态、传统街区、文物古迹点及外部环境。

鲁故城的保护应坚持"重点保护、严格控制、逐步挖掘、适当利用"的原则。保护的重点是：城市格局与形态，城墙、城河和城门遗址，周公庙、斗鸡台、望父

台及其他 36 处重点保护区。

（三）"孔林片、少昊陵片"保护规划

规划确定孔林林墙范围内及孔林神道为绝对保护区。林墙至四周的外围道路为一类建设控制地带，一类建设控制地带外 50 米范围内为二类建设控制地带。

少昊陵片的文物古迹主要包括少昊陵、少昊陵遗址、景灵宫遗址、寿丘、宋仙源城遗址和"万人愁"碑等。规划拟采取保护和开发利用相结合的方式，建成体现远古文化风情的游览区。少昊陵及少昊陵遗址的保护，应严格按照保护规划所划定的三级保护范围进行严格控制建设。

（四）"三轴"的保护规划

孔庙轴线：强化对孔庙轴线的保护，并在现有轴线及空间特征的基础上向南延伸，贯穿整体曲阜城市，以充分展现孔子儒家思想的源远流长。

周公庙轴线：为突出鲁故城的形制和布局特色，将周公庙轴线予以强化，拓宽静轩路以北道路，开辟绿化林荫道，在静轩路北侧设置入口标志，对轴线两侧建筑进行综合整治，形成庄严肃穆的周公庙轴线。

少昊陵轴线：在整体保护少昊陵片远古文化遗存的同时，强化对少昊陵轴线的保护，静轩路以北开辟为绿化林荫道，形成远古文化展示轴线，并向南延伸至规划城市新区，构成城市东部一条完整的空间轴线。

（五）"四山"的保护规划

1. 四处山体自然景观与文物古迹保护圈的保护

尼山自然景观与文物古迹保护圈

该保护圈范围包括尼山、明家山、尼山水库及周围有关部分，面积约 25 平方千米，拟建设成为祭拜孔子的起始点和旅游度假区。

九龙山、孟母林保护圈

该保护圈面积约 20 平方千米，九龙山应为严格控制区，孟母林范围内按绝对保护区要求进行保护。

石门山、九仙山自然山林、古迹保护圈

该保护圈面积约 35 平方千米，位于曲阜城北约 20 余千米处，包括石门山、九仙山、安丘王墓、韦庄墓群等。规划要求在安丘王墓、韦庄墓群等文物古迹点范围内，按《文物保护法》要求进行保护。对石门山的全部和九仙山的主要景观区，按严格控制区要求进行保护。

2. 规划确定的重要文物古迹点

该古迹点包括尼山建筑群、防山墓群、韦庄墓群、姜村古墓、九龙山墓群、孟母林、安丘王墓、梁公林、洙泗书院。

对比 2003 年版和 1993 年版名城保护规划，可以看出，两版规划基本相同，其中关于"明故城、鲁故城"保护规划和"孔林片、少昊陵片"保护规划的原则和内容完全一致。但是，1993 年版名城保护规划对非物质文化遗产前瞻性地提出了保护与开发的要求、措施等，而 2003 年版名城保护规划对于非物质文化遗产保护与开发反而并未提出具体的要求、措施。

四、2021 年版历史文化名城保护规划

2019 年 11 月 29 日，山东省十三届人大常委会第十五次会议通过了《山东省历史文化名城名镇名村保护条例》（以下简称《条例》），并于 2020 年 3 月 1 日起施行。《条例》规定"省住房城乡建设主管部门会同省文物主管部门负责全省历史文化名城、名镇、名村的保护和监督管理具体工作"；结合机构改革过程中，市、县历史文化遗产保护管理职责划分不统一的情况，提出"设区的市、县（市、区）人民政府住房城乡建设或者自然资源主管部门会同同级文物主管部门，负责本行政

区域历史文化名城、名镇、名村的保护和监督管理工作。"曲阜机构改革，成立曲阜市自然资源和规划局，负责曲阜的城乡规划编制工作；曲阜的历史文化名城、名镇、名村保护与监督管理工作，由住房和城乡建设局（以下简称住建局）会同文物局负责，并以住建局为主，实际工作中文物局主要负责文物保护工作，很少参与文物本体以外的保护工作。

2019年版总规，由曲阜市自然资源和规划局作为委托单位组织编制，曲阜历史文化名城保护规划（2021~2035）（以下简称2021年版名城保护规划）由曲阜市住建局作为委托单位组织编制。2021年版名城保护规划与2019年版总规是分开委托、单独编制的。虽然被委托单位为同一家设计机构，但由不同团队负责。2021年版名城保护规划分为总则、市域历史文化的保护、历史城区保护、历史文化街区的保护、不可移动文物和历史建筑的保护、非物质文化遗产的保护与传承、历史文化的展示与利用七个部分。规划范围为曲阜市域行政辖区，总面积814.76平方千米；规划重点范围为曲阜历史城区，总面积17.51平方千米。规划期末为2035年，近期目标年为2025年。

（一）总则

总则包括规划范围、规划期限、保护原则、保护目标、历史文化价值特色、保护框架六部分。

（二）市域历史文化的保护

整体保护结构为"一轴、两廊、一核、三区、多点"。一轴为区域山水圣人文化轴线；两廊为市域文化遗产聚集、与曲阜发展历程密切相关的两条文化遗产廊道，包括泗河生态文化廊道、沂河生态文化廊道；一核为老城儒学文化核心区；三区为市域文化遗产聚集、生态文化特色较突出的三大片区，包括尼山儒学文化新区、九仙山—石门山生态民俗文化体验区、九龙山—凫村孟氏儒学文化传承发展区；多点为市域内历史文化镇村、传统村落、不可移动文物等。

（三）历史城区保护

历史城区保护由保护范围，历史城址及相互空间关系保护，历史城区格局保护，历史轴线保护，视域、视廊的控制，历史城区传统街巷保护，历史城区风貌控制，历史城区高度控制八部分组成。

（四）历史文化街区的保护

1. 保护范围

明故城历史文化街区保护范围：东至秉礼南路，西至归德路，南至静轩路，北至延恩路，面积212.3公顷。核心保护范围：包括孔庙孔府片区、颜庙至东马道片区、泮池片区和西南马道至县衙片区，面积105.8公顷。建设控制地带：核心保护范围以外，东至秉礼南路、南至静轩路、西至归德路、北至延恩路，面积约为106.5公顷。

2. 历史文化价值

明故城是世界儒家文化的起源地与重要传承地；明故城的"庙城"格局是我国城市建设史上的独特案例；明故城是活化古城，具有真实性、多样性、生活延续性和层叠性的特征。

3. 总体控制要求

一是街区一般控制要求。不得损害历史文化遗产的真实性和完整性，建设活动和展示利用不得对传统格局和历史风貌构成破坏性影响。明故城街区位于世界遗产（孔庙、孔府、孔林）的遗产区及缓冲区内，应遵守《保护世界文化和自然遗产公约》以及世界遗产委员会《实施〈世界遗产公约〉操作指南》的有关规定。明故城街区位于全国重点文物保护单位（鲁故城）的保护范围内，其街区内建设活动，自然资源主管部门依法核发选址意见书、提出规划条件或核定规划要求前，应当征求同级文物主管部门和城乡建设主管部门的意见。建设单位在编制施工组织设计时，应当同时编制考古调查、勘探方案，在施工前应当报请市文物行政部门组织考古调查、勘探。

二是核心保护范围的保护要求。应严格落实《城市紫线管理办法》的管理要求。区域内建筑物、构筑物应当区分不同情况，采取相应措施，实行分类保护。区域内文保单位和历史建筑应保持原有的高度、体量、外观形象和色彩。不得擅自改变街区空间格局和文物古迹、历史建筑、具有传统风貌建筑原有外观特征，不得擅自新建、扩建道路；对现有道路进行改建时，应当保持或者恢复其原有的道路格局、街巷界面风貌和景观特征。消防设施、消防通道应当按照有关的消防技术标准和规范设置。应当在历史文化街区核心保护范围的主要出入口设置标志牌。任何单位和个人不得擅自设置、移动、涂改或者损毁标志牌。

三是建设控制地带保护要求。建构筑物、格局、街巷、院落、古树名木等的保护措施应符合保护范围内专项保护措施要求，不得破坏传统格局和历史风貌。在建设控制地带内新建、扩建、改建建筑的高度、体量、色彩、材质等，应与核心保护范围内建筑相协调。

（五）不可移动文物和历史建筑的保护

市域范围内"三孔"世界文化遗产1处，鲁国故城国家大遗址1处，县级以上文物保护单位208处，其中全国重点文物保护单位13处，省级文物保护单位53处，济宁市级文物保护单位11处，曲阜市级文物保护单位131处；其他未定级文物点以及地下文物819处，按文物保护要求管理。历史建筑26处等，建议政府审核并公布为历史建筑并挂牌保护。

（六）非物质文化遗产的保护与传承

一是应保护和传承各项非物质文化遗产以及老字号、老地名、历史名人文化、人文精神等无形的优秀传统文化，对全市的非物质文化遗产进行发掘、记录、整理、登记，建立档案和数据库，抢救性保护已经濒临消失的非物质文化遗产。二是培养非物质文化遗产的传承人，建设非物质文化遗产展示场馆，结合历史建筑的修缮在一些历史文化街区或历史地段设立非物质文化遗产传习所或主题展览馆，如宗族文化博物馆，使非物质文化遗产落到有形的物质载体上。三是有效保护和展示具有重要历史、科学和文化价值的非物质文化遗产。

（七）历史文化的展示与利用

1. 市域历史文化的展示与利用

市域文化遗产展示结构为："一核、三廊、三片、多点"。"一核"是历史城区及周边形成曲阜儒学文化展示核心区，为"儒学之源"。"三廊"是加强市域内三条文化遗产廊道的全面展示，包括泗河文化遗产展示廊道、沂河—蓼河文化遗产展示廊道、崄河文化遗产展示廊道。"三片"是突出老城外三片文化遗产聚集区的文化特色展示，包括尼山文化遗产展示区、九仙山—石门山文化遗产展示区、九龙山文化遗产展示区，分别打造为"圣人之乡"、"福泽之地"和"文教之所"。"多点"是市域内其他不可移动文物，加强其活化利用，发挥文化传播功能。

市域规划四条文化遗产展示线路为崄河文化遗产展示路线、泗河文化遗产展示路线、沂河文化遗产展示路线、蓼河文化遗产展示路线。

2. 历史城区的展示与利用

包括明故城儒学文化展示片区、鲁故城礼乐文化展示片区、少昊陵始祖文化展示片区。

3. 文物保护单位和历史建筑的展示与利用

鼓励在符合保护原则和征得文物主管部门同意的前提下，对文物保护点积极合理利用。工业遗产、商业老字号、农业遗产、传统村落、乡土建筑、文化线路、文化景观中的不可移动文物，其保护管理应当与整体风貌相协调，促进传统生产生活方式和文化活动的展示与传承。历史功能为公共建筑的文物保护单位，如县衙，或本身为规模较大公共建筑的历史建筑，如剧院，可活化利用生成商铺、餐饮、精品客栈、公共活动、博物馆等多种功能。历史建筑在保护历史价值和保证安全的前提下，创新合理利用路径，发挥使用价值。鼓励居住类历史建筑的适应性改善，可通过民居修缮补助政策和基础设施改善，提高历史建筑的居住品质。对已经全部毁坏的古迹，原则上应实施遗址保护，不得在原址重建；但可以在原址立碑、亭作为标识，通过信息说明、灯光模拟等方式进行展示。

曲阜历版历史文化名城保护规划的基本情况如表4-4所示。

表4-4 曲阜历版历史文化名城保护规划的基本情况

编制年限	规划原则	内容框架	保护范围	规划措施
1983年	继承和发扬悠久历史文化遗产和优秀传统，保存和发展城市特色，整旧修旧，突出古系，实行保护与建设相结合的建设方针，妥善处理好保护、利用、建设之间的关系，做到古为今用。	物质形态（包括自然环境和人工环境两方面）。	两城（鲁故城、明故城），两环（鲁故城河、明故城河），四片（明城保护片、鲁城保护片、孔林保护片、少昊陵保护片），六点（外围的文物风景点）。	采取点、线、面相结合的保护方法，分区、分片保护，即两城、两环、四片、六点。各区又规划了绝对保护区、严格控制区和一般协调区。
1994年	（1）整体保护与重点保护相结合；（2）保护与开发利用相结合；（3）继承与发展相结合。	（1）物质形态(包括自然环境和人工环境两方面）；（2）非物质形态（包括语言、文学；精神风貌；城市生态结构）。	集中在市区范围内的保护上。市区外的文物古迹，只有那些和城市关系极密切、规模较大、具有较高旅游价值的方纳入保护范围，其他的只象征性列入清单。	根据曲阜文物保护的实际情况，把文物古迹保护分为四个层次。市域文物古迹保护的重点是四个大的保护圈、两条自然景观保护带及区域内10个重要文物古迹点。

续表

编制年限	规划原则	内容框架	保护范围	规划措施
2003年	（1）整体保护与重点保护相结合； （2）保护与开发利用相结合； （3）继承与发展相结合。	（1）物质形态(包括自然环境和人工环境两方面）； （2）非物质形态（包括语言、文学；精神风貌；城市生态结构）。	以市区范围内各类文物古迹的保护为主，同时对区域范围内的各类文物古迹只划定保护区，列出保护清单。	根据文物古迹的实际情况和自身特点，将保护级别划分为四个层次。以保护"两城、两片、三轴、四山"为重点。
2021年	（1）坚持整体保护、真实保护的原则； （2）坚持合理利用、永续发展的原则； （3）坚持以人为本、积极保护的原则； （4）坚持科学规划、分步实施的原则。	全面保护物质和非物质文化遗产，构建市域、历史城区及环境协调区、历史文化街区、不可移动文物和历史建筑四个保护层次，同时考虑非物质文化遗产保护。	（1）规划范围为曲阜市域行政辖区，总面积814.76平方千米； （2）规划重点范围为曲阜历史城区，总面积17.51平方千米。	市域整体保护结构为"一轴、两廊、一核、三区、多点"。历史城区突出城市格局、历史轴线、视域视廊控制、传统街巷、历史风貌、建筑控制等内容。各区又明确具体规划措施。

第三节　控制性详细规划

控制性详细规划（以下简称控规）是落实城市总体规划、协调专项规划、指导修建性详细规划的关键环节。1991年，原建设部颁布的《城市规划编制办法》第22条规定，"根据城市规划的深化和管理的需要，一般应当编制控制性详细规划，以控制建设用地性质、使用强度和空间环境，作为城市规划管理的依据，并指导修建性详细规划的编制。"并明确了控规的编制内容。2007年《城乡规划法》的颁布，赋予了控规作为土地出让和建设项目规划管理直接依据的法定地位，对控规的制定与执行程序进行严格规定。2011年起施行的《城市、镇控制性详细规划编制审批办法》进一步要求"控制性详细规划组织编制机关应当建立规划动态维护制度，有计划、有组织地对控制性详细规划进行评估和维护"。

我国控规在改革开放形势下，借鉴美国区划管制技术基础，与我国原有城市管理体制相结合，已有30多年的实践历史。虽然一系列法规赋予了控规极为重要的法定地位，但切实关系百姓利益的控规在我国更像是一根橡皮筋，在许多城市"控规不控"的问题相当普遍，在城市建设空间的管控过程中，几乎只关注其"营造过程"，虽实现了空间上的"全覆盖"管控，但缺乏对建设空间开发后可持续利用的管控规则。

曲阜在控规方面做的工作并不多，但随着控规的法治化，逐步加强了对控规的研究和编制。至今，曲阜比较有影响的控规主要是：《曲阜市名城风貌规划》、《曲阜明故城控制性详细规划（1993年）》和《曲阜明故城控制性详细规划（2006年）》等。

一、《曲阜市名城风貌规划》

"历史文化名城曲阜的整体保护与发展"是国家自然科学基金和原建设部共同资助的科研项目。《曲阜市名城风貌规划》是研究项目中的部分内容。该规划1990年由同济大学城规学院、曲阜城乡建设委员会共同编制，由说明书、图纸组成。按性质来讲，它是控制性的（图4-5）。

（一）背景概况

曲阜市域面积896平方千米，人口58.8万人，其中市区面积7.8平方千米，人口7.5万人。

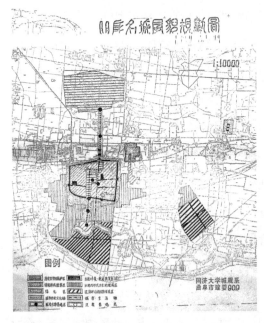

图 4-5　曲阜名城风貌规划——曲阜市规划局

（二）规划简介

1. 指导思想

全面探寻和保护古城风貌，继承和发展城市特色，创造高质量的城市环境，建设新的城市文明，力争为曲阜在不远的将来成为世界第一流的历史文化游览名城和儒学研究中心奠定基础。

2. 规划目标

根本目标：在全面保护古城风貌的前提下，协调好"古"与"新"的关系，即在全面保护好文物古迹及地方传统文化的基础上，创建一个既古朴典雅、古色古香，又有现代气息的独具魅力的城市风貌。

具体目标：古城区积极保护、系统控制、逐步恢复、协调改造；新城区继承传统、发展创新。

3. 规划措施

对城市风貌进行空间整体规划、分区分级规划和分项规划并提出近期实施规划。

城市风貌空间整体规划包括：城市轮廓线（包括古城轮廓线和新区轮廓线）、城市空间景观通视、城市建筑高度分区（将城市分为五个高度分区）、城市边界规划。

城市风貌分区为：历史文化风貌区；传统风貌体现区；古城风貌体现区；古城新貌体现区。

城市风貌分级为：绝对保护区；严格控制区；重点协调区；一般协调区；一般建设区。

　　城市风貌分项规划包括：城市风貌轴（分为城市历史文化轴和城市生活轴）、建筑形式（进行分区控制）、城市绿化（水体、山阜）景观、城市色彩、城市照明、城市系列环境小品、城市人工景观、城市旅游景观、其他等。

（三）规划分析

　　规划提出的观点、原则、目标和措施基本符合当时曲阜的实际情况，且增加了有关城市色彩、城市照明、城市风貌小品系列等设计内容设想。但规划的实施除了加强城市管理外，需进一步深化，并落实到每项具体的修建性详细规划和单项建筑及环境设计中去。

　　名城风貌规划是国家法定规划以外的创新和尝试，对城市整体风貌的形成、充实和完善具有重要的现实意义。在中国历史文化名城保护逐渐走向成熟的过程中，这种理论和实践上的创新是必要的。

二、《曲阜市明故城控制性详细规划（1993 年）》

　　《曲阜市明故城控制性详细规划（1993 年）》也是"历史文化名城曲阜的整体保护与发展"科研项目中的部分内容，且以《曲阜市名城风貌规划》为依据之一。参加研究项目的人员主要是同济大学师生。该规划成果采用了规划管理图则的方式，详细规定了建设用地的各项控制指标的规划管理要求。

（一）背景概况

　　当时曲阜旧城较为完整保存了明故城的格局，护城河以内面积 1.67 平方千米，人口 1.1 万人左右。旧城内的面貌经过十多年的保护建设有了较大的改观。先后拆除了鼓楼附近的一些严重影响景观的建筑，如曲阜宾馆和市府招待所；对重要地段的建筑色彩、屋顶形式作了适当的修整；逐步把与古城风貌不协调、与文物古迹保护和旅游业无关的工厂、仓库、行政机关外迁，消灭了部分烟囱、高塔，改善了城内的环境质量和景观效果；加强了城内绿化，疏通了护城河，建成了环城绿带；对古城的保护建设加强了管理和规划，先后作出城市总体规划、古城保护规划等；整修了鼓楼广场、西关大街等；综合开发修建了五马祠街和后作街；为保护孔府 11 万多件珍贵文物，由国家投资修建了孔府档案馆等。

同时，古城风貌面临着许多问题。城门、城墙、城内原有的某些庙宇、府邸、园囿、牌坊等有待采取相应的保护措施；城内还存在一些超高、大体量违章建筑；许多建筑的色彩、屋顶形式等不符合名城保护要求，有损旧城的整体效果；居民自行翻建住房，缺乏统一考虑和必要的控制，对古城风貌日益构成威胁；旧城内某些道路盲目拓宽，破坏了原有道路骨架和平面空间，路面铺装也不符合名城保护要求；城市的绿化水网未形成系统，不能充分发挥其美化城市、改善环境的作用；护城河基本是死水，且排入其中的污水未经处理，使护城河水质遭到污染，严重影响景观和周围环境；护城河绿带还经常发生倾倒垃圾、破坏植被的现象；古泮池未能很好地维护和开发，已成为死水潭和垃圾堆放处；城内的招牌、指示牌、灯具、垃圾箱有待进一步设计完善；居住在城内的农民，收种季节，将柴草、粪堆、粮食占压路面，影响市容，妨碍交通；城市的某些街区比较脏乱，还需进一步整治；城市风貌的管理、规划的实施存在许多问题，如缺乏资金、技术、居民的理解和配合。

图4-6　曲阜明故城控制性详细规划(1993年)
　　　　——曲阜市规划局

（二）规划简介

规划目标是把明故城建成古朴典雅、文明卫生、环境优美的历史文化名城，成为现代的孔孟之乡和礼仪之所。规划控制范围为明故城护城河以内，总面积 1.67 平方千米（图 4-6）。规划期限到 2008 年。

指导思想如下：一是立足整体的保护，即不仅重视文物古建筑本身的保护，更强调整体环境的保护。二是历史文化名城的保护内容，不仅是城市形态本身，而且是透过表现体现出来的文脉、文化特征和精神因素。三是保护是一个动态的过程，明故城不是一朝一夕形成的，而经过漫长岁月的历史积淀。城市又是一个动态的系统工程，随着科学技术和社会经济的发展，对名城的保护要求和措施也会更高和更完善。四是保护是相对的，城市的发展是绝对的。明故城作为现代人生活的城市是一个有生命力的有机体，而不是一个"博物馆城"，从这个意义上讲，明故城的发展是绝对的。五是分等级、多层次保护。六是明故城保护与当地政府的承受能力和国家的经济支持程度有着十分密切的关系。七是积极建设新区。八是新旧建筑要协调，反对简单的仿古、制造假古董，要在协调中有所创新。

（三）规划分析

该规划详细规定建设用地的各项控制指标的规划管理要求，便于对建设项目作出具体的安排和规划设计。为保证土地有一定的开发强度，该规划对成片改建项目的容积率作出一般规定，并提出容积率在同种性质的地块或性质相容的地块之间可以转让。同时，对转让的数额也做了规定，便于规划的引导和实施。

规划指导思想、目标和要点明确，总体理念正确，但对文物古建筑和景点的逐步恢复思想等与今天历史文化名城保护的原则还是有所不同。

三、《曲阜市明故城控制性详细规划（2006 年）》

2005 年，上海同济城市规划设计研究院受曲阜市规划局（代表曲阜市政府）的委托编制《曲阜市明故城控制性详细规划（2006 年）》，2006 年 12 月编制完成。该规划由规划文本、说明书和研究报告三部分组成，采用了规划管理图则的方式，明确了各地块的开发控制指标和重点地段的城市设计导则。

（一）规划简介

规划范围东起秉礼路，西至归德路，南起静轩路，北至延恩路，包括整个明故城和护城河以及外围地带。总规划面积约 2.17 平方千米。规划目的是保护明故城历史文化遗产，指导明故城建设发展，统筹安排明故城保护与各项建设，加强该区的规划建设管理，提供该区开发建设的技术立法依据。功能定位以文化教育为功能核心，以旅游发展为产业主导，以居住生活为社会支撑，体现出中国儒学精神的文化、旅游、居住复合功能。

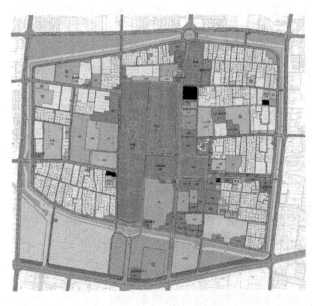

总体布局保护和强调明故城"以城卫庙"的格局，形成"一个核心、六点一带、一环一轴"的总体结构。一个核心——保护孔庙、孔府和颜庙在用地上的独立性，突出其世界儒学的精神核心地位；六点一带——通过对孔庙周边六个关键节点的激活，组织一条明故城的活力带；一环一轴——突出环城生活绿带的功能，强化孔庙历史轴线（图 4-7）。

图 4-7　曲阜明故城控制性详细规划（2006 年）
　　　　——曲阜市规划局

（二）规划分析

欧盟"欧亚城乡合作计划——曲阜 2005—2007"项目在 2005 年年初签署，欧盟资助法国的雷恩市、西班牙的圣地亚哥市和我国的曲阜市在遗产保护和城市发展的课题上进行合作，共同促进曲阜的可持续发展。因为国际社会对曲阜遗产的全面关注,所以需要对明故城进行更加细致的研究和科学的规划。在此背景下,编制了《曲阜市明故城控制性详细规划（2006 年）》。为了提升研究、规划和实施的有效性,该规划编制创新性的工作方法:一是规划编制和人员培训相结合。由欧盟资助在曲阜当地建立"欧亚城乡合作办公室",同济大学在进行现状调查和规划编制的过程中参与对曲阜 10 位规划、旅游、文化等方面的工作人员进行为期三年的培训。目的是为曲阜地方建立具有一定技术力量的工作队伍,作为规划实施的重要保障。二是规划编制和学术研究相结合。由欧盟资助在 2005~2007 年每年举办一次国际性的学术研讨会,邀请国内外城市保护与发展方面的专家针对曲阜的各个方面的问题进行探讨,试图开拓决策者的视野,为曲阜明故城的发展建立具有前瞻性而又比较科学的战略。三是规划编制和试点项目相结合。为了验证该规划在曲阜的城市管理环境中的有效性,由欧盟资助在明故城内选取试点实施,作为规划和管理进一步完善的参考。

规划的编制从开始现状调查和研究至规划完成获得很多的成果,在规划达到国家和省有关控制性详细规划的深度和要求的同时,还做了许多延伸研究,如拓展编制了曲阜市明故城历史文化街区保护规划,在保持、继承历史遗产和原有风貌理念的指导下,结合时代发展需求,提升街区系统的社会综合价值,调整不合理的布局,以满足城市居民的生产生活需求。

规划编制工作是从大规模的现场调研开始的。同济大学师生与曲阜的许多镇街和部门工作人员走进明故城,特别是欧亚城乡合作办公室有些工作人员长期在曲阜规划、旅游、文化等部门工作,对明故城情况非常熟悉,在规划编制时,长期待在明故城调研一线,工作扎实。例如,有一个专门的小组研究明故城的历史文献,通过查阅"曲阜文史""曲阜地名志""家谱""历代孔子嫡裔衍圣公传""东方圣城"等多卷资料,并进行实地考察,对照、汇集、整理、绘制出部分府第平面图,形成"孔氏府第考察报告",作为明故城保护规划修编的基础资料。因此,规划的基础资料翔实，分析研究透彻，在规划编制方法上也进行了一定的创新。规划制订了切实可行的保护体系，充分尊重城市的历史和现状，严格保护城市的格局和肌理，较好地处理了保护与开发利用、传承与发展的关系，符合城市总体规划对明故城历史文化保护的要求。规划应用城市地理信息系统（GIS），形成了完备的资料库，有较强的可操作性。

规划的目的、定位、布局明确，但由于曲阜在儒学界、东南亚和世界的地位很高，规划对于曲阜历史文化内涵的挖掘与大家所期待的"东方圣城"的感受还有距离，应该深化历史文化的保护内容，从鲁故城的总体保护角度来研究明故城的保护，对古泮池地区的保护和发展所做的探讨还不够深。另外，规划太过理想化，对市场化的因素估计不足，如规划批复后，城市政府2008年重新改造了五马祠街，增建了城市家具、小品、绿化等内容，而建筑风格未进行调整；2009年，委托西北建筑设计院张锦秋院士对古泮池片区进行修建性规划和建筑设计，地方政府提供的规划设计条件中建筑的高度和层数控制都突破了规划的要求；原曲阜一中占地在规划中建议设置特殊教育功能，但当时用地产权已在商业开发企业手中，最终该地块建设了孔府西苑二期。

第四节　城市设计

城市设计[①]，就是对城市形态和空间环境所作的整体构思和安排。它介于城市规划和建筑设计之间，是落实城市规划、指导建筑设计、塑造城市特色风貌的有效手段，贯穿于城市规划建设管理全过程。没有城市规划，城市设计则成为空谈；但

---

① 《城市规划基本术语标准》（GB/T 50280—98）中城市设计 urban design 的定义是："对城市体型和空间环境所作的整体构思和安排，贯穿于城市规划的全过程。"

只有城市规划而不注意城市设计，城市所形成的体型、环境将是个体建筑竞艳，而城市整体性一无所获，城市成为"杰出的建筑、平庸的城市"。

改革开放以来，我国天津、深圳等城市积极开展了城市设计工作。随后，其他城市意识到城市设计的重要性和紧迫性，陆续开展了城市设计工作。2015年，中央城市工作会议明确提出，要加强城市设计，提高城市设计水平。[①]2017年3月14日，住房和城乡建设部发布的《城市设计管理办法》第17条规定，城市、县人民政府城乡规划主管部门负责组织编制本行政区域内总体城市设计、重点地区的城市设计，并报本级人民政府审批。曲阜编制2003年版总规时，开始重视城市设计工作，先后编制了两个城市重要片区的城市设计，即2003年编制的《曲阜静轩路城市设计》，2008年编制的《曲阜中轴线城市设计》。

一、曲阜静轩路城市设计

静轩路（原327国道曲阜城区段）全长8千米，东起京福高速公路出入口，西至曲阜西外环，是展现曲阜门户景观的重点地段。这条绿化景观大道以展现历史文化特色为主，担负着交通、景观、商业等多重功能，如图4-8所示。

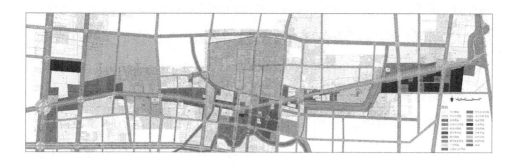

图4-8　曲阜静轩路城市设计用地规划——曲阜市规划局

---

① 参见《中央城市工作会议：全面开展城市设计工作 提高城市设计水平》，载全国建筑装饰网，http://news.ccd.com.cn/Htmls/2016/3/30/201633084758173287-1.html。

（一）具体做法

1. 确定整体风貌框架

受制于城市规模、经费条件、发展速度等多种主客观因素，总体城市设计可能难以一步到位，为此，首先确定框架内容，研究城市特征区，确定城市设计的各子系统。

静轩路城市设计本着保护传统空间格局、充分考虑现状和可操作性的原则，贯彻生态原则、文化原则与效益原则，力求塑造一个具有优雅的环境、丰富的文化内涵和鲜明个性的城市空间，同时注重开发建设的投资效益。根据2003年版总规以及静轩路在城市规划上的职能分工与定位，在考虑发展现状与潜力空间的基础上，贯彻可持续发展的思路，既要发展经济，又要保护历史、人文与自然环境。一方面，合理利用自然生态条件，整理与保护有价值的历史街区，有机组织城市空间布局与环境，促成人文、生态、景观与经济效益的有机统一；另一方面，在注重超前性和长效性的基础上，兼顾开发与建设实际，将宏观调控和微观引导相结合，使城市规划兼具弹性与可操作性。

静轩路城市设计在整体结构和系统上建立静轩路沿路地块的生态主体，即环抱叠合的水系统和绿系统。水系统由南面小沂河和北面环城河及之间联系的水道构成。绿系统是由沿水域的城市绿化、隔离绿化及静轩路道路绿化构成。这个体系与外围东西端的城市绿化、农田以及南面的沂河水系交融渗透，共同构成城市生态格局。

静轩路城市设计布局结构采用"一横、三纵、九点"。"一横"，是指东西走向的静轩路道路景观带；"三纵"，是南北走向与静轩路相交的三条历史景观轴线，分别为少昊陵路、周公庙路、神道路；"九点"，是指五个绿化景观节点和四个历史景观节点，它们由静轩路这条景观大道串联其中，形成了具有曲阜地方特色的城市布局形态。由于几个历史节点形成的年代在空间上间杂排列，因此在理念上淡化时间概念，不强调静轩路轴线的历史时间顺序，而是采用纵向轴线向南北延伸，使每个节点不只是空间的点，进而扩大为一条历史轴线，使整个规划区块在结构上趋于完整；不仅有横向主轴，也通过纵向次轴，与周边地块乃至整个城市的文脉肌理相融合。

2. 划分功能区

在框架内容的基础上，结合城市特征区，形成划分城市特征区的相关控制导则，划定城市控规编制标准区，便于控规分片编制的统一协调与分片委托；并可以结合近期建设内容，制定重点近期项目的设计指引。

曲阜静轩路城市设计结合现状用地布局和道路骨架，将静轩路沿途由东至西分为京福高速出入口至大豁段[①]、大豁至秉礼路段、秉礼路至归德路段、归德路至西外环段四段。东部和西部地块，在功能上偏向工业、文教功能，在建筑形式、风格、色彩等方面偏向现代风格。这两个地块在建筑风貌的传统性等方面适当弱化，但是不能完全偏离历史文化名城的整体风貌与特色，避免与周边城市呈现"同质化"。中心区的商业文化区是与曲阜历史文化名城保护区最接近的地区，综合考虑用地布局、建筑风貌、质量及层数等各方面因素，严格控制区内各种建筑的造型、形式、体量、色彩、外墙材料、高度等，根据整体风貌对门、窗、墙体、屋顶等的形式作统一要求。

3. 引导建筑创作

一个城市的空间魅力及感染力的最直接体现是城市建筑和环境，反映其文化脉络及历史底蕴的也是城市建筑和环境。静轩路城市设计甄别对待既有建筑，务实操作，不同地段，要求便不相同，重点地段从严要求。例如，对建筑的整治处理，不同地段、不同建筑分别采用保护、改善、暂留或改造，近期可以整治，降低建筑高度，改造屋顶为坡顶，改善外观效果。有些不能整治的可以考虑远期拆除。拆除后在其位置的新建筑要精心设计。

---

① 　鲁故城东城墙有一段高出地面 8~10 米的古代夯土城墙，被静轩东路分为两段，曲阜人将此处称为"大豁"。

对于历史文化保护区，建立历史环境的设计指引控制机制，主要控制城市风貌保护范围、历史街区和重要历史建筑周围的新建项目。设计指引控制机制应设定该区段在具体高度、体量、色彩、材质等方面的限制，对新建项目提出更多的量化指标，减少新建项目的设计弹性，使之更符合城市肌理秩序。对于其他城市特征区，也有控制和引导。特别是历史文化保护区的毗邻区、城市轴线穿越区等重点区域，也加强控制，以便形成统一的风貌。比如，对高层建筑的控制引导：尽量少建高层建筑，控制高层建筑的高度；高层建筑远离历史文化保护区并相对集中；高层建筑应借鉴传统的建筑文化。

4.优化城市环境形象

城市环境形象既要求在总体上有思路，又要求在细部上下功夫。除了单体建筑外，城市雕塑、城市街道、城市指示系统、城市小品（花坛、座椅、垃圾箱等）、城市照明、广告、城市绿化等，都要在系统化的城市环境形象中，"各司其职"地体现城市的个性和特色，要让人们通过这些建筑感知到城市的独到之处，而并非司空见惯、"天下谁人不相识"的"大路货"。

曲阜静轩路的城市小品在遵守曲阜相关场地环境设计标准与准则的基础上，结合静轩路现状系统，完善各类道路设施，并在形体、色彩和材质上对书报亭、垃圾箱、指示牌、电话亭、雕塑小品等设施作了具体的意象设计。

（二）设计回望

城市设计从构思、编制到实施是一个社会实践过程。设计再好，也仅仅是一个方案，实践是检验真理的唯一标准。静轩路城市设计是完成并实施的方案。为落实设计，曲阜市政府专门成立了静轩路综合整治工程指挥部来负责具体落实设计成果，并将静轩路综合整治工程作为市政府每年的重点工程来抓（前后持续多年）。

静轩路城市设计结合城市总体规划及名城保护规划，形成城市设计总体策略，确定框架内容；研究城市特征区，确定城市设计的各子系统；本着保护传统空间格局，充分考虑现状和可操作性的原则，贯彻生态原则、文化原则与效益原则，力求塑造一个具有优雅的环境、丰富的文化内涵和鲜明个性的城市空间，注重开发建设的投资效益。注意平衡保护历史文化遗产、加快现代化建设步伐，以及塑造良好城市特色的多重任务。体现出适当的历史延续性，又有所突破创新。

城市设计是一项多方参与的社会实践，是政府领导、设计人员、投资者和广大市民互动的结果。静轩路综合整治工程基本按《曲阜静轩路城市设计》效果落地，尽管在实际操作过程中也遇到和产生了一些这样那样的问题，但总体来说还是很不错的。

二、曲阜中轴线城市设计

城市的中轴线体现了城市的历史与文化的传承和变迁，体现了城市的精神文化生活品位。优秀的知名的城市无不有其独特的城市中轴线，例如，北京、巴黎、罗马、华盛顿。中轴线作为城市的"脊梁"，串联起了城市的历史、文化、资源、景观以及现代文明。城市中轴线与城市一同生长，一同走向新生，在城市中轴线那些巍峨壮美的建筑上，可以发现城市发展的脉络，也能探究城市的前世今生。这些优秀的知名的城市对城市中轴线的保护也都非常重视。例如，为了加强北京中轴线文化遗产保护，2011 年，北京市提出中轴线"申遗"；2012 年，北京中轴线被国家文物局列入《中国世界文化遗产预备名单》；2022 年 5 月 25 日，北京市第十五届人大常委会第三十九次会议通过了《北京中轴线文化遗产保护条例》，并于 2022 年 10 月 1 日起施行。

城市轴线通常是指在城市空间布局中起空间结构驾驭作用的线形空间要素，分为广义的城市轴线与狭义的城市轴线。广义的城市轴线与城市形态有关，是城市发展方向的轴。它可以是城市的干道，除具备对外交通功能以外，还成为城市拓展的方向，像许多沿路发展的城市，如巴黎的香榭丽舍大道，从卢浮宫到新的拉德芳斯大门东西约8千米长的城市中轴线，它串联了巴黎的历史，承载着整个巴黎的经济、人文乃至城市设计艺术的精华；也可以是河流，主要体现在沿河、沿海城市上，如香港，沿海港构成城市核心区域——香港维多利亚港轴线；抑或是城市的绿轴，如华盛顿，更多的是林荫大道加两侧的建筑组合。狭义的城市轴线是城市空间形体轴。无论是东方还是西方，无论是希腊、罗马的古城，还是印度古城的星象方位都离不开轴，这是人类心理心态的意向、礼仪等带来的建筑与城市设计上的轴，既是建筑轴，也是空间轴。[①]

现代城市空间往往展示出"多轴复合"的形象，我们常说的城市中的主轴线、次轴线、景观轴线、交通轴线等的共存就是城市"多轴复合"的城市空间形态。城市轴线往往与城市的物质形态相结合，像城市中的主要建筑、街道、广场、绿化等实体，都是构成城市轴线的核心要素。

曲阜城市的中轴线是大成路，以孔庙中心建筑群为主要节点，沿孔庙中轴线、神道路向南延伸拓展，贯穿城市整体，充分展现了孔子儒家思想的源远流长。这条轴线正南正北，有河、有岛、有桥，有一众和谐排布的"大建筑"和地标建筑。它串联了曲阜的历史，从孔庙到孔子博物馆，再往南到邹城市的孟庙，形成"孔孟大中轴线"。

（一）大成路

大成路是曲阜最古老的道路之一，它对于曲阜的重要性，就如同香榭丽舍大街之于巴黎。它原是孔庙轴线，1983年版总规中提出：为了强化对孔庙轴线的保护，在原有轴线及空间特征的基础上，向南延伸。2008年曲阜作出优化城市中轴线，促进曲阜历史文脉的传承和可持续发展的设想，其方案由吴良镛先生牵头主持，清华大学建筑与城市研究所进行了方案创作。

---

① 参见高丽敏：《国内外城市轴线的建设经验与作用分析》，载《商业时代》2014年第4期。

（二）设计简介

吴良铺先生从区域文化视角入手来研究曲阜城市发展构想及城市中轴线城市设计。规划目标定位为发展儒学文化轴线，创造"登堂入室"的"朝圣"之感。规划原则是整治轴线两侧环境及建设，确定控制范围，保证轴线景观；沿轴线从明城墙到孔林入口，创造不同特色，具备儒学文化意义的开放空间，营造空间上登堂入室的序列感；重点设计至圣林入口、万古长春牌坊及汉城墙遗址、明城墙与中轴线的交点。规划结构为一体两翼，中轴南进；双城并举，新旧交辉。

在分析齐鲁地区的区域文化及区域空间格局和鲁文化城市群（济宁、兖州、邹城和曲阜）及典型城市（曲阜）的基础上，提出新时期曲阜城市空间发展构想：曲阜城市发展立足于自身的文化基础，挖掘鲁文化的地域特色，发扬儒家文化的内在精神，将城市建设与地域文化复兴统一在一起。在整体架构上体现为"一体两翼"，在行动安排上以"中轴南进"为重点，带动两翼展开。将南部新城建设成"曲阜文化新城"，实现"双城并举，新旧交辉"，形成完整的"城市文化展示区"。构建曲阜城市的"艺术骨架"，以城市文化中轴线和大沂河景观轴线塑造曲阜城市特有的"礼乐轴线"。

在分析曲阜城市现状的基础上，进行城市中轴线整体城市设计研究，提出曲阜城市中轴线的发展构想：北部是"三孔"历史文化区，扩大旅游范围，大遗址、田园风光与历史文化资源交相辉映。积极保护城垣、道路、水系、遗址等文保；整体创造，运用大地景观的手法，维护轴线的庄严氛围、控制建设；划定旅游设施范围，增加旅游服务。中部是新儒学文化区及周边"四院"整体规划设计，完善文化轴线、居住区规划、濒水景观利用。完善文化轴线、"四院"整体规划设计；小沂河景观带应增加旅游休闲设施，进行城市公共空间设计。南部是曲阜文化新城，南部大沂河南侧新区重点项目协调、基础设施建设、高铁站组团与轴线交汇地区。通过整体设计将北部、中部、南部有机串联融合，完善了"朝圣"中轴线的功能布局及精神

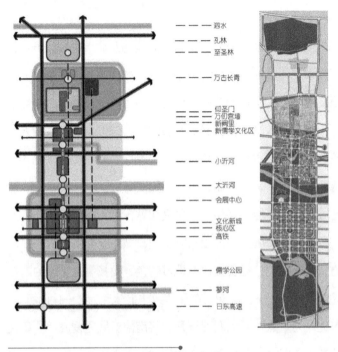

图例：
─ ─ ─ 泗水
─ ─ ─ 孔林
─ ─ ─ 至圣林
─ ─ ─ 万古长青
≡≡≡ 仰圣门
≡≡≡ 万仞宫墙
≡≡≡ 新阙里
≡≡≡ 新儒学文化区
─ ─ ─ 小沂河
─ ─ ─ 大沂河
─ ─ ─ 会展中心
≡≡≡ 文化新城
≡≡≡ 核心区
─ ─ ─ 高铁
─ ─ ─ 儒学公园
─ ─ ─ 蓼河
─ ─ ─ 日东高速

内涵（图4-9）。

（三）设计分析

曲阜市政府认为，"曲阜新区的发展，尤其是沿大成路城市中轴线老城区与新城区的衔接、中轴线在新区的城市设计研究、与高铁站点的交通衔接显得尤为重要和迫在眉睫。对中轴线两侧的规划设计、规划定位我们慎之又慎，这不仅事关整个城

图4-9 曲阜城市中轴线概念设计——曲阜市规划局

市的发展布局，也是曲阜在文化层面上对外的一种展示"，于是委托编制了曲阜城市中轴线的城市设计。但方案创作完成后，曲阜市政府并未论证审批该项目。

曲阜城市中轴线城市设计是在沿线很多重大项目（如孔子研究院、香格里拉大酒店、孔子文化会展中心等）落地以后才进行的一项内容。本身起步已晚，又慎之又慎，可见曲阜市政府对该设计的慎重态度。尽管"亡羊补牢"，这仍然不失为"一个令人振奋和鼓舞的举措，是曲阜城市设计和历史文化保护工作的一大进步"。

三、总结分析

1991年9月3日原建设部颁布的《城市规划编制办法》第8条规定，"在编制城市规划的各个阶段，都应当运用城市设计的方法"，而这个条款在2005年12月31日原建设部颁布的《城市规划编制办法》中被取消了，只是规定控制性详细规划内容应当包括"提出各地块的建筑体量、体型、色彩等城市设计指导原则"。

可见，中国城市设计学科的发展，其技术发展、理论积累都还没有达到能作为一个部门规章确定下来的地步。

但作为历史文化名城，城市设计的重要性不必赘述。曲阜加强对城市设计的重视，是在前期的历史文化名城保护和建设中尝到苦头以后的明智之举。希望不是形式上的重视，而是真正的重视。

第五节　策略启示

城市规划本质上是一种引导式的控制管理，是公众各方之间以及公众与政府机构间达成的一种"契约"；其借助权力对空间资源的占用进行安排，这种安排早期只是建筑物或者构筑物的选址，后期则发展为建筑形体、色彩、高度、密度等方面的控制。所以说，只要有权力产生，就不可能不出现对空间资源的占用和安排，也就不可能不出现城市规划。

一、主要结论

改革开放以来，在城市规划方面，曲阜编制了五版城市总体规划、四版历史文化名城保护规划，一些控制性详细规划、城市设计，以及以上没有提及的专项规划，如曲阜市村镇体系规划、曲阜市街区保护规划、曲阜市慢行系统规划、曲阜市城市绿地系统规划等。这些规划对指导曲阜的历史文化名城保护和发展都起到了不同程度的作用。通过回顾这些规划，可以发现：

一是城市规划修编不是城市发展的内部动力所致，也不是城市规划法定的期限所定，而是由城市政府的行政要求或特殊事件所决定的。例如，城市总体规划，尽管《城市规划法》规定每5年作一次修编，实际上，曲阜城市总体规划修编都是超过法律规定的期限，应上级部门要求才作调整，这也导致曲阜历史文化名城保护缺乏及时的调适。城市的复杂系统特性决定了，城市规划是随城市发展与运行状况而不断修订调整、持续改善的复杂的连续决策过程。唯有根据城市发展面临的环境、问题和需求，及时对规划编制理念和方法进行调整，才能适应新的发展要求。受规划决策者有限理性和城市发展不确定性等诸多因素的影响，定期对规划进行科学合理的调整是必要的，也是重要的。在后文曲阜城市建设案例中，对此会进一步详细论述。

二是城市规划在某些方面缺乏前瞻性、总体性以及衔接性。城市建设、交通发展太快，规划有时显得有心无力。例如，保护古城、开发新区，要避免新区与古城距离过远、新区规模过小，导致基础设施投资过大，人口和产业的吸引力过弱，产生不了强大的吸引力，否则，不仅影响新区的繁荣，而且还会对老城的历史文化古迹造成伤害。1983年版总规确定的南新区的规划建设在当时选址和规模是适合的，而从今天看来，距离古城有些近了，规模也有些小了；当时的城市人口规模那么大，城市化速度也不快，用地规模那样大是合理的，但城市的发展速度超出了规划的预见，使对历史文化名城保护影响较大的建设在规划选址时受到一定的局限。孔子研究院的选址，原来在小沂河北岸、大成路尽端，而随着城市规模的扩大，把大成路规划为尽端路显然是不合理的；孔子研究院选址现在的位置，延长大成路形成曲阜中轴线是更加合理的。

三是某些时刻城市规划执行并不到位。规划"虚位"，虽有规划，却因受追求经济发展、眼光不超前等局限，而不断修改某些规划。如工业园区规划，工业项目原来主要在城区东南部火车站附近发展，而城市污水厂位于城市下游的城区西部，工业园区与污水厂的距离很长，工业废水很难排到污水厂中，曾经很长一段时间污水是直接就近排放到蒋沟河，造成环境污染问题。同样，为招商引资做了许多城市规划和方案设计，甚至调整总体规划，但因项目未能落地，规划就成了"纸上画画、墙上挂挂"。

二、策略启示

城市规划是城市发展的灵魂，城市规划是立足当代、利在千秋、面向未来发展的重要工作，一个城市如果规划建设得好，就是一部经典的史诗巨作，子孙万代受益无穷。规划工作是建设发展的前提，如果规划工作做得好，今后的建设发展才会科学有序，少走弯路，避免和减少资源浪费。只有加强科学规划，才能实现科学发展。

只有进一步完善城市规划编制体系，优化城市布局，彰显城市特色，以城市规划统筹城市形态和产业布局，指导城市高起点、高品位建设，才能形成布局合理、特色鲜明、功能互补、相得益彰的城市发展格局。中共中央政治局会议也多次明确，要增强城市宜居性，引导调控城市规模，优化城市空间布局，加强市政基础设施建设，保护历史文化遗产。因而，要改革完善城市规划，准确把握城市规划定位，加强对规划实施情况的监督。

为了更好地保护历史文化名城，促进城市可持续发展，需要开放思维，拓展全球化的视野，为高起点、科学化规划建设城市、保护历史文化名城打好基础。对比曲阜历版总规以及回望其他城市规划，可以发现，虽然在文字表述中有一些突破曲阜市域范围思考曲阜城市规划和历史文化名城保护的内容，但并没有着眼于更大的区域以及文化生成、发展的历史空间来研究曲阜的城市规划和历史文化名城保护。这就迫切需要把眼光放得再开阔一些，站在更高的高度来审视曲阜的城市规划和历史文化名城保护。

城市规划需要各级各类规划协调统一。有人比喻，城市规划如一部交响乐，倘若指挥不当，"独奏"互相掣肘，就会引发混乱。一旦缺乏空间、规模、产业的统筹，失去了空间立体性、平面协调性、风貌整体性、文脉延续性的整合，城市就会失去秩序。不同城市之间的规划，如果跳不出一亩三分地，就难以优势互补，也会造成资源浪费、生态破坏。

城市规划重要的是落在实处，让文化传承、让城市发展、让市民受益。规划后主要领导要负责，建立问责机制，追究浪费社会财富的行为；改变官员以 GDP 为主导的政绩考核体系，健全审批和监督机制；将决策透明化。但城市规划和历史文化名城保护的真正落实，仅仅依靠城市主要领导个人的文化保护素质和道德力量自律是不够的，最终还要依靠一套严密有效的监督制约体制、机制和制度。

如果规划编制的方法及编制过程有所改进，规划能够广泛反映各方面的意见，具有更多的预见性，保持相当的弹性，能够提供足够的灵活性，我们的城市规划和历史文化名城保护工作是能更好一些的。因此，在规划决策之前一定要慎重，要事先充分听取公众和专家的意见，综合分析利弊，不能仅算经济账，更要考虑社会效益，从环境、生态、文化等方面多维度地考虑问题。

城市建设

古希腊哲学家亚里士多德说过："人们来到城市是为了生活，人们居住在城市是为了生活得更好。"城镇化是当今世界最重要的趋势之一。一方面，大批人口涌向城市，城市居民也因"城市文明普及率加速"的作用提高了生活质量，享受到城镇化为生活带来的幸福和快乐；另一方面，经过人类有意识的创造，城市社会空间已经不再是简单的点、线、面构成的几何空间，而打上了社会属性的"印记"。

城市的形成和发展，是通过城市建设实现的。城市建设是指政府主体根据城市规划的内容，有计划地实现能源、交通、通信、信息网络、园林绿化以及环境保护等基础设施建设，将城市规划的相关部署切实实现的过程。城市建设旨在为城市的企业生产和居民生活创造一个良好的外部环境，是经济持续、健康发展的重要载体，是推进城市化的最佳选择，是发展经济、招商引资、对外开放最直接的环境体现。

成功的城市建设要求在建设的过程中实现人工与自然完美结合，追求科学与美感的有机统一，实现经济效益、社会效益、环境效益的共赢。例如，20世纪90年代，西班牙毕尔巴鄂推出了一个综合性城市复兴规划，描述了城市复兴的三种途径：空间复兴、战略复兴以及通过开发大型城市项目来复兴。毕尔巴鄂通过在重点地段建设一系列精品建筑、对基础设施和交通设施进行大规模的投资等提升城市形象，获得了旧城更新的巨大成功，使一个衰退的工业城市转型为服务型与文化型城市，创造了世界城市建设史上的"毕尔巴鄂效应"。

城市道路、基础设施、建设项目是构成城市的主要物质要素，是城市赖以生存和发展的重要基础条件，也是城市经济不可缺少的组成部分，更是城市建设的主要内容。在城市规划的引领下，曲阜不断提升园林绿化景观、市政基础设施和公共服务设施质量等，完善城市物质要素，有序推动城市交通、老城保护、新城建设和乡村振兴等建设工作，努力打造一座文化厚重、绿色生态、优美和谐、城乡均衡、宜居宜业的文明典范城市。

第一节　城市交通

交通是城市的基本功能之一，城市的诞生、发展与交通存在千丝万缕的联系，所有城市原则上都要依托一定的交通设施，有些城市本身就是因交通而诞生的。相对于居住、工作和游憩具有各自相对独立的空间，交通则是实现三者联系的纽带。城市处于大发展期，必然也是交通基础设施全面建设的时期。[①]

城市交通一般分为两部分，即城市内部交通和城市对外交通。城市内部交通主

---

① 参见周航：《城市交通建设与城市文化遗产保护——对北京旧城保护的一点认识》，载《湖南农机》2008年第1期。

要通过城市道路系统来组织；城市对外交通是以城市为起点与外部空间取得联系的交通，主要有铁路运输、水路运输、公路运输、航空运输以及管道运输等。

一、交通对城市的影响

若把城市当成一个生命体，那么交通就是城市躯体的血液动脉，串连着城市的发展脉络，牵引着城市的未来方向。交通是连接城市的重要纽带，也是为城市发展运送人员、物资的重要通道。作为城市发展的主要动力，交通对生产要素的流动、城镇体系的发展有着决定性的影响。

（一）城市发展中交通的重要作用

1. 古代内河航运引导城市布局

在可以查证的有关城市的记载中，城市最早出现于尼罗河、底格里斯河、幼发拉底河、印度河以及黄河等大河流域，在历史上较有影响的城市也大都分布在河流的沿岸，如底比斯城位于埃及南部尼罗河畔，巴比伦城位于幼发拉底河下游右岸。交通运输平均不同地区所余物资、沟通各地特有物资的职能，促进了市场的形成，而市场本身也是城市生活安定性及规律性的产物。水运是古代大规模运输最为有效的方式，河流无疑都是最早的交通要道，可见，城市起源于大河河谷地区并非偶然。不仅如此，城市发展与航运改进具有很强的同步性。从我国城市发展的历史来看，水路运输对城市格局的形成和演化具有很强的引导作用。魏、晋、南北朝以后，长江流域逐步发展成为主要的经济基地，而隋朝大运河的开凿，以通畅便捷的水运方式，把逐渐成为中国经济中心的长江流域与仍作为政治、军事中心的黄河流域联结起来，大运河成为中国主要商品流通通道和经济发展的命脉，在沿河两岸形成了中国第一条南北向城市发展轴线，沿岸的楚州（淮安）、扬州、苏州、杭州在当时并称四大都市。

2. 近代铁路交通促进城镇迅速崛起

工业革命后，铁路交通开始发展，使大宗货物在陆地上远距离运输成为可能，在铁路交通发达的地理位置迅速发展起来一批新型城市，如河北省石家庄市的兴起，就是凭借优越的铁路交通条件而迅速发展的一个非常典型的例子。20世纪初，石家庄村的面积还不足0.1平方千米，仅有200户人家，600多口人。当时，由于公路交通十分落后，货物运输严重依靠铁路交通，而由卢汉线运往当时的重镇——正定的物资都要在石家庄下站，再由石家庄运往正定，石家庄因此成为重要的物资集散地，进而引发了工商业、服务业、金融业的全面兴起。1941年2月，石太、石德、京汉三条铁路在石家庄接轨，使石家庄的交通经济地位进一步提高。1947年石家庄市解放，当时全市人口19万人，有大小工厂27家，工业总产值2000万元左右。

3.现代高速公路推进沿线地区城市化

国内外的实践经验表明，一条高速公路，特别是大城市之间的高速公路建成后，就会使两端的大城市沿高速公路逐渐延伸发展，形成以高速公路为轴线的城市群，在各处出口或立交桥附近形成一系列卫星城镇，这些卫星城镇更主要的功能是对中心城市功能的有益补充。如贯穿安大略省和魁北克省的被称为"加拿大的主要街道"的高速公路，其日交通量达35万多辆，高峰期超过40万辆。之前，安大略省的工业主要分布在多伦多南部，1962年，该高速公路建成，工业布局逐渐向北延伸，形成了以高速公路为轴线的工业走廊，集中了全加拿大70%以上的工业，相应地促进了高速公路沿线商业、文化设施的发展和中小城镇的发展。目前，这一地区为全加拿大城市化水平最高的地区。

4.综合交通带动城市群的发展

法国城市学家戈特曼（Jean Gottmann）在其论文 Megalopolis（1957年）中首次提出"城市群"的概念，并预言：城市群是城市化高级阶段的产物，若干都市区的空间聚集是城市化成熟地区城市地域体系组织形式演进的趋向，在20世纪和21世纪初将成为人类高级文明的主要标志之一。

长江三角洲被称为世界第六大城市群，其城市空间格局的形成和演变具有明显的交通导向性。明清时期，长江三角洲基本形成了沿长江和沿运河的两条城市发展轴；随着 1904~1911 年沪宁、沪杭铁路，1912~1949 年沪杭甬铁路的建成通车，长江三角洲铁路沿线城市带开始形成；改革开放后，公路已成为长江三角洲人员和货物流动的主要通道，构成了长江三角洲城市空间格局的主要框架；长江三角洲目前的主要交通方式有汽车、火车、轮船、飞机，是世界上港口和机场密度较高的地区之一；今后，长江三角洲将进入高速公路和城际轨道交通快速发展的时期。随着交通条件的革命性变化，产业将在长江三角洲内重组，城市空间格局将随之发生重大变动，长江三角洲的产业竞争力和城市竞争力将进一步增强。

（二）交通对城市发展影响的内在机制

1. 改变产业布局

依据经典的产业布局理论，运输条件是产业区位选择和产业布局调整的重要影响因素，运输条件的改变往往直接导致产业布局的形成与改变。在交通运输较为落后的阶段，高额的运输成本限制了城市间外部贸易的发展，工业活动在城市间难以形成专业化分工，大多数工厂在其选址时会把城市经济作为首要条件，落后的交通条件将经济的多样化限制在城市范围内。随着交通的发展，区位约束不断减小，长距离的商品运输成为可能，围绕着中心城市的腹地市场开始增长，中等城市和小城市开始出现，工业生产可在不同城市间实现专业化分工，这促进了聚集经济效应的充分发挥，推动了城市向外分散型发展，更多城市将会出现。此外，便利的交通还能促进沿线地区人口的快速流动，加快地区经济的对外联系，从而带动沿线周围的旅游、餐饮、房地产等第三产业的迅速发展，推动沿线经济的产业结构升级。

2. 促进经济发展

交通运输业对国民经济发展的支撑作用是显而易见的，加大交通投资力度，对经济增长和扩大就业机会将产生积极作用，而且交通运输具有较强的正外部性，即交通建设对其他部门的生产和服务需求的积极影响较大，这也将促进经济的发展。

根据清华大学胡鞍钢教授测算，1985~2006年，中国交通运输投资每增加1%，将会带动GDP增长0.28%，其中，交通运输投资的直接贡献为0.22%，由于其外部性的存在而导致的经济增长为0.06%。也就是说，如果考虑交通运输的正外部性，交通运输投资对我国经济增长的贡献率为年均13.8%。总体而言，1985~2006年交通运输投资带动GDP每年增加248亿元，其中196亿元来自投资的直接贡献，另外52亿元为交通运输的正外部效益。同时，交通基础设施对我国的就业率也有着显著的积极影响，能够有效地促进就业。

3.影响人口迁移

尽管人口的集聚看起来和经济发展水平密切相关，但在现代化经济发展的初始阶段，人口集中程度却随着交通的改善而变化。由于交通运输业的发展，尤其是公路水路交通的发展，使客运和货运成本等都有所下降。另外，交通又提供、创造了较多的就业机会，迁移的"拉力"不断增强，迁移通道的阻力随之减小，这使更多的农村人口愿意迁往城市。随着集聚程度不断提高，尤其是进入城镇化的中后期，城市中心地带生存空间日益狭小、交通条件日益拥挤以及地价日益上涨，而高速公路等高技术交通和现代通信手段的迅速发展，以及家庭轿车开始普及，距离已不再是居民进入城市的障碍。因此，人口在向城市集聚的同时，也使大批富人外迁，并最终导致郊区化的发展。

（三）城市交通与名城保护

政府规划对城市形态的演变起重要的引导作用，但是规划的最终实施还是要依托完善的道路系统的构建。完善的道路系统建设有助于改善城市居民和单位的交通出行条件，提高城市各区域的可达性，增强文化遗产的导向性。但是交通建设也可能会给名城保护造成很大的冲击，因为城市所承载的交通容量主要由建筑分布、街道格局和周边环境条件等先期因素决定，后期的道路设施扩容（特别是旧城区）是十分有限的，新建道路有可能会对名城整体保护产生负面影响。

1. 城市道路系统是历史文化遗产

城市道路系统是组织城市各种功能用地的"骨架",又是城市进行生产和生活活动的"动脉"。城市道路系统一旦确定,实质上决定了城市发展的轮廓、形态。城市道路系统布局是否合理,直接关系到城市是否可以合理、经济地运转和发展。这种影响是深远的,在一个相当长的时期内发挥作用。在历史文化名城中,各种文物古迹及建设项目是城市的"图",而城市道路系统是城市的"底"。城市道路规划定型能给文物古迹以突出的展现,建筑高度分区控制和重要古建筑之间空间视廊的控制,能保存、延续古城的空间秩序。而且,道路系统本身的轮廓便反映了城市历史的痕迹。

2. 延续城市历史、反映城市风貌、传承城市文化

历史文化名城的保护不仅是保护各种文物古迹,更重要的是对其城市结构及其整体的传统风貌、空间环境和人文环境进行保护。历史上形成的道路是城市的一种遗产,是构成城市肌理的重要组成部分,也是认识城市特色、性格、意向的主要内容,对于古城格局的保存意义重大,可以避免古城原有均衡合理的功能结构不致土崩瓦解,以延续城市的历史。城市新区街道同样具有重要价值,除了和城市老区的传统风貌街道一样,在延续城市历史、反映城市特色风貌、传承城市文化方面有着重要的价值之外,还因其适宜的空间形态和生活尺度而在城市社会意义方面具有重要作用,所形成的街道形态对城市将来的空间形态具有极大的影响。[①]

3. 可能导致城市地貌的改变

随着时代发展形成的道路是城市发展和名城保护的一项非常重要的外部因素。城市外部(主要指市域内)的过境交通,不仅会为城市的发展带来极大的机遇,也会导致其地貌的改变。对于一座城市来说,拥有便捷的交通既缩短了城市的空间距离,也为日常生活带来了无限便捷。交通早已不仅仅是承担着运输的概念,更担负

---

① 参见匡万泰、魏英:《传统风貌街道解析——以重庆为例》,载《规划师》2008 年第 5 期。

着城市生活以及城市资源的责任。但是随着城市的发展，城市早期的道路设施日益破旧，往往无法与不断增长的交通需求相适应。这样的情况下，交通基础设施可能会处于两难境地，既要考虑尽可能减少新建道路对整体街区环境（特别是历史文化区域内的）的影响，又要为城市的交通改善起到实质性作用。历史上形成的道路网络对城市空间形态构成起到了重要作用，保护传统的路网格局是维护城市空间特色的关键。新的道路建设应尽可能避开保护区域，并且将保护区域的道路格局作为大路网功能规划的条件。

二、曲阜的城市交通

曲阜具有优越的交通和区位优势，京沪高速铁路、京福高速公路、104国道、京沪铁路纵贯南北，鲁南高速铁路、日东高速公路、327国道、兖石铁路横穿东西。曲阜市高度注重城市交通建设，不断优化全市交通布局，完善交通路网体系，拉大城市发展框架，拓展城市发展空间，以交通高质量发展助推高品质城市建设。

（一）对外交通发展

我国有句俗话："要致富，先修路"。一条路不是简单的交通线，而是一个经济带、一条经济走廊，可以带动整个区域经济发展。城市对外交通运输设施在城市中的布置，对城市发展和规划布局有重要影响。城市对外交通运输设施的布置，是城市总体规划的一项重要内容。城市的发展与交通的发展是紧密结合的，城市的发展需要建立相适应的交通。[①]

一个地区的主要交通发生变化，会对该地区的城市布局及发展产生很大影响。从历史上看，济宁地区的中心城市随着本区对外交通联系条件的变化而不断迁移。商周秦汉时期是济宁地区城市的兴起和早期发展阶段，这一时期，曲阜一千多年一

---

① 参见360百科网，https://baike.so.com/doc/7888636-8162731.html，最后访问日期：2022年6月1日。

直是区内的首位城市和政治中心。曲阜作为鲁国的国都，政治地位高，而鲁国正位于咸阳—洛阳—大梁—齐鲁这一中国政治经济轴心地带的东端。本区最早的人工渠道——荷水①沟通了济水和泗水，加强了鲁国同西部发达地区的联系。这种西向联系是当时域外联系的主要方向。曲阜的中心城市地位和它处在鲁国对外交通的门户出口位置密不可分。

此后，黄河泛滥，战乱频繁，济宁地区的城市发展陷入低潮。以南北朝开始，位于曲阜以西的兖州，因其重要的军事地理位置，城市地位稳定上升，进而取代曲阜。兖州接近泗水与桓公沟所构成的南北水上通道，较之曲阜有着更为优越的控制水上交通的位置，这种情况从南北朝后期一直延续到唐宋时期，约五百多年的时间。

到了元朝，大运河北线东移通过济宁，推动本地区城市发展进入一个新的高潮。由于济宁段运河在整个运河航运中的重要性，济宁成为运河管理的中心，行政地位上升。行政中心的高消费阶层促使济宁的商业服务业有了很大发展；便利的运河水运和陆上交通，又使济宁成为各种物资的集散交流中心，其手工业也有了很大发展。济宁城市职能的不断叠加扩充，使济宁在明清时期发展成为这一地区的首位政治中心和工商业城市，达到了历史上的鼎盛时期。

进入近代，大运河交通趋于衰落，津浦铁路和兖济支线等铁路交通的兴起，促使兖州地理位置的重要性相对上升，导致济宁的重要性相对下降。② 济宁目前的地位主要是由其为地级行政中心的所在地而得以维持。

京沪铁路（由原京山铁路京津段、津浦铁路和原沪宁铁路共同组成）在济宁地区有10个车站，曲阜就有3个（歇马亭、吴村、姚村）。1985年兖石（现称日菏

---

① 菏水，又名深沟，今属山东菏泽。公元前484年吴王夫差于今定陶东北开深沟引菏泽水东南流，入于泗水，因其水源来自菏泽，故称菏水。其故道相当今山东西南成武、金乡北之万福河。春秋末，吴王夫差为和晋侯会盟于黄池（今河南封丘），于公元前482年挖通菏水（今仿山河与柳林河），连接济水和泗水。https://baike.so.com/doc/7555959-7830052.html，最后访问日期：2022年6月1日。

② 参见周一星等：《济宁—曲阜都市区发展战略规划探讨》，载《城市规划》2001年第12期。

或石新的东段）铁路（始建于 1981 年）建成通车，在曲阜境内自东向西南进入兖州，与京沪铁路交接。兖石铁路在曲阜有陶白铁路支线，与京沪铁路兖州北站相通。20 世纪 80 年代 327 和 104 两条国道在曲阜交会，由曲阜经 327 国道到兖州火车客运站只有 16 千米，曲阜成为贯穿全国东西南北的交通枢纽之一。

2000 年京福高速公路通车（在曲阜与 327 国道、日东高速公路交会），该公路是济宁地区联系京、津、沪等市的重要通道，也是区内南北交通干道。2001 年日东高速公路通车，与京福高速公路在曲阜交会，是"大曲阜"联系日照、临沂、菏泽的重要通道。①

2011 年 6 月 30 日全线正式通车的京沪高速铁路在曲阜设有曲阜东站。2019 年 11 月 26 日，鲁南（日兰）高速铁路日照—曲阜段开通运营，和京沪高铁在曲阜东站交会，曲阜东站成为京沪高速铁路、鲁南高速铁路的枢纽站。2021 年 12 月 26 日，鲁南高铁曲阜—菏泽—庄寨段正式开通运营，曲阜南站投入运营。自此，曲阜成为鲁南地区的高速铁路交通中心。

（二）城市道路命名

非物质遗存是城市文化内涵的重要组成部分，不仅包括语言和文字，而且包括民风民俗、祭祀等无形文化遗产。它和物质遗存相互依存、相互烘托，共同反映着城市的历史文化积淀，共同构成城市历史文化遗产。城市地名是地域文化的有机组成部分，是一种非物质遗存，和历史文化紧紧连在一起，融为一体。2022 年 7 月，中央全面深化改革委员会召开了第 26 次会议，会议强调，"要把历史文化传承保护放在更重要位置，深入研究我国行政区划设置历史经验，稳慎对待行政区划更名，不随意更改老地名"。

作为"本地人的脸，外地人的眼"的地名，通常表现为对一个地方自然环境、历史事件、社会风俗、名人轶事的记录和反映。曲阜地名便来自其自然环境，"城

---

① 参见张瑛：《建立 21 世纪"大曲阜"的探讨》，载《城市规划汇刊》2001 年第 6 期。

中有阜委曲，长七八里"。城市地名功能的发挥对促进现代化和谐社会建设具有重要的作用。地名中的道路名，一定程度上承载了其所在城市的历史文化信息，体现出城市的地域特点和文化内涵。曲阜独特的历史文化地位，使曲阜道路名称表现出与众不同的命名特点和独特的文化意义。[①] 曲阜道路名有根源、有条理，专名有独特的地域特点，它们折射出曲阜的城市文化、变迁与发展。

曲阜的道路通名共 5 种：道、路、街、巷、胡同。主要的街道以路或街命名：明故城中的道路多以"街"为名，如阙里街、五马祠街、后作街等，明故城以外的地区多以"路"为名，如春秋路、大成路、大同路等。

曲阜的道路专名共 4 种：一是以标志性建筑命名，如鼓楼大街、东门大街、颜庙街等。二是以儒家思想命名，如博文街，取自《论语·子罕》中"夫子循循然善诱人，博我以文"；弘道路，取自《论语·泰伯》中"士不可以不弘毅"。三是以道路的作用或特征命名，例如，永安街因地势较高，不宜遭水患而得名；辘轳把街因街道呈"Z"字形，似辘轳把样而得名。四是以实物或人物命名，例如，双槐胡同因此地原有古槐两棵而得名；孔子大道直接以孔子命名。

曲阜道路名反映了文化传统的传承、城市的沿革和经济发展。曲阜作为孔子的故乡，儒家文化渗透到社会生活的方方面面，道路名独树一帜，反映出曲阜儒家文化特色。特殊时期的政治文化状况给道路名贴上时代特征的标签。如"文化大革命"期间，曲阜的道路名体现着"革命本色"，西门大街、钟楼街被改名为反帝大街、红旗街。经济的发展，也给道路名带来影响，如棋盘街，是明故城内曾经的商业荟萃中心，街道两侧店铺鳞次栉比、星罗棋布，像一棋盘，东西相对的店铺像棋子，南北纵贯的街道犹如"楚河""汉界"，因而得名。近年来，随着企业的发展，一些道路开始以企业名命名。

曲阜的道路名具有独到的魅力，它立足本地特色，以鲜明的方式向我们展示了

---

① 参见王翰颖：《曲阜街道命名方式及文化意义》，载《黑河学刊》2011 年第 4 期。

儒家文化，走在曲阜的大街小巷，会让你感受到文化传承的厚重感，也会让你聆听到这座千年古城不断进步的时代号角。

（三）城市道路建设

城市规划的最终实施，还是要依托完善的道路系统的构建。民国时期，曲阜全城有传统街巷 64 条，总长 19，494 米，其中东西走向的 33 条，南北走向的 29 条，其他走向的 2 条。城内街巷的长短宽窄差距较大，北马道街最长，为 1425 米；文昌祠后街最短，为 63 米；西华门街最宽，为 12.5 米；颜庙夹道、裕德胡同等 5 条小巷最窄，为 2 米。

新中国成立后，国家和地方政府先后投资对城区道路进行了整治与改造。1951年，辟建了穿过孔府菜园的鼓楼大街北段。1962 年，为便利交通，在东城墙南段拆除城墙 30 米，并在护城河上建造了平桥，使五马祠街与东关市场直接相通。1966 年，将阙里街及孔府门前路段铺筑了沥青路面，此为城内第一条沥青路。1977 年，投资 13.2 万元，拓宽了鼓楼大街北段路面，并拆迁了县木器社、工交办公室、工业局、五金厂、曲阜师范学校的部分房舍及有关居民住宅；辟建了鼓楼南街，街宽 22 米，铺筑沥青路面，两侧设人行道，使鼓楼大街南与兖岚公路（现静轩路）相连，北与北门外孔林神道路相接，成为城内第一条南北贯通的大街。

1979 年版总规要求：旧城内道路基本保持现状，不作大的更动。新区路网干道宽度 24~30 米。在新区通往旧城的主干道与旧城交界处设停车广场，以便游客步入旧城。正南门广场为瞻游停车广场。济微公路穿越城区，随着新区的建设，尽快按规划将其移到城区东缘。1980 年，西门大街路面由 10 米扩展至 20 米，并铺筑沥青路面。

1983 年版总规要求：济微、兖岚公路迁至城外通过。对旧城区要加强保护并注意保留和发展古城风貌，道路基本保持现状，可局部改善，名城古迹要恢复原状，新建筑的体量和高度应严格控制，高度一般不超过钟楼，造型和风格要与古城相协调。现有不协调的建筑要尽快改造或拆除。要适当增添水面，加强庭院绿化。建设步行商业区，五马祠街建成店铺街。对南新区西部用地和路网要适当压缩，避开压煤区，不要跨越小林河。小沂河以北至旧城区，应以加强绿化为主，适当配置小体量低层建筑，作为新旧区的过渡地段。新区建设也要注意名城要求和地方风格，新区中心在雪泉路、南泉路交叉处，新区建设要结合小沂河整治，扩大滨河绿化，形成园林化中心。主要道路红线宽 24~30 米，局部宽 40 米，路网要结合地形，利用现有桥梁。火车站区要结合铁路占线方位，要求布局自由，相应配套建设。

　　1984 年，修通了环（孔）庙路，扩宽了五马祠街，并同东门大街一起铺筑了沥青路面。1986~1990 年，对城区的古老街道进一步改造，并在南新区新建大同路、春秋西路、春秋东路。1990~2000 年，建设完善了新区路网，开始了经济技术开发区路网建设并初具规模。2000 年以后，逐步完善了工业园路网、开发区路网，新城区"跨过"大沂河，开始新城区道路基础设施建设并逐步完善主干道路网系统。21 世纪开始，在 2003 年版总规指导下，曲阜新区管委会牵头完善了陵城组团路网建设。2008 年，大成路南延跨大沂河建设的大成桥建成通车，使曲阜北城区与南城区的交通更加便利，城市中轴线基本形成。2011 年，京沪高铁曲阜连接线孔子大道全线贯通，开始完善高铁组团道路网，创业大道跨大沂河建设的桥建成通车，进一步便利了开发区与高铁片区之间的联系。南新区"一轴三区"路网建设基本完成。2018 年，儒源桥、蓼河第二座廊桥建成通车，完成孔子大道和东 104 国道绿化提升任务。

三、曲阜典型案例

（一）铁路

　　铁路无论是在人们生活中，还是在城市发展的过程中，都扮演着极为重要的角色。当轨道取代了河流，成为城市发展生命线的时候，铁路就变成了一种力量和精神。城市里的火车站成为通向外界的窗口，也是外来客认识一座城市的起点。

1. 津浦铁路

清光绪三十年（1904年），勘测津浦铁路时，原计划经过曲阜，离孔林西墙很近。当时的衍圣公孔令贻得知此消息十分着急，向朝廷连递几件呈文，说铁路将"震动圣墓""破坏圣脉"，使祖宗灵魂不得安宁。结果铁路到曲阜拐了个大弯，向西南绕行兖州通过。这是最早提出在曲阜"城区"建设铁路，可以看作曲阜对"城市保护"的第一案，使曲阜失去了一次铁路交通促进城镇迅速崛起的机会。

2. 兖石铁路

兖石铁路曲阜沿线有历史文化名村——凫村及姜村古墓等文物古迹点，跨蓼河、大沂河、小沂河。陶白铁路支线跨泗河，紧贴曲阜宋城遗址、洙泗书院等文物古迹点，穿少昊陵、黄帝城遗址。建设时，我国对历史文化遗产保护的认识还处在比较粗放的阶段，保护的意识比较弱，以今天的视角看，铁路选线对曲阜的历史文化遗产还是产生了一定的影响，主要是道路直接进入了文化遗产的控制范围区内。

1983年版总规确定，曲阜火车站只设一个客站，造型力求与古城协调，将来津浦线改路经曲阜，以在少昊陵以东进线为宜。1983年始建、1985年正式投入运营的曲阜火车站，位于曲阜鲁故城东南1.5千米现经济开发区内，是一个客货运综合站。火车站在造型上没有体现曲阜的历史文化和地方特色，是20世纪80年代全国流行的近代建筑形式，更多体现了建筑的时代特征。火车站的客流量一直不大，因此，火车站未能完全成为曲阜门户的展示点。随着公路交通便捷性的提高和曲阜东站、曲阜南站的建设，曲阜火车站作为客运站存在的意义变得很小。

（二）高速铁路

对一个城市来说，高铁站是参与区域竞争与合作的微观主体，通常认为高铁站的意义是改变城市在区域中的时空关系，从而影响它的经济区位，甚至功能等。从区域角度看，高铁缩短了区域内城市之间的时空距离，改变了区域城市网络的空间关系，使得经济发展较弱的地区与经济发达地区能够更快联系在一起，促进了区域的整合发展。从区域城市角度看，高铁带来人口的流入流出，包括对城市发展发挥重要作用的投资者、就业者、旅游者和居住者的流动。充分发挥高铁的经济效应，可加速沿线产业转型升级与新型城镇化进程。

目前，我们国内以陆地运输为主，高铁站建在哪个城市，就是那个城市大发展的机会。从经济角度来考量，来高铁城市的人们聚、散、消费、休闲，甚至工作，都给带来直接价值。二线城市由于高铁带来的时空转变，分享了一线城市的溢出价值，如成都人会在半小时高铁可达的青城山买房。这些价值反映到空间上是城市建设，反映到地租上是地价提升。

从城市的发展角度来思考，我们现在处于工业化、城镇化进程之中，未来城市里的人会越来越多，城市会越来越大，但与此同时，一些农村、县城，包括一些小型的城市，就会没落，乃至于消失。而如果有一座高铁站，城市就不至于在未来被边缘化。

1. 京沪高速铁路

京沪高速铁路又名京沪客运专线，是"四纵四横"客运专线网的"一纵"，是"八纵八横"高速铁路主通道之一。1990年12月，原铁道部完成"京沪高速铁路线路方案构想报告"。京沪高速铁路于2008年4月18日正式开工；2011年6月30日，全线正式通车。京沪高速铁路由北京南站至上海虹桥站，全长1318千米，设24个车站，最高速度为380千米/小时。两端连接环渤海和长江三角洲两个经济区域，所经区域面积占国土面积的6.5%，人口占全国的26.7%，人口100万以上城市11个，国内生产总值占全国的43.3%，是我国经济发展最活跃和最具潜力的地区，也是我国客货运输最繁忙、增长潜力巨大的交通走廊。京沪高速铁路曲阜段全长35.1千米，占地约1660.7亩，总投资约40亿元，全部架空通过，对曲阜的地上历史遗存影响很小。

2. 鲁南高速铁路

鲁南高速铁路（又称日兰高速铁路），位于山东省南部，线路全长494千米，设计最高时速 350 千米，东起日照，向西经临沂、曲阜、济宁、菏泽，在河南省与郑徐客运专线兰考南站接轨，在曲阜与京沪高速铁路相接。线路分为日照至临沂段、临沂至曲阜段、曲阜至菏泽段、菏泽至兰考段 4 段，是山东省"三横五纵"高铁网络的重要组成部分，是"八纵八横"高速铁路网的重要连接通道。

2012 年 10 月 24 日，山东省发改委在日照召开了临沂、日照、济宁、莱芜四市铁路建设座谈会，确定编制项目预可研报告和选线方案，并争取项目通过"十二五"铁路规划修编纳入国家铁路建设规划。2013 年 8 月，首期曲阜至临沂高铁纳入国家"十二五"铁路规划修编方案，这预示着高铁将串联起济宁（曲阜）、临沂、日照等"西部经济隆起带"上的城市，并与京沪高铁实现对接。2015 年 12 月 19 日，临沂市委市政府召开了鲁南高铁建设动员大会，这标志着项目正式进入实施阶段，鲁南高铁曲阜—临沂段随即动工建设。2019 年 12 月 26 日，鲁南高铁日曲段正式通车。曲阜成为山东省内重要的高铁枢纽，拉近了与省内多个地市的距离，加速融入"1 小时经济圈"。2021 年 12 月 26 日，鲁南高铁曲庄段正式通车，曲阜成为山东省南部地区"丁"字型高铁交通网中的枢纽中心。

3. 曲阜东站

曲阜东站是京沪高速铁路的第 9 个站点，全线 6 个精品站之一，设在息陬镇，距离曲阜市政府约 7 千米，是曲阜高铁组团的核心区域，也是曲阜新城东西发展轴线的东端。2011 年 6 月 30 日，京沪高速铁路建成通车，曲阜东站投用运营，站房面积 9996 平方米，站台规模为 2 台 6 线。随着鲁南高铁的建设，为接入鲁南高铁日曲段，曲阜东站在原有京沪站场的基础上新建了鲁南站场。2019 年 11 月 26 日，鲁南高速铁路（日照至曲阜段）开通运营，曲阜东站鲁南站场同步投入使用，站房面积 19,992 平方米，站台规模为 4 台 9 线。

曲阜东站实际上包含了京沪高铁曲阜东站、鲁南高铁曲阜东站两部分。两部分分居线路两侧并通过地下通道联通，如此"一站两场"的格局，目前在整个中国铁路济南局集团有限公司管辖范围内仅此一例。

为给"高铁组团"的具体建设提供科学依据，确保相关建筑风貌与历史文化名城整体的协调统一，2009 年曲阜聘请了"新加坡规划之父"刘太格先生编制了曲阜高铁新区概念规划。新区规划面积 35 平方千米，重点突出儒家优秀文化深厚积淀，将曲阜高铁新区打造成为"孔子故里新客厅、生态文化新城区、高新产业新平台"。当时的规划范围东至高铁曲阜东站，随着东站场的运营必然带来周边用地功能的调整，改变曲阜城市用地发展的调整变化（2003 版总规建议，东北组团和高铁组团不宜跨越京沪高速铁路发展）。

4. 曲阜南站

鲁南高速铁路在曲阜设有曲阜东站和曲阜南站。其中，曲阜南站属于鲁南高速铁路曲庄段，是中国铁路济南局集团有限公司管辖的铁路车站，始建于 2018 年，2021 年投入使用；设在小雪街道，距离曲阜市政府约 7 千米，原本位于曲阜城市规划区范围外。同样，随着曲阜南站的发展运营，周边用地功能调整，为其提供相应服务设施和配套设施等，从而促进曲阜城市用地发展和规模的变化。

鲁南高铁曲阜南站在建设过程中还发生了一件有趣的事情——曲阜南站和邹城北站的命名争夺战。曲阜、邹城两座国家历史文化名城，文化同源，行政同属，都是山东省济宁市下辖的县级市。二市南北相邻，却"相爱相争"，上演了一幕"门户之争"。截至目前，除了京沪铁路邹城站外，邹城别无重要的交通枢纽站点。随着全国铁路一再提速，京沪铁路在邹城站停靠的车次逐渐减少，对外互通互联已成为邹城高质量发展的短板，如何迅速驶入对外交流、扩大开放的"高速路"，敞开大门、设立"会客厅"，接纳四方宾朋成为邹城的首选。为此，邹城迫切想要一座高铁站以防其在未来城域之间的竞争中被边缘化。曲阜南站距离邹城市界不远，邹城想把在曲阜建设的鲁南高铁曲庄段高铁站命名为"邹城北站"。而为高铁建设付出了巨大"牺牲"的曲阜自然不愿意，一场地方高铁站命名争夺战也由此上演。

车站命名争夺战，反映了两座国家级历史文化名城对现代发展机遇的竞争和较量。车站命名有相应规定，一般由反映车站所在地指位性地名或指位性地名加地理方位构成，优先适用指位性地名。因此，邹城在争夺高铁站名上，几乎没有成功的可能。但是，它依然努力争夺，因为"命名"或多或少会影响城市的知名度及关注度，影响城市的对外交流和经济社会发展，这也是大家关注"城市地名"的主要原因。济宁在地名上存在民间调侃的四大怪："小北湖不在济宁北面，在南边；兖矿不在兖州，在邹城；微山湖不在微山，在滕州；曲阜机场不在曲阜，在嘉祥"。这也反映了人们对"城市地名"的重视，希望借此提升自身的关注度，从而带来城市进一步发展的机遇。

5. 高铁对曲阜的影响

在当今经济飞速发展的时代，无论是物质流动还是人员往来的速度和频率都在日益提升。拥有完备的交通设施网络，是每个国家在发展经济方面都不能忽视的一个重要方面。高铁带来的信息、资源的快速流动，极大地推动了整个国家的发展速度。高铁让城市间距离相对缩短，实质是增加城市的开放程度。一个城市越开放，新生事物越多，机会也就越多。

曲阜市拥有京沪高铁曲阜东站、鲁南高铁曲阜东站、鲁南高铁曲阜南站3座高铁站。京沪高铁、鲁南高铁的贯通，使长三角、京津冀、鲁西南三大经济区域和沿线城市间的融合加深。3座高铁站的互联互通，缩短了曲阜市与长三角、京津冀、鲁南地区的时空距离，大大提高了曲阜的交通枢纽地位，促进资源、信息、技术、人才交融，给其旅游业、运输业等带来了更多的发展机遇；也进一步推动了曲阜市的基础设施建设，改善了交通状况和投资环境，拉大了城市框架，优化了城市布局，美化了城市环境，扩大了对外交流合作，进一步提升了曲阜的综合实力、发展潜力和竞争力。

高铁作为旅游者空间扩散的重要通道，给曲阜市旅游产业发展带来了新的契机。京沪高铁开通后，曲阜市充分利用北京、上海两大国际交通枢纽的旅游中转作用，吸引更多的游客前来。2012年1月曲阜东站客流量最大时，日均发送量突破了7000人大关；2018年2月曲阜东站日均客流达到1.3万人次。据统计，北京、上海、济南、青岛等来曲阜的高端商务客流有80%左右选择高铁，游客有50%左右选择高铁。

便捷的交通是把"双刃剑"，在大城市经济发展的集聚作用下，小县城曲阜的生产要素在现阶段处于流出状态。据媒体报道，京沪高铁开通前，游客停留时间为1~1.5天；开通后，游客停留时间缩短为半天左右。大部分游客选择基础设施更加完善的济南、泰安等地居住。作为最重要的生产要素之一，人的流动自然也遵循这一规律。腰包越来越鼓、文化程度越来越高的人自然而然地被吸引到大城市。[①]京沪高铁开通后，曲阜总人口由2008年年末的63.7万人降到2021年的62.2万人。据统计，截至2022年7月，在曲阜以外的曲阜人有5.8万人。

曲阜3座高铁站以及它们与市中心的连接线的建设，给曲阜的地上历史遗存带来展示机遇，使深藏闺中的瑰宝突出地展示出来。2011年投入使用的曲阜东站，源于老子"见素抱朴"的理念，金字塔建筑的透明玻璃将"精神之光"引入室内，表达"天人合一"的境界（图5-1）。其"一站两场"的格局与全长7.9千米的孔

图5-1　曲阜东站俯瞰——孔红宴拍摄

---

① 参见［美］爱德华·格莱泽：《城市的胜利》，刘润泉译，上海社会科学院出版社2012年版，第120页。

子大道、18.1 米高的孔子青铜塑像交相辉映，成为迎接国内外游客的第一道儒家风景。京沪高铁连接线——孔子大道是曲阜新城的经济轴线，对拉动南部新城的发展起到了很强的作用。姜村古墓和息陬书院紧邻孔子大道，孔子博物馆、曲阜体育中心建在孔子大道两侧，人们在从曲阜东站进入曲阜市区的过程中，就能够了解到，曲阜除"三孔"外的其他丰富的历史文化遗产。鲁南高铁曲阜南站紧邻中华文化标志城核心区——九龙山片区，使来曲阜的人们在下车的一瞬间和进入市区的过程中，就对曲阜有相当了解。从昔日的城郊农村，到如今的城市"新门户"，曲阜南站片区建设还会继续对完善城市功能、提升城市能级、展现城市形象等发挥重要作用。

（三）公路

1. 327 国道

327 国道曲阜段东自防山徐家村入境，原路线是经八宝山、鲁故城、时庄，过田家村泗河大桥入兖州县（现济宁市兖州区），长 26.7 千米。沿线有文物古迹点梁公林、少昊陵，贯穿鲁故城遗址、汉城地下遗址，紧贴明故城，其中贯穿的鲁故城墙遗址——大豁口是目前鲁故城城墙保存最完整的一段。

随着经济社会的发展和交通量的增加，327 国道对于文物古迹点及名城风貌的负面影响逐渐加大。为了改善 327 国道城区段（静轩路）的历史文化及景观环境效果，20 世纪 80 年代开始，曲阜就不断对静轩路进行环境整治，逐渐形成了比较好的历史文化及景观环境效果。

1983 年版总规就提出，要求兖岚公路（327 国道曲阜段）迁至城外通过。国道修通后，在巨大的物流带动下，资金、技术、劳动力等生产要素在沿线聚集，形成开放、灵活、自由的"前店后厂"的"马路经济"模式，给沿线人口带来红利，形成了一定的市场，聚集了部分人口；国道改线还需要申报上级交通管理部门批准，因此，历史形成的国道路线很难改变。直到 2002 年，为了缓解城区的道路交通压力，也为沿线经济发展打基础，充分发挥"公路经济"效应，曲阜对 327 国道实施了改线工程。线路由城区东部八宝山开始在城区外围绕行，形成东外环、北外环和西外环，在城区西部时庄镇接原327国道，从而减小了对市区内文化遗产保护的负效应。327国道改线后，静轩路仍兼具327国道的部分交通性功能，而《曲阜鲁故城保护总体规划》建议对静轩路进行功能调整，将其改为景观性道路，降低道路等级，将交通性功能改线到现有朋路，从而使交通性功能避开鲁故城，降低对文化遗产的影响，至今该建议尚未实施。

京沪高速公路在327国道留有出入口——曲阜站，曲阜市东邻泗水县到北京、上海方向，在京沪高速曲阜站上高速最便捷。无论是曲阜市还是泗水县，对外的人流、物流、资金流、信息流等资源要素流动，都主要是受往北的北京、济南，往南的上海，往西的济宁等影响，而往东方向的影响较小。因此，京沪高速公路以东曲阜段对泗水影响就比较大。有一段时间这段道路路况非常差，泗水县非常希望曲阜市提升这段道路，但是这段道路对于曲阜市而言，提不提升影响不是很大，顶多也就是锦上添花。京沪高速公路以东327国道两侧在曲阜市，主要是防山镇的农村地区，而防山镇镇域中心并不靠近327国道，防山镇镇域中心与曲阜城区交通的主要线路是曲防路，327国道京沪高速公路以东段对曲阜交通和经济发展影响不大，而且327国道改线后，这段道路实际上已成为曲阜的县道，修路资金要由曲阜财政支出，而曲阜财政更愿意投入对自身发展有更好影响的地方，所以这段路很长时间也没有进行提升。

2. 104国道

104国道曲阜段北由宋家洼入境，南从凫村进入邹城，过境段长38.2千米，沿线有石门山、九仙山风景名胜区及孔林、鲁班庙、文献泉、林放墓、孟子故里、孟母林、九龙山等文物古迹点。跨曲阜主要水系——泗河和大沂河，贯穿鲁故城、汉城遗址，紧贴明故城。

1982年前，104国道穿越明故城。1979年版总规批复文件要求：现济微公路（104

国道曲阜段）穿越城区，随着新区的建设，应尽快按规划将其移至城区东缘。因济微公路是曲阜连接北京、济南方向的主要道路，改革开放后，国家和山东省对曲阜的发展都比较重视，这条道路对曲阜的意义重大，很快进行了实施改造。改线在明故城河东沿、文献泉（曲阜孔庙泮水水源地）西侧通过。1986 年对宋家洼至孔林东北角北环公路路段进行拓宽，并在北环公路路口处建成转盘路。1988 年 7 月，转盘中心落成曲阜城市旅游标志"齐鲁迎宾曲"雕塑。

20 世纪 90 年代，104 国道又在孔林西侧、明故城西侧增加一条线路，104 国道曲阜城区段由此形成东西两段（分别紧贴孔林与明故城东西城河的东沿和西沿通过），距文物保护单位很近，对文物古迹影响极大，同时由于交通量和"马路经济"的影响，道路交通压力很大，又因文物古迹保护不能拓宽路面，道路的选线改建迫在眉睫。21 世纪初，结合 327 国道改线，104 国道也进行了改线，将西环路与 327 国道交叉口以南的西环路段改为新的 104 国道，至崇文大道转头向东接原 104 国道，从而避免了 104 国道到城区交通拥堵的影响，以及货运交通对文化遗产的影响。目前，原 104 国道城区段已改为城市道路，限制货运车辆通行。

与 327 国道改线不易一样，104 国道改线同样不易。原 104 国道在蓼河南岸分为东西两路，蓼河南岸 104 路口为"Y"字形。在 2003 年版总规中，104 国道从日兰高速曲阜口开始取直为正南北向，与大成路南延接起来，取消蓼河南岸"Y"字形路口。但是在规划实施过程中，蓼河北岸绿地建设了孔子博物馆，104 国道形成的东西斜南北向保留，而大成路至孔子大道成为断头路。

（四）高速公路

1. 京福高速公路

京福高速公路是曲阜的第一条高速公路，曲阜段是与 104 国道平行的线路。沿线有石门山国家森林公园、九仙山风景名胜区、九龙山文化区域及少昊陵、黄帝城遗址等文物古迹点，以及跨曲阜主要水系——泗河和大沂河。曲阜段设有 2 个出入口，分别是吴村口和曲阜口。京福高速公路提升了曲阜的城市交通运行效率，增强了曲阜的区位优势，加快了曲阜与京津冀、长三角开放地区的交流，对促进曲阜旅游经济的发展起到了巨大推动作用；为曲阜的招商引资提供了更好的条件，减少了物流成本，为产业集群创造了条件。

2. 日东高速公路

日东高速公路是山东省"五纵四横一环"公路主框架的重要组成部分，是国道主干线京沪高速公路、京福高速公路和同三高速公路的重要连接线，是新亚欧大陆桥上一条快捷方便的出海大通道。曲阜段沿线有尼山风景名胜区及陵城遗址等文物古迹点。曲阜设有3个互通立交，分别是曲阜南口、曲阜东口和尼山口。日东高速公路尼山口到尼山设有日东高速尼山连接线；尼山连接线的通车，使曲阜到尼山只需20分钟。尼山连接线建立独特的生态廊道，保护和凸显历史文化遗址，为尼山风景区提供了良好的对外交通；道路与沿线自然生态、周边环境相协调，减少人为雕琢和人造景观的痕迹，使尼山风景区"回归自然、拥抱绿色"，尼山文化内涵得以深化。

曲阜每个镇街都囊括进了高速通道，实现了"镇镇通高速"。上述两条高速公路是堆土筑基而建，对城市地下遗存影响较小，且封闭管理，两侧建生态防护林，距离文物古迹又不是太近，因而负面影响极小。它们对于优化鲁西南地区交通条件和投资环境，促进山东与华东、中原地区的合作交流具有重要意义。但两条高速公路对城市用地的分隔感，还是对曲阜的文物古迹的整体感和历史文化名城保护产生一定负效应。

四、城市交通带来的启示

从城市发展的历史和经验看，交通是城市发展的主要动力，它决定生产要素的流动、城镇体系的发展，甚至城镇的兴衰。交通线路走向决定产业和城市的空间分布及发展方向，交通线路的空间组合状况决定产业和城市的空间组织结构，主要交通方式的效率决定着产业和城市空间布局的灵活性与高效性。交通又是随着社会的发展而发展的。曲阜 1983 年版和 1993 年版总规对外交通专项中都只提到公路交通和铁路运输，因为那时县级城市还没有高速公路和高速铁路的概念。到 2003 年版总规时，京沪、日兰高速公路和京沪高速铁路已占据了曲阜对外交通的重要位置。也许在未来某一天，随着社会的发展，一种新的交通方式会成为城市连接的主体。

目前，我国正处于城市建设的加速阶段，人在空间运动上向城市超强集聚，物也呈现向城市强集聚和弱扩散的现象，经济与城市化取得了快速发展，同时也出现一系列问题，如城市交通拥堵、房价高涨等，这些问题已经引起各界人士的高度关注。由于这一阶段也是交通发展的成长期，因此城市可以考虑借助交通运输对城市发展的作用力，引导城市健康发展。 从曲阜的道路系统建设案例可以看出，道路建设要顺应时代发展，从可持续发展、建设生态城市以及满足人的需求角度，深入研究城市规划、道路功能、美学与城市综合交通体系、环境保护及历史文化名城保护的关系，努力探索和创造发展与保护、时代特征与古都风貌为一体的道路系统。

我国现行行政管理体制中，交通和城市归口不一致，不同运输方式的管理和规划也分属不同的部门，这就使城市与交通发展不同步，而且本应为弱替代性的不同运输方式，却表现出来更强的竞争性，使有限的资金又有一部分用于重复建设。为加强交通规划与城市发展的协调，要求政府部门或者委托中介组织对交通项目的决策进行监督和协调，统筹考虑城市与交通的协调发展，以及不同地区间的均衡发展。曲阜始终是国内旅游创新实践的先行者，无论是 40 年前作为第一批优秀旅游目的地走出山东、迈向世界，还是"全域旅游"时代里"文旅融合"的"二次创业"，其交通系统的不断完善都是旅游升级转型的"助燃剂"。

目前，曲阜基本实现了对外交通高速化、对内交通快速化。交通基础设施的配置有助于城市间缩短要素流通时间。一方面，从时间上缩短了曲阜与北京、上海及其他主要城市（如济南、青岛、郑州、徐州等）的距离，这些城市在区位上的便捷关系高于在行政上的隶属关系，从而带来原有产业布局的重新调整，为曲阜带来加速发展的契机。在推动城市发展的同时，这为加速推进全市特色小镇、美丽乡村建设注入新动力，从而带动全市的大片村镇经济发展，实现曲阜的乡村振兴。另一方面，曲阜面临着交通便利的中小城市同样的困境。高铁在带来更多便利的同时也加剧了曲阜的人口流失，加速了其房价上涨等。

流通便利在加速城市间生产要素流动的同时，人才、资金、信息等各种发展要素因城市间的发展梯度落差，产生由中小城市向中心城市单向转移的"虹吸效应"。这使原先设想的中小城市利用交通线带动交通发展、吸引人才聚集的想法并不能实现，反而促使更多的经济资源、人才被沿线大城市吸引，造成中小城市越来越缺乏活力，大城市越来越臃肿。"虹吸效应"让强者越强、弱者越弱，大城市不可能主动放弃竞争，打破"虹吸效应"的唯一出路无疑是中小城市寻找适合自己定位的城市发展战略，否则，带给中小城市的可能是"经济没见带来多少，离开的人倒是方便了"。

第二节　老城保护

明故城对曲阜意义重大，它是最集中体现曲阜历史文化遗产的区域，也是中华民族的文化圣地。孔庙、孔府与周边区域在历史上共同构成了曲阜与其他的中国历史文化名城非常不同的特点：孔庙居中、以城卫庙的"庙城"格局。今天的曲阜城是在明故城基础上发展起来的，明故城对城市建设、百姓生活同样非常重要，它的框架和格局一直延续至今，其良好的城市环境，尺度相宜，构图完整，色彩明快，形成了独具特色的城市风貌。它又是曲阜这座城市保持活力的来源、高质量发展的基础。

明故城的保护和发展亟须对自身的过去、现在和未来进行深入研究，确定明确的保护体系和发展框架，持续完善好提升好。应坚持优先保护历史文化遗产的方针，把城中的历史文化遗迹连接起来，注重用现代科技手段保护好利用好历史文化遗产，让历史文物活在当下、服务当代。更要加强整体保护、有序开发，提升它的"颜值"和"气质"，把老街区、老建筑承载着的城市历史文脉和传统风貌展现出来，让广大市民、八方游客更好地领略明故城的形态之美和儒家文化之韵。

一、改革开放初期的明故城

改革开放初期，城市决策者和民众对古城保护认识不足，由于对曲阜发展的历史文化价值及特征缺乏理性认识，历史文化名城保护意识欠缺，且自发性不强。当时，"革故鼎新"的思想还深深地影响着城市决策者和群众。明故城内建筑管理处于无序状态，缺少城市规划的指导，破坏性建设常有发生，出现了产业结构、用地结构、交通压力、市政设施、居住环境等问题。

（一）核心区域形象不堪

孔庙、孔府是明故城的核心区域。本书第三章提到"文化大革命"初期谭厚兰带领"讨孔战斗队"到曲阜造"孔家店"的反。[①] 孔林、孔庙、孔府等古迹遭到严重破坏，历史文化价值受到严重影响。除文物保护单位本身外，"国保单位"周边的人文环境、历史风貌也遭到严重破坏，旅游业停滞，民房杂乱、老建筑年久失修，到处破败不堪。

---

① 参见谷牧：《我对孔子的认识》，载《光明日报》2009 年 3 月 23 日，第 12 版。

（二）基础设施亟待完善

新中国成立后至改革开放初期，曲阜的城市建设基本集中在明故城内。明故城内部原本宽松的结构一下强行置入大量功能性建筑，用于办公、经商、居住等，各类空间相互挤占和排斥，造成了过度密集和交通拥堵。伴随着人口与城区功能增多，明故城基础设施滞后、城市管理待优化、载体空间有限等问题日渐显现。明故城给水、排水设施陈旧，路面泥泞，缺少照明、绿化设施，通行条件极差；取暖靠烧蜂窝煤，做饭靠扛煤气罐；环卫、消防等配套设施不完善，垃圾堆随处可见；有些院落的居民，上厕所要到百十米开外的公厕等。总之，那时曲阜的道路交通、市政设施、便民设施等严重缺乏，配套设施满足不了人们现代化生活的需求。

（三）历史文化环境恶化

随着居民生活环境需求的不断提高，明故城内主干道两侧原有的古建筑群被新的商业、办公等建筑取代，急功近利的建设，不仅造成了明故城内建筑风貌发生了翻天覆地的变化，同时也使改建后的功能区内建筑容量增大、人口增多。大量各时期的建筑元素交错拼贴，呈现出传统与现代、旧貌与新颜混杂的景观特征，破坏了明故城的特色建筑风貌和原有的文化价值。如文物建筑周边区域被挤占，演变成了住户的居住点，住户家中饲养牲畜家禽、户外堆放粪土，环境恶化、有碍观瞻，也影响了文物建筑的保护。

（四）城市功能亟须提升

城市的发展导致明故城人口不断增长，规模不断扩大，曲阜城超负荷运转，整体机能下降，出现城市功能性衰退，不能满足城市的正常运行的需求。这需要通过旧城更新，提高城市的质量，完善城市的功能。1979年，国家宣布曲阜正式对外开放，当时曲阜的接待能力严重不足，只有设在孔府西路的国际旅行社曲阜支社100多张床位，这远不能适应对外开放的需要，需要建设一些旅游宾馆，满足城市旅游和发展的需求。

（五）旧城风貌特色濒危

大量的行政、商业单位涌入明故城，需要开辟土地为其修建办公场所，利用闲置土地进行建设，这破坏了明故城原有的空间系统。新建建筑不尊重文物保护原则和规律，与城市风貌不协调，破坏了原有道路肌理，导致一些历史积淀深厚的街区少了历史传承、多了商业气。例如，明故城内建了不少像师范学校那样和古城不协调的建筑败笔[①]；在颜庙前和"陋巷"旁修建剧院，被认为是非常糟糕的设计。基础设施建设行为，也给明故城格局保护造成压力。例如，鼓楼大街的扩建，使原有街巷两侧古民居被拆除。道路空间结构在"城市发展"背景下发生了改变，部分街道不断地向两侧拓宽，改变了传统街巷的整体格局，也破坏了城市的肌理。另外，街道沿线大量的历史性建筑与古树名木被清除，导致明故城中部分传统特色的消失。

二、明故城保护面临困境

曲阜由于长期以来只重视庙、府，严重忽视城池，造成庙与城严重分离，孔庙、孔府旅游业发展，而城区经济衰落、环境恶化、人口边缘化情况非常严重。

（一）名城保护资金缺乏

历史文化名城的保护是一个庞杂的系统工程，包含了文物、历史文化街区、历史文化保护区、旧城格局和传统文化等内容，这些保护工作需要大量的资金作为基础。虽然现在国家和政府每年在历史文化名城的保护方面投入大量资金，但是对于有着几百年历史的古城来说，这些资金仅能维持重点文保单位的日常维护。要想做好历史文化名城的保护工作，还需要社会各界的参与和支持，目前这种公众参与的体制机制尚未形成，这就使历史文化名城的保护工作受到制约。

---

① 参见张镈等：《曲阜阙里宾舍建筑设计座谈会发言摘登》，载《建筑学报》1986年第1期。

（二）文物保护工作存在片面性

囿于资金限制，城市领导对于"国保单位"给予了高度的重视，并制定了详尽的保护规划方案。"三孔"、颜庙等建筑群，受到政府重视和居民自发保护。但是在人们的日常生活中处于不可或缺地位的民居类古建筑和其他历史遗存则被忽视，这不仅对保护工作不利，而且它们时刻面临着被原住户或开发商拆除的危险。此类现象表明，曲阜文物保护工作存在片面性。另外，人们对城市整体性保护缺乏必要的了解和认识，忽视了城市整体历史风貌的保护。

（三）旧城区人口密度过高

随着曲阜的快速城市化，古城区内人口数量快速增长。明故城 2.17 平方千米的范围内居住了 3.2 万人，人口密度达到 147，465 人 / 平方千米，超过香港人口密度近 2.2 倍。例如，城西南侧南马道往北至通相圃大街一带为整片现代居住建筑，多为一层瓦屋，有少量二三层房屋。这一带居住密度较高，多数为几户人家合住一个小型院落，狭长的小巷两侧建有高密度住宅。居住密度高，造成整个区域居住环境差、基础设施状况落后等问题。

（四）古民居保护现状堪忧

古民居不仅反映一个城市中原有的建筑风貌，还反映了当地人民生产生活中的物质文明和精神文明，是精神状况外向表达的载体。古民居保存是否完好，直接关系到原有的文化内涵能否充分展示在世人面前。在明故城的建设中，保留下来的古民居数量较少，现存建筑多不成体系，失去了原有的整体性，具体表现在原有院落空间体系的丧失。随着城内人口数量急剧攀升，原有的房屋已经不再能满足居住容量的需求。由于管理不严等原因，住户多有私自改建、搭建的空间。这些对古民居历史价值、文化价值缺乏认识，肆意对建筑进行改建的行为，破坏了建筑的原有风貌，也抹杀了建筑内历史元素的可读性。

三、明故城的保护

明故城是基于500多年来所形成的社会制度、文化传统在城市建设方面的体现。缓慢的城市更新在生产力低下的时期尚能适应经济社会的发展，但在现代社会城市快速发展的背景下，传统的公共空间形式在面临社会意识和生活方式的快速转变时应如何协调？曲阜在城市规划中确定了明故城的保护原则、内容。

（一）保护原则

一是原真性原则，要求反映真实的历史信息。原真性原则在1964年时已经在国际性的《威尼斯宪章》中得到确认，是明故城保护整治工作必须遵守的原则。二是整体性原则。历史保护的对象不仅仅是历史建筑，还包括历史城市整体的保护。对于明故城而言，由于历史建筑数量很少，格局的整体保护就尤为重要。除了物质形态保护，民俗、教育、文化等非物质形态保护也应同样加以重视。三是生活性原则。历史城市的生命力在于将其作为载体的居民的活动，也包括外来人口的参与。保护工作应当在发展中体现其经济和社会利益。通过历史遗产的利用为历史保护投入持续的经济支持，通过整个明故城和历史建筑质量的改善，提高生活于其中的居民的生活品质，促进其参与保护、参与发展的积极性，更有效地推动保护工作的进行。

（二）古城格局保护与风貌控制

城市的整体格局反映了城市的整体空间布局形态，它包括城市外部空间、城市轮廓、道路系统、功能布局等。通过对城市格局的研究，我们能直观地了解古代城市规划中关于选址、功能分区和道路设计的特点。

1.古城格局保护

城市的格局是重要的文化遗产。关注古城的格局，不仅要关注古城的城市布局形态，还应关注其整体历史环境，只有将丰富的历史文化纳入古城的格局中，才能体现出古城所具有的历史、文化、地理信息。应当在沿用原有道路肌理的同时，避免大拆大建。对于散落在古城内的众多历史建筑、遗迹，应当划定保护范围加以严格保护，防止其周边的现代化建设与文物出现不协调的现象。就明故城而言，应保护"以城卫庙"的整体格局特色。

2. 古城风貌控制

一是应依据空间结构特色，结合现状风貌，划定风貌控制区，提出不同风貌管制措施；划分特殊风貌区、绿地风貌控制区、一类风貌控制区、二类风貌控制区、三类风貌控制区。二是不同控制区制定不同控制要求，如一类风貌控制区，严格控制建筑的色彩、屋顶形制、体量和高度，保持传统风貌；二类风貌控制区，新建建筑的色彩、屋顶形制应符合传统风貌，有条件时逐步改造与传统风貌不协调的建筑；三类风貌控制区，新建建筑在建筑风格上应与传统风貌相协调。

（三）传统中轴线保护

明故城的传统中轴线最初形成于明代，从神道路开始，向北穿过万仞宫墙城门，贯穿孔庙，经过金声玉振坊、棂星门、圣时门、壁水桥、弘道门、大中门、同文门、奎文阁、大成门、杏坛、大成殿、寝殿、圣迹殿，最后抵至孔林中的孔子墓，全长约 3.25 千米。

首先，严格保护明故城的传统中轴线，重点保护中轴线上的重要节点以及合院为背景的历史环境，严格控制中轴线两侧的建筑功能、高度和界面以及不同区段形成的空间尺度和历史文化氛围。其次，向南延伸明故城传统中轴线，强化南部新城轴线的功能和空间控制，突出历史文化内涵，使其成为整个城市的历史文化中轴线。

（四）市域、视廊的控制

一是视域保护仰圣门城楼、延恩门城楼俯视明故城；周公庙台地看孔林、鲁故城东北城墙遗址；静轩东路看鲁故城东南城墙遗址；京福高速看少昊陵遗址；北环路和秉礼北路、归德北路交叉口依次南望孔林、鲁故城东北城墙遗址、明故城；孔子研究院北看万仞宫墙城门。二是控制视域内建筑的体量及色彩，避免体量和屋顶尺度过大的建筑以及大量高彩度和高明度的色彩对视域内的视觉景观造成破坏。

另外，视廊保护神道路眺望万仞宫墙，阙里街眺望钟楼，县后街眺望大成殿屋顶，西门大街眺望孔庙角楼，西门大街眺望教育博物馆，仓巷眺望仰高门，西华门街眺望西华门，鼓楼东街和鼓楼西街眺望鼓楼，鼓楼北街眺望延恩门，陋巷街眺望陋巷坊，崇信门和池东街眺望泮池亭，以及保留城墙、两处剧场、西五府、孔广森故居、二府等的视线。

（五）传统街巷保护

道路街巷是城市重要的结构要素，现在明故城内大部分道路保持历史走向，大部分街巷还维持历史的尺度，这对于明故城现在的格局保存意义重大。这些历史上存在的街巷，一部分街巷的尺度和走向均未改变，具有重要的历史信息和价值，称为历史街巷；而有些街巷走向未改变，尺度等均已改变，历史信息丧失几尽，称为一般街巷。

首先，保护历史上形成的特色道路格局以及以半壁街、陋巷街、东门大街、南门大街、棋盘街等为代表的道路名称；其次，不随意拓宽道路和改变道路线形，保持街坊内的街巷格局特征，不改变其空间尺度；最后，严格控制风貌型街巷的街景，形成各自街巷景观特色。另外，城市主次干路不得穿越历史城区以及文物保护单位的核心保护范围。一是对林道路、神道路、棋盘街、陋巷街、五马祠街、阙里街和半壁街7条街巷采取一类保护措施；二是保留相关历史信息，严格街巷的名称、走向、空间尺度，延续街巷传统风貌相关历史信息，对县后街、颜庙街、博爱胡同、三皇庙街、结义胡同、仁义胡同、颜庙夹道（外夹道）等15条街巷采取二类保护措施；三是保留相关历史信息，不得随意更改街巷的名称、走向，不得大幅拓宽街巷尺度，对西门大街、东门大街、通相圁街、城隍庙街、天官第街、辘轳把街、书院街、旧县街和周公庙街等24条街巷采取三类保护措施，保留相关历史信息，不得随意更改街巷的名称、走向。

（六）建筑高度和色彩控制

一是严格控制明故城内整体建筑高度层次，强调从"万仞宫墙"到孔庙大成殿的主要轴线的高度主体地位，特别是大成殿的统领地位；明故城的其他建筑在高度上不允许超越。二是根据不同建筑功能及风貌分区，划定不同高度控制区，分区控制建筑高度。将整个历史城区划分为特殊控制区，缓冲调整区，层数控制区（一层控制区，二层控制区，三层控制区）。三是控制色彩。明故城主导的建筑色彩是青灰色的民居，其烘托金色和绿色的庙宇建筑群。明故城范围内的建筑，除了孔庙和颜庙外，以青砖粉墙灰瓦为主色调，禁止使用琉璃瓦屋顶。

四、明故城建设案例

（一）历史文化街区

1. 五马祠街改造

五马祠街是明故城内东部（孔庙、孔府以东）东西向主要街道之一，也曾是曲阜明故城历史建筑最集中的街道（图 5-2）。街中段路北原有明朝后期修建的孔氏祠堂，是孔尚经的家祠，名曰"五马家祠"。孔尚经曾做金华知府，"五马"是知府的雅称，所以称其家祠为

图 5-2 曲阜市五马祠街现状——作者拍摄

"五马祠"，其所在街因此得名"五马祠街"。

街中段路北现仍有孔氏二府和孔氏四府。四府为清乾隆年间、衍圣公孔继濩堂弟孔继涵之子孔广闲所始建。四府东是孙氏住宅，已不存在。据传其先人孙毓汶是清代大学士，曾出任两江总督。原籍济宁，后人在此开设济宁玉堂商店。

街中段路南现仍有吴廷玉的住宅。吴廷玉，曾任山东曹县知事，后任直隶政务厅长及保定、津海、大名道道尹。1928年春，吴廷玉请假回曲阜，携大洋2000元交县署救济灾民，后又筹粮食2000袋，专车运至曲阜，补救民众。同年，其子吴培鑫任直隶新城知事时，派人送给曲阜大洋1000元以救灾。街西首路北原有孔氏二府和关帝庙。

街区西连明故城内主要南北向道路——鼓楼大街，东接秉礼路（原104国道迁出明故城后的曲阜城区段），中间与东南门大街、棋盘街十字交叉，全长600余米。1983年版总规提出"建设步行商业区，五马祠街建成店铺街"的计划。1986年的《名城规划建设纲要》再次提出建设五马祠街的要求。改造工程最初是1988年由东南大学吴明伟教授主持规划设计，曲阜市国有开发企业承担施工，占地7.4公顷，规划建筑面积3.5万平方米，分两期实施，投贷1700万元，扩宽街道和重建仿古店铺，同年9月孔子文化节时竣工。

五马祠街的规划与建设是历史文化名城保护的深化，布局合理，各片均有一个自己的主体空间，能够组织相应的商业文化活动内容，形成各自的特色；同时可有效地扩大环境容量，改善环境质量。五马祠街的设计汲取了北京琉璃厂的经验教训，在满足旅游需要的基础上最大限度地拓展建设的社会效益和经济效益。尽管建筑上具有一定的江南风格，但在经营上五马祠街取得很大经济效益，20世纪90年代曾经是曲阜规模最大、经济效益最好的商业街。五马祠街项目规划设计1991年获建设部优秀规划设计二等奖，并获国家优秀建设工程银质奖。由于在文化商业街布局中，对社会经济发展预测不足，加以建成后缺乏严格的规划管理和市政管理措施，以及规划设计缺乏连续性，五马祠街停车空间（包括机动车和非机动车）缺乏；货物配送交通不畅；基础设施不能满足发展要求，如电力线裸露，存在安全隐患；街面过宽，为小摊点聚集创造了条件，给商业交通带来不便等。为此，2008年曲阜市政府对五马祠街又进行了一次改造。

五马祠街富有鲜明的时代气息，在建设过程中拆除了一些原有的真正的历史建筑，现在看来，这种在当时流行的建筑理念是有一定局限性的。拆历史街区建仿古一条街的做法不是历史文化名城保护，因为历史文化名城是以保护真正的历史遗存为特点的。新建的一条街不含有历史的信息，反而给人造成错觉，起到以假乱真的恶劣效果，冲淡和影响了对历史文化名城中真正历史遗存的保护；如果让大多数人误认为仿古建筑就是历史文化名城应该保护的内容，那就更是错上加错。

用仿古建筑取代名城中原有的历史环境，甚至拆除那些尚可保存的历史建筑物而建造这类仿古建筑，对于历史文化名城保护来说，无疑是一个灾难。我们知道，真正的文物建筑和历史环境中保存着历史的信息。它作为历史信息的物化载体，不仅能在今天为我们提供直观的外表和建筑形式的信息，还能传递我们今天尚未认识，而明天可能认识的历史和科学的信息。真正的文物建筑和历史环境是不可再生的。拆除历史街区，不仅所有的建筑被拆除，可以区分不同地段的特征物和树木也被拆除，好像打算从人们的整体印象中洗尽对该历史街区的每一点记忆。吴良镛先生曾指出，这样大片的拆除经济上最合算，唯独没有考虑该历史街区的历史价值和人们的历史记忆，应当坚决制止。在历史街区中，应采取小规模、渐进式的整治方法。[①]

2. 后作街改造

后作街，原名后宰门街，后作街中段南侧有孔府的后宰门和小后宰门。门为孔府重大祭典宰杀牲畜的专用门，故名后宰门，而街以门为名。明清时，此地为孔府酿造街坊，群众习惯称之后作，新中国成立后，易名后作街[②]，是明故城内北部东

---

①　参见赵中枢：《中国历史文化名城的特点及保护的若干问题》，载《城市规划》2002年第7期。

②　参见王翰颖：《曲阜街道命名方式及文化意义》，载《黑河学刊》2011年第4期。

图 5-3　曲阜市后作街现状——作者拍摄

西向主要街道之一。

街区建设需求在 1986 年的《名城规划建设纲要》中提出。建设改造由同济大学戴复东教授主持规划和建筑设计，规划设计方案西起半壁街，东接鼓楼北街，路南为孔府北墙及孔庙北墙，北至官园街，占地面积约 6 公顷，为商业服务、宾馆、饭店、旅游商品店、风味小吃店、工艺制品店以及居住、经营为一体的临街店面和居住社区组团。曲阜市通过市场化运作，利用企业投资将其改建成为民俗旅游一条街和居住社区。1992 年开始施工，一期工程建筑面积 4200 平方米，于 1992 年竣工投入使用，青瓦坡顶的一层、二层为商业建筑，广场居中。二期工程建筑面积 3600 平方米，于 1996 年年底完成（图 5-3）。

经过 30 多年的实践检验，后作街坚持"古朴风貌、现代功能"，在规划上突出了曲阜名城的传统空间肌理，并结合实际推陈出新；其充分注重挖掘再利用的因素，合理布局规划，体现出场所精神，为市民和游客带来良好的生活和购物环境。后作街建成后，不仅满足了旅游开发服务，在古城风貌上也有重大体现。它采用了专家论证的方法，但是对"历史文化遗产"的界定并不清晰，一些老的、有保留价值的建筑并没有保留下来。同时，由于开发商追求经济效益，将原住民搬迁到城外，建成后的街区有些冷清，缺乏生气。后作街开发强度过高，加重了交通、停车等一系列问题；其在建筑创造上注重传统方式和现代文脉的继承，较好体现了"非形态的精神"，但其紧邻孔庙、孔府，建筑形式却与之不甚协调，"传统的形式"体现欠佳。

后作街的规划与建设处于我国计划经济向市场经济过渡时期，很多政策、措施以及机制都带有明显的计划经济特点。后作街是计划经济下的产物。随着保护理念的发展，今天我们对于改造模式和方式有了不同的认识。例如，应保留建筑，但我们当时仅把文化建筑作为保护对象，今天我们不仅意识到历史文化建筑的周边环境也是文化建筑的重要组成部分，而且保护的外延也在日益扩大。

3. 街区改造带来的启示

"认古不认近"的保护观，导致一批丧失经济功能与生活功能，但极具文化与研究价值的近现代历史建筑被拆除损毁。"喜新厌旧"的建设观，导致看起来破旧的真文物被拆毁，而"涂脂抹粉"的仿古建筑与仿古街区却泛滥（图5-4）。

借用历史街区进行商业街文化的创造，可以有效解决城市历史的保护问题和历史建筑的生存与延续问题，在国内外有许多成功的案例。阿根廷佛罗里达商业街，位于阿根廷首都布宜诺斯艾利斯市中心，被称为"南美百老汇"，是一条历史名街。它的兴起最初是依托本国发达的畜牧业，所以最初的商业业态主要是经营皮革制品和羊毛制品。全长不过1200

图 5-4　某地历史建筑与假古董的命运对比——微信朋友圈

米，宽度不过 10 米的这条欧式建筑商业街，经历了上百年的历史沿革，却在阿根廷政府的保护下始终没有改变其历史风貌，改变的只是商业形态（现兼具购物、游览、休闲、娱乐功能）；人性化的商业格局，良好的游览环境，使之成为来布宜诺斯艾利斯市旅游的人们的必访之地。阿根廷很注重这条商业街的品牌效应。围绕佛罗里达商业街，周边贯通的 12 条街形成了一个四通八达的商业网络，大大聚集了商气。

这个建国不足 200 年的国家，对自己的历史文化十分珍视，其实践充分证明了这样一个道理：在历史文化的积淀中提升商业化水平，用商业的繁荣来保护历史文化，实现了商业街建设和历史文化保持的和谐统一。

有关"历史遗产"周边的环境整治，重视理念的创新和充分挖掘当地的文脉资源并结合地缘优势的商家，可给地区发展带来新的经济文化契机。因此，在传统街区改造及传统建筑的保护与开发利用上，不要一哄而上，急于求成，更不要搞"一刀切"。要根据当地的地域、文化、历史和经济条件制定相应的保护开发政策，采取分期实施的办法，使之走上健康开发的道路，避免留下遗憾。

保护和改造的理念是不断发展的，当时，"五马祠街和后作街的开发改建证明其在旧城改建中是一条行之有效的路子"，在当地政府不能解决城市保护建设的资金问题时，这被认为是多渠道、多形式筹措名城保护建设资金的有效方式，但今天我们的保护理念变化了。城市的建设和发展总有一些预见不到的变化。如果在改造过程中留有足够的"弹性"，为未来的发展留有余地，一些"历史的"失误就不会发生或至少有所减少。例如，后作街在"传统的形式"体现欠佳的问题就可能通过后期的改造来弥补和完善。

（二）大型公共建筑

一个城市有无魅力，与城市的建筑有无风格大有关系。大型公共建筑是服务于公众的，具有较大规模和影响力的建筑。在城市发展与历史文化名城保护中，扮演了重要角色。它们往往位于旧城的核心区域，是重要的公共活动场所，是体现城市风格和时代特征的重要载体，是经济社会发展水平的重要体现。它们的兴建效果很大程度上影响整个历史文化名城保护的质量。

公共建筑对市民的感知影响很大，而且经常起到导向作用。我国目前一些大型公共建筑仍存在一些食洋不化和水土不服问题，盲目拷贝和追求怪异，建筑体型上过于强调怪异，形式单一、土地浪费、采用集中能源系统，公共建筑中使用高大门庭现象比较多[①]。

1. 大型公共建筑在历史文化名城保护中的价值

（1）延续城市的特色风貌

在中国古代城池的建设中，宫廷、衙署、寺院、庙宇等大型公共建筑非常重要，它们具有实用和审美双重功能。例如，钟楼、鼓楼一般建在十字大街或丁字街，无论哪个方向的行人都可以观望；它们既是古代城池的标志性建筑，又是城市整体景观风貌和文化特征的重要组成部分。新时代大型公共建筑是城市文化、艺术、体育等活动的物质载体，既是城市的特色标志，也是城市风貌不可或缺的组成。它们是城市在城镇化和国际化进程中所必需的功能要素和彰显城市品牌的名片，对延续建筑风格，提升城市的生活品质，满足城市在区域协作、对外交流、空间景观配置等需求上具有举足轻重的作用。

（2）完善城市的综合功能

在城市发展的过程中，部分旧城区出现了历史文化资源破坏、公共服务设施不足等问题。旧城更新一手牵着城市的历史，一手牵着城市的现实，需从城市功能、布局、产业结构上进行调整，使旧城机能得以完善。大型公共建筑在满足居民生活需求的同时，使长期困扰旧城发展的历史遗留问题得到解决。大型公共建筑是人们

---

① 李代祥、许茹：《住房城乡建设部总规划师：大力推进公共建筑节能》，载中华人民共和国中央人民政府网 2011 年 11 月 20 日，http://www.gov.cn/govweb/zxft/ft228/content_2163402.htm。

进行各种集中性社会活动的场所，其实际运营和良好效用的发挥，往往需要周边地域其他公共服务设施对其各种社会活动的开展提供支撑。大型公共建筑呈综合化、系统化、群体化发展，它们在功能布局、交通组织和空间环境处理等方面对旧城区的功能完善发挥着重要作用。例如，西安大明宫建设，赋予了城市特色魅力，形成了高品质城市文化空间，提升了该地区民众的参与感、获得感和认同感。

（3）营造城市的良好环境

大型公共建筑因其较大的体量及其公共性，往往能成为城市空间景观的重要载体，对良好的城市环境具有较强的赋能效果。[①]一座优秀的公共建筑不仅要在功能上满足快节奏、高效率的当代城市居民生活的需求，而且要在造型上与城市整体的景观风貌以及地方独特的文化特征与精神融为一体，打造彰显城市特色的新地标和名片，重塑城市形象。城市生活日益丰富，生活节奏不断加快，大型公共建筑反映了建筑适应大众生活模式变化的趋势，提供了富有文化底蕴的城市休闲空间，它们一方面满足了人们生活、精神等多方面需要，另一方面形成了一个生态稳定、形式优美的良好环境。

（4）带动城市的经济发展

大型公共建筑所承载的功能对城市的带动作用显著。大型公共建筑通过引入新的产业，作为城市功能的有益补充，并融入其中，极大地提升城市内在活力。城市通过大型公共建筑举办一系列的国际或地方性活动来吸引人流、资金流等，可以在短时间内促使城市获取更多的发展机遇和资本，拉动相关产业的发展及升级，刺激城市的经济增长。

例如，20世纪90年代，迪拜开始以"城市营销"为核心，发展以旅游、会展为业态的经济模式。1999年，外形独树一帜、装修极尽奢华的帆船酒店建成，迪

---

① 参见汪子涵、段安安、申晓辉：《大型公共建筑的城市公共化融合设计初探——以深圳市"南油购物公园"城市设计方案为例》，载《华中建筑》2009年第5期。

拜彻底惊艳了全世界。随后，迪拜不断创造出让人刮目相看的世界纪录，屡屡收获全球的目光，靠着世界较高的建筑哈利法塔、世界八大奇迹之一的棕榈岛、全世界最大的购物中心等林林总总的建筑奇观，以及世界级的游乐设施，成为全球最受欢迎的旅游目的地之一。经过多年发展，2010年旅游业成为迪拜最重要的收入来源，占到GDP的10%以上，超过了石油收入；而且旅游业还解决了迪拜25%的就业率，带动了商业和金融服务业的发展。2019年，旅游业已经是阿联酋的主要收入来源，迪拜的海滩、豪华酒店和购物中心吸引了1673万游客，为其国内生产总值贡献了11.5%。

（5）增强城市的历史质感

城市历史文化环境是城市的宝贵财富，更是城市现代化的重要内容，它不仅可以弘扬民族文化，增强民族的凝聚力和自信心，而且对加强国际文化交流、树立良好的国际形象有着深远的意义。大型公共建筑往往是一个"历史文化环境"区域的"地标性"建筑，有着强烈的地方文化自主性意识。通过加强地方特色和文化内涵的深入研究，这些建筑的独特设计，可以避免市容市貌千城一面，让城市的建筑风格可以延续，增强城市的历史质感。例如，说到西安，一定会说起钟楼。在古长安，钟楼是城市的中心。现在，钟楼又是西安文化的中心。它在历尽沧桑之后，繁华依旧，热闹依然，将人们的思绪和目光从久远的古时岁月延续到眼前。

2.国外的成功案例

（1）毕尔巴鄂古根海姆博物馆

毕尔巴鄂坐落于西班牙的西北部，在西班牙称雄海上的时代，曾经是西班牙国内最重要的工业港口城市以及欧洲重要的钢铁及造船业中心，但随着西班牙海上霸主地位不再，毕尔巴鄂码头废弃、工厂倒闭，城市经济一落千丈。这座昔日的西班牙第四大城市，沦为欧洲寂寂无名的三流城市。

1986 年西班牙加入欧盟之后，政府决定开展毕尔巴鄂复兴计划，并建造一座现代艺术博物馆，希望能够吸引到欧洲探访各种传统艺术和文化的旅客们能"顺道"参观。当时恰逢美国著名的现代艺术品收藏机构——古根海姆基金会想要在欧洲扩张，建造博物馆，双方一拍即合、成功牵手，决定在毕尔巴鄂建设古根海姆博物馆分馆，并邀请弗兰克·盖里进行建筑设计。

1997 年 10 月，这座惊世骇俗的建筑杰作在毕尔巴鄂横空出世。博物馆外层由多个不规则的流线型多面体组成，上面覆盖着 3.3 万块钛金属片，呼应了毕尔巴鄂长久以来的造船业传统。整个建筑乍看之下毫无章法，但盖里有着自己的逻辑。建筑绕着一个中心轴旋转成型，从这个中心开始，一个曲折的走道把 19 个大小形状不一的艺廊连接在一起。在博物馆的内部中庭区域，盖里创造出打破几何秩序性的强悍冲击力。曲面层叠起伏，奔涌向上，光影倾泻而下，盖里自己把这个设计称为"将帽子扔向空中的一声欢呼"。

古根海姆博物馆的落成使毕尔巴鄂市一夜成名。盖里魔术般的设计和古根海姆基金会拥有的那些顶尖的现代艺术藏品形成了巨大的吸引力，一时间冠盖云集、游客如织，被欧洲文化界视为人必躬逢之盛事。毕尔巴鄂古根海姆博物馆总投资 1.35 亿美元，成本在两年内全部收回。开馆后不久，参观人数迅速突破年均百万人次，第一个 10 年就产生了高达 16 亿欧元的经济效益。门票收入占到全市收入的 4%，带动相关产业的收入则占到 20% 以上，博物馆还带动了当地多个行业的发展，创造了近 5 万个就业机会。这座博物馆颠覆了传统建筑设计，也对社会发展产生巨大影响，哈佛大学还曾为这种"用一座建筑拯救一个衰落城市"的现象起了一个专门的学术名词，叫作"古根海姆效应"。因为这座博物馆对城市发展作出的突出贡献，2004 年威尼斯建筑双年展上，毕尔巴鄂市荣获了世界最佳城建规划奖。①

---

① 参见凤凰视频：《传奇建筑"古根海姆博物馆"的造型堪比鬼斧神工》，载凤凰网视频 2020 年 2 月 1 日，https://ent.ifeng.com/c/7tiGMOaO9iq。

毕尔巴鄂市政府与古根海姆"联姻"的整个过程和目的可用 16 个字总结，那就是：借助品牌，开发旅游，提升名气，广开财源。现在我国许多城市都在提出"文化立市"的概念，毕尔巴鄂古根海姆博物馆的建造或许给我们提供了一条很好的城市发展经验。

（2）悉尼奥林匹克公园

悉尼奥林匹克公园是为举办 2000 年悉尼奥运会而兴建的，它位于悉尼市中心以西约 15 千米的康宝树湾（Homebush Bay）郊区，占地 640 公顷。20 世纪六七十年代采石遗留下的深坑大洞，致使此处成为悉尼城市垃圾场。20 世纪 80 年代初，州政府才打算将其改建成为环境优美的公共娱乐场所，即后来建成的双百年纪念公园（Bicentemary Park）和州体育中心（State Sports Center）。申办 2000 年奥运会时，悉尼的方案就是以已建成的州体育中心为基地，把康宝树湾原垃圾场改造为环境优美的奥林匹克公园。

悉尼奥林匹克公园的建设不仅没有占据大量宝贵的城市空间资源，反而在一个环境严重恶化的垃圾场上或盖场馆，或植树种草，形成了一个规模宏大、环境优美的奥林匹克公园，这种设计思路值得城市规划从业人员借鉴。悉尼奥林匹克公园作为奥运会的举办场地，具有全球性的影响力，不仅在比赛过程中获取了巨额的经济收益，而且带动了相关产业的发展。2000 年奥运会结束后，悉尼奥林匹克公园致力于发展体育、教育、健康、文化娱乐、创意产业和环境保护等领域，2002~2006 年，游客数量连年增长，从每年 550 万人次增长到 770 万人次，从而进一步获取了珍贵的发展机遇和资本，拉动了康宝树湾地区的发展。[1]

3. 曲阜大型公共建筑案例

（1）曲阜剧院

曲阜剧院坐落于鼓楼北街路东，北隔龙虎街为颜庙正门，东邻陋巷街，占地

---

[1] 参见魏宗财、马强、罗绍荣：《国外大型公共建筑建设与城市的发展互动及其启示》，载《国际城市规划》2009 年第 1 期。

13.5 亩。1982 年竣工，总投资 120 余万元。这是一个从开始建设就被认为是"不重视重点文物保护"的项目。颜庙，当时为山东省重点文物保护单位（2001 年被国务院公布为第五批全国重点文物保护单位，2006 年 12 月被国家文物局列为世界文化遗产"三孔"的扩展项目，进入《中国世界文化遗产预备名单》）。"陋巷"是颜回居住的地方，即《论语·雍也》"贤哉，回也！一箪食、一瓢饮、在陋巷，人不堪其忧，回也不改其乐"中的"陋巷"。保护好该地区的环境非常有价值，但是设计者和建设者，不顾当时各方面的反对，非要在颜庙前和"陋巷"旁修建剧院不可。《人民日报》发表批评性照片的《立此存照》专栏中曾登过曲阜剧院的照片，并质问"是'陋巷'？还是楼巷？"

1985 年曲阜阙里宾舍建成，召开曲阜阙里宾舍建筑设计座谈会，在座谈会上部分专家发言，依然将曲阜剧院作为反面案例："体型庞大、平顶、花花绿绿，建筑艺术本身不好，又同文物环境格格不入。"

曲阜剧院的选址无疑是错误的，但是，当时曲阜缺少这种功能的建筑；很长一段时间，曲阜剧院的利用率很高，曲阜的重要活动都在这里举办。

最终，2006 年根据《曲阜市明故城控制性详细规划》要求，拆除了该剧院，形成开放空间——现在的圣贤广场，使颜庙轴线更为完整。

（2）曲阜阙里宾舍

阙里宾舍位于曲阜明故城核心区内，北隔东华门大街为孔府正门，西隔阙里街为孔庙，原为孔府"喜房"的位置。"喜房"原是孔府下人办喜事生孩子的地方，除一座旧式的小门外，老建筑在新中国成立前就没有了。后来这里演变成了住户的居住点。住户家中饲养牲畜家禽、户外堆放粪土，环境恶化、有碍观瞻，也影响文物建筑的保护。

阙里宾舍是经国家旅游局批准而兴建的一座高档宾馆，由中国著名建筑学家戴念慈先生主持设计，入选首批中国 20 世纪建筑遗产名录。1985 年建成时，标准相当于国际三星级旅馆，占地 24 公顷，总建筑面积 1.3 万平方米，316 个床位，总投资 2206.9 万元（其中人民币 1544.68 万元，外汇 189.21 万美元），平均每个床位折合人民币 6.98 万元。内部设备先进，装修典雅。

对外开放之初，曲阜的接待能力不足问题凸显，远不能适应需要，亟须建设一处旅游宾馆。1979 年，曲阜县城市建设规划工作组编制 1979 年版总规时提出要建设一处旅游宾馆。1982 年，山东省人民政府批复该规划时指出："基本同意县政府意见在喜房旧址建设，但较大型的宾馆近期仍可考虑建在古泮池南，远期在雪泉建临水庄园式大型宾馆"。

1980 年 5 月，曲阜撤销县革命委员会，恢复曲阜县人民政府。县委县政府针对当时旅游接待能力不足、环境差的问题，召开相关会议，"阙里宾舍"的建设很快纳入了规划建设的议事日程。8 月，曲阜邀请有关专家对《曲阜县城市建设总体规划》和孔府喜房改建方案进行论证，专家们赞同建设旅游宾馆。10 月，山东省建委和省文化局联署签发了同意在喜房旧址建设宾舍的正式文件，并提出保留喜房西墙、北墙等具体要求。

1982 年，山东省旅游事业管理局依据（82）鲁旅字第 22 号文编制"阙里宾舍"设计任务书。戴念慈先生接受了山东曲阜孔子阙里宾舍的设计任务。设计方案完成后，国家有关部门和一些专家有不同意见和顾虑，10 月，由原建设部牵头召开了名流专家座谈会讨论后，原建设部和原文化部同意在喜房建设阙里宾舍的建筑设计方案。

1983 年 5 月，阙里宾舍设计完成，开始建设，当地企业承建土木工程，安装工程和装修工程由外地企业承担。这发挥了本地企业在古建筑施工方面的特长，有效引进外部企业补充自身不足。1985 年 9 月项目落成，试营业。1986 年 4 月 17 日正式开业。

20 世纪 90 年代末，阙里宾舍经营部门为了追求更高商业利益，拆除宾舍东南部院落围墙及绿化建设了保龄球馆及沿鼓楼大街门头房。21 世纪初，为了满足不断增加的停车需求，宾舍经营部门又拆除宾舍正门前照壁及正门两侧围墙，新辟停车场。

孔府、孔庙、孔林是国家重点文物保护单位，是世界著名古建筑，也是全国三大建筑群之一。要在紧靠孔府、孔庙的位置建造一座 1.3 万平方米、拥有 164 套客房、316 张床位的现代宾馆，难度是极大的。戴念慈先生对项目设计总的指导思想是：现代内容与传统形式相结合，新的建筑物与古老的文化遗产相协调。一层、二层建筑以北方传统的四合院为基础组成各院落，使用青灰砖、花岗岩等地方材料，屋顶按当地传统格式与居民房楼相仿。中央大厅的屋顶则采用新型的扭壳结构，外观是传统的十字屋脊的歇山形式，减轻屋顶的自重，增加室内空间，改善采光条件，从而使整个建筑融合在孔庙、孔府的建筑群中，达到与周围环境相协调的效果。宾舍建成后，室内摆放了现代化的特殊制作的"土"家具，显得高雅、和谐、统一，入住的宾客都交口称赞，誉其为"不是文物的文物"。宾舍整个建筑采取中国四合院式布局，组成几个院落，以回廊贯通，与孔庙、孔府融为一体、相得益彰。

内部装修古朴典雅，书法、绘画、雕刻等装饰其中，酒店正门上的"阙里宾舍"四字由当代艺术大师刘海粟先生题写，大厅等处还有赵朴初等名家的墨宝等艺术品。1985 年，时任中国美术家协会主席吴作人与李化吉合作绘制了阙里宾舍休息厅壁画《六艺》。随着命名者匡亚明、题字者刘海粟、设计者戴念慈这三位著名大师的离世，这座建筑似乎更成为经典。

阙里宾舍外形庄重大方，富有民族特色、文化气息，与孔庙、孔府建筑群成为统一的和谐整体。作为建筑艺术上的一个佳作，它在建筑界有一定影响。在总平面格局上，它采用四合院形式。为了和孔庙、孔府相协调，它采用和它们类似的中国传统风格的屋顶，但尽量突破旧的法式，使梁柱体系适合于钢筋混凝土的结构规律，有的檐柱的跨度结构达到 12 米甚至 20 来米。中央大厅的屋顶采用了四支点的正方形伞壳，在室外室内如实地表露它的构造（图 5-5）。

阙里宾舍在设计中采取"不是突出自己，使旅馆在外观上引人注目，而是把旅馆淹没在孔庙孔府这个建筑群之中"的方针。一方面化整为零，把整个建筑分为若干零碎的小块，缩小每块的体量，以便和孔府的体量尺度相一致。另一方面考虑到曲阜是历史文化名城，商人和寻欢作乐的游客一般不会对这个地方感兴趣，来的大

图 5-5　1980 年代曲阜阙里宾舍（上）现在曲阜阙里宾舍（下）
　　　　——曲阜市规划局

都是慕孔子、孔庙之名，想要了解中国古代文化的人。因此，宾舍没有接受采用琉璃瓦的建议，没有使用油漆彩画，不强调商业气氛，不追求珠光宝气、富丽堂皇；而是突出文化气氛，以朴实无华作为整个建筑的主调。整个室内设计、家具陈设和书画装饰在格调上、题材上都突出此文化主调，使人们置身其中，引起对古代文化的遐想。而孔庙、孔府两边围墙的保留，更保持了环境的原状，丝毫没有引起观感上的变化。[①]

---

① 参见戴念慈：《阙里宾舍的设计介绍》，载《建筑学报》1986 年第 1 期。

宾舍从一开始就争鸣激烈，因为宾舍的建设，对于全国重点文物保护单位孔庙、孔府的环境，到底起正面作用还是反面作用，大家都没有底。方案设计完成后，多数专家对建筑方案本身都很认可，但对于规划选址却有顾虑。例如，吴良镛先生提出："二孔边上这片'空地'，不应该匆匆占用。"建成后，戴念慈先生深信宾舍的创作是既搞新建筑又不破坏环境、是中国传统建筑形式适应于现代化的使用要求、是中国传统建筑形式和新的科学技术有机结合的成功典范。大多数专家也肯定了宾舍的创作借鉴了传统院落手法，在探索中国特色建筑方面是一个有益而成功的尝试，堪称 20 世纪 80 年代的代表性作品之一。对于规划选址，专家们认为："宾舍不仅没有破坏孔庙、孔府的文明环境，甚至可说较之选在远离这文物建筑的地点更加有利，因它占领了这重要地位就可以避免将来其他建筑的闯入，更有效地保护了环境。"吴良镛先生也认为这是一个比较成功的设计。宾舍同"二孔"的环境风貌关系做到了有机结合、彼此协调，而且地位上宾主分明，宾舍使自己居于宾位（控制设计高度、体型、布局组合及外貌色调）。因此相得益彰，加强了对孔庙、孔府的烘托。[①]宾舍还获得原建设部 1986 年颁发的全国优秀建筑设计一等奖、金瓦当奖及中国建筑学会颁发的最优秀建筑设计奖。

当然，也有学者认为宾舍存在某些不足。阙里宾舍当时选址在孔府喜房原址时，许多专家认为值得商榷，可是在孔庙、孔府、颜庙部分建筑还在闲置、衰退的时候，喜房又怎能引起大家的关注呢？阙里宾舍建设完成后，多数专家还是认可阙里宾舍占领这片"重要地区"是有利的，1982 年关于宾馆建设的批复是科学合理的。但也应看到时代变迁的力量，阙里宾舍的规划和设计对未来的预测还不能准确，建设时没有保留部分历史建筑同样值得商榷。

（3）孔府文物档案馆

由于历史原因，孔府文物档案原有的保管条件一直很差，文物保护设施及设

---

① 参见张铸等：《曲阜阙里宾舍建筑设计座谈会发言摘登》，载《建筑学报》1986 年第 1 期。

备十分落后，党和政府十分重视这一问题。1989 年 9 月 26 日，谷牧委员在视察孔府库房时指出，"有关孔府的文物资料，尤其是手抄件，一定要想方设法保管好，一点都不要损坏"，并倡议先建一个规模小一点的，对文物图文声像信息能够进行三维存储和管理的现代化的孔府文物档案馆，以保存、阅读和研究有关孔子的文物、资料，项目的钱可以由孔子基金会动员捐款，各方集资统筹。经过山东省政府、曲阜市政府和曲阜市文物局慎重分析、研究和策划，决定选址于孔府的东仓（原为孔府内粮仓、马房、车棚等所在地）建造一座具有现代化保存条件的文物档案馆。

1990 年 2 月 28 日，时任中共中央政治局常委、书记处书记的李瑞环同志到曲阜视察时指出："在曲阜这个地盘上，市委、市政府的主要责任是要把文物保护好，名城保护建设好，旅游开发好。全国地方很大，不靠你们这个地方挣钱"，"曲阜市城市建设保存古代风貌，这很好。现在我们没有钱，将来总是会有的。现在不要搞乱了，以免将来有钱也不好办了。"

孔府文物档案馆 1989 年开始设计，前后做了 5 个方案，1990 年 9 月定案，1991 年 5 月开工，1992 年 9 月竣工。之后又经过一年多的库房干燥期和设备试运转，文物档案入库。建筑的选址、规划和建筑设计都由戴念慈先生审定。孔府文物档案馆运用传统的建筑形式，"一真两假"三进四合院布局，用真假四合院布局相结合的方法化解庞大的建筑体量，减小建筑的尺度；主体为两层，总面积约 4000 平方米；与孔府原有建筑群融为一体，成为孔府建筑群的一个组成部分。

孔府文物档案馆，是我国第一座按国家一级风险标准设计建造的最大的私家文物档案馆。[①]馆藏书画主要为孔府旧藏，数量丰富，书画总计 6555 件，多为孔子及其后裔画像，孔氏后裔及孔府传世名人书画作品，具有较高的艺术价值及历史价值。孔府文物档案馆的落成使用，使孔府存有的珍贵文物、孔府明清档案得到了非常好

---

① 参见赵秀恒：《金鼎照壁　文物长存——记孔府文物档案馆设计》，载《时代建筑》1995 年第 1 期。

的保护、珍藏。

（4）孔府西苑二期（万豪酒店）

孔府西苑南临通相圃街（也称西门大街），西接城隍庙街，东靠半壁街，北至

图 5-6　万豪酒店庭院——微信公众号"中国建筑设计研究院"

天官第街；以辘轳把街为界，分为一期、二期工程。一期工程于 2000 年 9 月投入运营，总面积 6000 多平方米，使用功能为五星级酒店，是一处仿古建筑群落。二期工程使用功能亦为五星级酒店，地上两层、地下一层，主要由酒店公共部分、客房区、中餐宴会区和西区四合院客房组成，（图 5-6）总建筑面积为 71,350 平方米（地下 26,850 平方米），地下室为汽车库、设备用房、洗衣房等酒店附属用房。

孔府西苑二期工程选址是明故城中非常重要的位置，与世界文化遗产孔庙仅一街（半壁街）之隔，周边历史遗存丰富。通相圃街名来自《礼记·射义》："孔子射于矍相之圃，盖观者如堵墙"。天官第街，在清康熙年间，有颜伯璟宅。颜伯璟治家甚严，教子有方，其三子皆为清康熙朝进士，故有"颜氏一母三进士"之美传。其次子光敏官至吏部考功司郎中，旧时吏部亦称天官。第，大的住宅之称，故世人称此家为天官第，街亦以天官第命名。城隍庙街西、通相圃街北有曲阜明清县衙，始建于明正德九年（1514 年），原占地 19.5 亩，清制旧有五厅五楹及一些配房、监狱等，共 118 间。现仅存二堂五间，东西长 19.7 米，南北宽 9 米。男监早年被拆，女监于 1999 年拆除。其为研究早年曲阜县衙的建筑结构提供了重要的实物材料。

　　孔府西苑二期基地曾是孔庙的附设机构——按照左庙右学体例设立的"四氏学"旧址。1009 年，孔氏家族创办"庙学"，1587 年扩大为孔、颜、曾、孟"四氏学"，1614 年，孔子 63 代孙孔贞丛将"四氏学"迁至现址，民国十三年（1924 年），衍圣公府在"四氏学"现址创办了"阙里孔氏私立明德中学堂"，孔子 77 代孙、末代"衍圣公"孔德成先生出任名誉校长。1947 年改为县立中学，1952 年，曲阜县政府创办曲阜中学，次年迁至"明德中学堂"校址，1958 年更名为曲阜第一中学，多数建筑或拆除或改建。2002 年，曲阜市为改善已远远不能适应教育战略发展和经济发展需要的办学状况，创建全国千所示范中学，作出了整体迁建曲阜第一中学的决定。曲阜第一中学新校址位于新城区春秋西路路北，建设工程于 2002 年 10 月全面展开，2003 年 9 月 1 日投入使用，同年曲阜第一中学迁出后，孔府西苑二期工程开始筹备建设。

　　《明故城控制性详细规划》（2006 年）对该地块提出的实施建议为：孔庙西侧、原曲阜第一中学地段是历史上曲阜的文化教育场所所在，规划在这一地段延续文化教育功能，建议设置特殊教育功能，如面向世界范围的教授中国传统文化、中国儒学的课程；面向青少年的宣传中国传统教育的夏令营等。但是土地使用权在企业手中，且已经建设了孔府西苑一期工程，孔府西苑二期工程建设计划也早于《明故城控制性详细规划》（2006 年）。因此，曲阜市和土地使用权所有人决定继续建设五星级酒店。酒店方案由崔愷院士牵头制定。在尊重历史文物的前提下，将五星级酒店的需求融入院落式布局的建筑群中，是设计的首要难点。

　　①基本策略

　　方案针对基地内历史遗存丰富、文化悠久的具体情况制定基本策略，对其进行处理。一是原址修复。保留孔家学堂传统布局样式，重新整改修复，采用传统样式并根据当地建筑族群肌理和建构原则，建造舒适、现代、静谧的旅游休闲的体验式高档文化酒店。二是异地再现。基地内的关帝庙已历久无考，为保证文化存证，设一处关帝展厅在学堂之中，以供观瞻。基地原为孔子余脉九支中的大府所在，为保证文化传承，在北侧客房区设置大府宅院作为高档体验区。

②总体格局

项目遵循孔庙的轴线、参考孔府的院落形态、借鉴阙里宾舍的合院尺度，从而确定了规划形态——整体轴线与孔庙轴线平行，布局采用当地建筑群南北向层层院落递进的形式，与整个城市肌理吻合。孔庙为宫殿式建筑群，孔府则偏向于住宅。酒店设计以公共区和客房区与二者分别对应，体现对传统的尊重。整个项目分为 6 个区，1 区为酒店大堂和餐饮区域，由一组一层中式建筑围合出酒店的公共绿地，2 区为二层的餐饮会议区，3、4、5 区为二层客房区，共计约 200 间客房，6 区为配套办公用房。依照孔府西苑一期工程及保留建筑部分形成的建筑空间轴线，根据酒店的不同功能分区，形成各自功能的领域，并生长成为不同的空间。在这些空间之间自然形成一些道路，隐喻了孔府或孔庙的建筑肌理。[①]

③功能分区

孔家学堂、酒店大堂公共区、孔府西苑一期，三组基地的建筑群体由西到东自然形成了三根南北向而略有差异的轴线，依照这三根轴线，生成了西区的第四条轴线，并且依次布置了西侧客房区、孔子学堂、酒店大堂、东区客房。孔家学堂在原有保留建筑的基础上，进行恢复建设，以增强整个项目的文化气氛、提升项目品质。酒店大堂充分体现了历史与现代的结合，客房与餐饮区通过贯通的室内外廊道连通了各有幽静院落的酒店客房，层层嵌套的院落以及组团间自然形成的缝隙甬道暗示了曲阜悠久的城市发展历程。酒店的南侧为酒店配套的中餐厅及宴会厅区域，北侧利用孔府西苑一期工程的后院设置花园，作为休闲交流的场所，从而使整个项目成为有机的整体。[②]

① 参见《中国院作品 | 曲阜鲁能 JW 万豪酒店》，载微信公众号"中国建筑设计研究院"2022 年 4 月 14 日，https://mp.weixin.qq.com/s/3hzfqnh13D0VJCupGVKUqw。
② 参见何佳、赵暄：《传统语境下的现代园林式酒店——论孔府西苑二期酒店的规划理念及造型手法》，载《城市建筑》2018 年第 20 期。

④建筑形态

设计借鉴传统的造型手法和元素，适应现代五星级酒店的功能需求，创造出全新的坡屋顶形态。庭院围墙体现"围"的处世观，兼具"合"的生活观，院墙和院门设计半围半透、兼具古今，形成"聚落"。公共区屋顶举折明显，形成优美的屋面曲线。客房区则相应平直，采用无屋脊的卷棚顶，轻巧舒适，也衬托出东侧孔庙的雄浑气势。公共空间吸取山东园林的特点，以方亭作为空间核心；客房部分则以精巧的民居院落为原型。

建筑外墙采用先进的装饰多孔砖复合外墙技术，内叶墙为自保温页岩砖，外叶墙为仿古的矿物陶土砖，内外叶墙间设置空气间层。该外墙体系保温性能好，节能环保，外观效果也好，砖墙的质感能够得到充分体现，形成错落有致的整体天际线。由于建筑形体为复杂交错的坡屋顶，因此管线的走向及排布对于室内空间的舒适度影响较大。项目采用先进的 BIM 技术，优化各专业系统设计，在施工前把未知的冲突点提前排查，指导管线安装，使施工顺利进行。

⑤社会效益

项目提倡以人为中心，注重传统文化和历史文脉的继承与发展，把促进文化传承作为核心价值；在建筑形态设计上，借鉴传统造型手法，在屋顶形式、建筑色彩及材质等方面吸收精华，酒店建筑群的天际线与孔府的传统建筑充分协调，形成错落有致的整体天际线；尺度宜人的合院、内敛精致的室内及景观设计创造令人愉悦的公共交往空间给人带来丰富的细节体验，体现出对传统文化的认同。

⑥经济效益

项目构建清洁低碳、安全高效的能源体系，其实现途径体现在建筑合理设计布局和朝向、清洁能源利用及环保技术应用等方面。酒店设计布局合理，以南北朝向为主，充分利用自然采光及通风；采用以电能为主、天然气为辅的能源结构；推行雨水收集再生利用，雨水下渗，绿地调蓄，涵养绿地生态；垃圾 100% 收集处理，实现减量化、资源化、无害化。①

4. 明故城公建带来的启示

大型公共建筑建设应当促进城市规划建设治理，推动城市结构优化、功能完善和品质提升；从客观实际出发，具体情况具体分析，在一定的条件下进行创新。保护好传统街区、保护好古建筑、保护好文物的同时，应把历史文化延续性保护好，合理化继承建筑风格。空间高度、体量、密度控制及空间色彩协调化等一系列配套措施有机结合，以达到可能的最佳空间造型组合，取得最高的艺术效果。

整个明故城均为世界文化遗产的缓冲区，因此，这些大型公共建筑的选址位置均处于"重要地区"，紧邻世界文化遗产，这也使这些大型公共建筑自带优越的历史文化禀赋。上述明故城的 4 个大型公共建筑案例，除曲阜剧院外其他 3 座建筑均为大师作品。这些建筑有着共同点，其方案皆提取孔庙、孔府和其他传统建筑中的元素加以利用。例如，在入口处使用孔庙中的照壁元素、孔府中的垂花门元素，体现当地的文化特色；借鉴孔庙承圣门院落中的五花山墙，在建筑山墙面中加以简化利用，统一建筑风貌；对比曲阜当地古建筑的屋面坡度，找出几种具有代表性的比例关系，因地制宜在公共区采用相对陡一点的坡度，在客房区采用最为缓和的坡度使用，体现出对孔庙的尊崇，又不失古建筑风采。在总平面格局上，采用北方地区的传统院落手法，贯彻"不是突出自己，而是把建筑淹没在孔庙、孔府这个建筑群之中"的方针。为了和孔庙、孔府相协调，设计借鉴它们的造型手法和元素，采用和它们类似的中国传统风格的屋顶、立面，但尽量突破旧的法式，使梁柱体系适合于钢筋混凝土的结构规律。这些建筑的创作，在探索中国特色建筑方面是有益而成功的尝试。

---

① 参见《中国院作品 | 曲阜鲁能 JW 万豪酒店》，载微信公众号"中国建筑设计研究院"2022 年 4 月 14 日，https://mp.weixin.qq.com/s/3hzfqnh13D0VJCupGVKUqw。

（三）民居建筑

民居是历史上出现最早的建筑类型，也是建造量最大、数量最多的建筑类型。它是中国建筑大家族中的重要组成部分，是指那些民间的、一代又一代延续下来的、以居住类型为主的"没有建筑师的建筑"。民居建筑不仅紧紧地与自然环境及生活方式相辅相配，有着明显的地域性、民族性，而且还随着时间的推移、生活的改进而变化、提高、发展，有着时代特色。民居的造型是在不断演进中形成的。[1]

1.民居在历史文化名城保护中的价值

作为"母体"的民居建筑是城市历史风貌重要的组成部分，是历史上各个阶段的真实写照，反映了当时、当地的民风、民俗和历史科技水平以及社会发展的进步程度，是人类历史上文化遗产中的实物。它们是不可再生的历史文化资源，一旦破坏，将不可替代，即使按照原样复制，仍为现代建筑，已不是历史上的遗存实物。民居在历史文化名城保护中有着重要意义。

首先，民居有利于提升城市旅游竞争力。这些数量稀缺的古民居是历史留给未来的珍贵的有形文化遗产，保护这些古民居就是一种合理的旅游开发。民居建筑有着深厚的历史文化背景与内涵，是老城的精神载体；它们有着强烈的依附性和不可替代性，是老城的形象代表，是老城的灵魂；更重要的是能给后代留下文化基因和历史信息。保护古老民居就是保护文化特色和旅游资源。

其次，民居有利于延续历史街区的传统风貌。民居作为与城市某一个重要的发展阶段密切相关的线索与物证，具有传递历史信息、帮助人们了解历史本来面目和发展渊源的功能。它们是民俗文物的生息老窝，是民俗文物产生的历史环境。保护与利用好这些古民居既能延续历史文脉、保存古城风貌，又能满足现代社会生活和旅游商业活动的需求，让悠悠古城焕发时尚新活力。

再次，传统民居具有艺术（审美）价值。建筑作为艺术的一面，作为一种上层

---

① 参见嵇立琴：《影视发展对中国民居的影响》，载《电影评介》2006年第19期。

建筑，和其他的艺术一样，是为它的经济基础服务的。不同民族的生活习惯和文化传统又赋予民居建筑以民族性。它是社会生活的反映，其形象往往会引起人们情感上的反应。

复次，老城区内的民居古建具有一定的历史和文物价值。老民居的设计构造、建筑情调带给人们精神上或情绪上的感染，它们展示了特殊的设计、风格和技艺。传统民居无论是在单体建筑的结构造型、细部装饰、内部布置上，还是在建筑族群、村镇聚落的选址、布局上都蕴含着一定的科学道理。

最后，民居反映了当地居民的文化习俗。民居具有很高的文化品位，是我国建筑艺术宝库中的重要组成部分。居住是一个复杂的物质文化现象，因社会、种族、文化、经济及物理环境因素相互作用而各有差异，表征着各地方、各民族丰厚的历史文化信息以及对外交流学习的演变历程，见证与记载着各历史时期人们物质文化、精神文化生活的方方面面。

2. 上海新天地

上海新天地由成片石库门里弄住宅组成，地块位于思南路兴业路风貌保护区内，除了地块内的"一大会址"属重点保护对象外，尚有黄陂路和兴业路上小部分历史建筑属保护对象，其余大部分按规定只要控制体量，是可以拆除重建的。但是新天地的开发商没有采用传统的拆旧建新的做法，而是以经济与文化相促进、旧建筑与新生活互动的理念来改造新天地。地块内的石库门里弄，既给开发项目带来了商机，也为地区的发展增添了新的魅力，还保护了地块内的历史建筑，可谓一举数得。

上海新天地原有的石库门里弄，由于年久老化，许多房屋已近于危房，为了保护里弄格局的建筑外观所进行的保护性改造每平方米的建筑投资超过1万元。上海新天地开发前与其近前的淮海路的商业与文化几乎没有任何联系，也没有促进淮海路的商业效应向两侧发展，其开发将原住宅功能转向为公共性的商业与文化活动，最大限度地挖掘地段的潜在价值，并以石库门建筑文化与淮海路的商业文化产业互动,从而给项目带来了商机。与此同时,着力引进新的生活形态,利用淮海路商贸街的优势,吸引和培育诸如设计、展示、艺术品拍卖、书店、娱乐等各种文化商业活动。在这里,老建筑与新生活融合在一起,使文化享受达到新的境界,上海新天地地区的旧式里弄焕发了青春。

上海新天地的实践证明旧城历史文化地段,以其丰富的文化底蕴对旅游者有相当强的吸引力。在进行保护、更新时,积极利用旧城原有的历史文化资源发展休闲旅游业,不仅对本城居民具有吸引力,也将吸引外来游客;将之建成为国外称作"R·B·D"(Recreation Business District)的"休闲商务区",不仅有效保护了旧城内的历史古迹,提高旧城区自身的就业与税收水平,也是促使旧城经济得以复兴的一举多得的有效办法之一。[①]

3. 明故城民居建设历程

曲阜的传统民居是院落式民居,一般只有一进,三个或四个建筑和一个天井共同组成一个院落。曲阜的院落式民居在当地俗称四合院,与公共建筑相比,尺度小、自成独立的单元(图5-7)。明故城内的四合院,原来一个院落住一户人家,但20世纪60年代以后由于人口增加以及城乡宅基地统一安排政策等原因,一个院落变为多户人家分住。从那时起,明故城内一个家庭住

图 5-7　曲阜传统四合院(慎修堂)——曲阜市规划局

① 参见杨永生编著:《建筑百家杂识录》,中国建筑工业出版社 2004 年版,第 205 页。

在一个完整的院落里的情况就比较少了。

明故城内的民居建筑在民国期间，除了少数富裕户是板瓦屋顶房，一般人家多是草屋顶房、旧式门窗，使用面积狭窄。20世纪60年代开始，民居建设多为室内夯土地面，石灰挂皮的土坯墙，建筑根部60厘米左右和房屋四角为防水砌筑青砖垛，屋顶覆盖机制板瓦。20世纪70年代开始，多为青砖砌墙到顶的机制板瓦屋顶房，外墙面青砖用水泥勾缝，内墙面抹白灰，采用三合一灰土夯地，开始时兴玻璃门窗，房屋面积也在逐年扩大。

明故城内现状民居多建于20世纪80年代及以后，院落分布和建筑布局形式大部分仍是传统合院形式。这符合曲阜气候条件特点，也比现代居住建筑更能营造历史文化和家庭氛围。但建筑本身形式已经改变，正房多为前出厦，水泥铺地，窗上安置钢筋过梁，室内墙壁刷涂料。部分富裕户始建两层小楼。城市政府在人居环境上并没有投入精力，在一些历史街区、典型民居院落中，居民住房破败不堪，基础设施不配套，缺乏必要的生活设施。

改革开放以后，明故城各项基础建设加快，居民往城郊搬迁者逐步增多，首先在城北坊上、城南等处建起新的居民点。20世纪80年代开始至90年代末期，随着曲阜新区的建设，原来明故城的居民逐步搬迁至城南新区。同时，由于明故城内缺乏保护措施，许多民居建筑年久失修、逐渐破败。有的居民自行改造，改造方式一般是，在室内设置顶棚，将原有窗户更换成铝合金门窗或木质平开窗，在建筑外墙搭建简易房等。明故城内居住环境进一步恶化。

21世纪开始，随着明故城内居民经济收入的提高，居民亟待改善居住条件。一些有条件的居民主动搬迁到城外的居住小区，明故城内的居民数量开始下降。留在城内的居民，在缺乏规划有效指导的情况下，经济条件好的建设了新式房屋，经济条件差的也在想办法改善居住条件。这进一步造成一些古民居被拆毁，一些院落胡乱搭建房屋。这时，老城居民人口构成也发生了改变，老龄人口、低收入人口以及租住人口的比重增加，房屋的空置率也有所增长。

4.明故城民居典型案例

这些传统民居建筑，保存了曲阜传统的居住状态和居住文化信息，反映了曲阜优秀的民间建筑创作。东门大街工商银行南部街区和古泮池片区就是这种稀缺住宅遗产的代表。区域的传统格局、街巷肌理、道路走向和部分古民居还保留着历史的印记，但由于没有"物业"管理工作，居住环境越来越差，院落杂草丛生、房屋外部残缺、道路破损、污水四溢。改善人居环境、美化城市形象、提升城市品位是保护好这些珍贵遗产亟须实施的措施。

东门大街工商银行南部街区

东门大街工商银行南部街区位于明故城东部、东门大街南，西起齐家胡同，东到王家胡同，南至看守所边界延长线，面积1.08公顷（见图5-8）。街区保留了一些非常具有历史价值的古民居，例如，东门大街43号、44号、齐家胡同8号等。20世纪六七十年代，该街区民居大多被龙虎居委会或粮食局收购并租赁给个人使用。几座不多的二进院落的民居，由于家族的原因或搬离曲阜，或进行了分割，如齐家胡同9号院子被一分为二。

20世纪80年代，该街区建起了部分职工家属院。例如，王家胡同原是县邮电局办公场所，在1982年建成一栋二层宿舍楼，共有8户居民。20世纪90年代，小街小巷没有什么变化，但人口有所增加，居民为满足自

图5-8　东门大街工商银行南街区——作者整理

己使用功能的需要，有些在自家院子搭建新建筑，有些拆除原有传统房屋，改建成新的建筑。但仍然有部分古民居保存下来，如东门大街 43 号、44 号等。

2000 年以后，因为区域环境恶化（人口增加，缺乏公共设施，没有绿化、休闲空间等），条件较好的居民搬迁到城外新建的现代化居住小区。留下的居民，大多数是由于家中有病人或其他原因而导致经济条件很差的居民；当然，也有小部分是经济条件很好、文化水平也比较高的居民。经济条件很差的没有能力改建民居，迫不得已时进行简单的修缮，也是按照最经济的办法进行，不会关心建筑风貌问题。而经济条件很好又有一定文化意识的居民，他们能够认识到传统民居的价值，在修缮时有意识地进行保护，按照"原来"的样子进行维护，但这类居民所占比例很小。

街区中的 3 号民居（图 5-9），曾经被电影《阙里人家》选为外景地，在拍摄电影时还是一个传统的四合院，但由于民居的居住者不满于老民居的生活环境和居住功能，而地方政府对这类传统民居的保护也不够关注，民居的居住者最终"更新了"这座传统民居，拆除了原来的房屋，增加扩建了房屋建筑面积，改建成了新的现代建筑。其传统四合院的建筑构件——门、窗等都换成了现代建筑材料铝合金的，建筑已经完全没有原来的样子，只有院子中的一棵海棠树还保留着曾经的记忆。

在国内外，有许多历史街区和古村镇被选为外景地拍摄影视剧，从而带动了当地经济的发展，拓宽了人们的视野。例如，旅游名胜西递村、宏村，通过电影《菊豆》《卧虎藏龙》等影片为人们

图 5-9 《阙里人家》的外景地民居位置——作者整理

所熟悉，带动了当地的旅游业，也揭开了徽州民居的神秘面纱。可见，要让老城民居保存下去，民居的保护与创新尤为重要。传统民居的精神和文化应当被继承和发展，也应赋予传统民居新的生气，使它富有生命力，成为真正安全舒适、适应环境及使用方便的各类建筑空间环境。

东门大街43号、44号为明清建筑，具体建设时间不详，其"四合院"的布局结构保存较完整，建筑风貌较好，但质量较差，有随意搭建的问题（图5-10）。由于房屋产权复杂，加上出于对古城风貌的保护，21世纪始城市规划对明故城民居建设采取了控制措施，规定居民不得随意加建、改建自己的住房，致使这两个建筑风貌较好的院落无人进行整修，只能是越来越破。像这样风貌较好的传统民居，完全可以作为优秀民居代表进行"样本保护"。

图5-10　东门大街43号（左）44号（右）——曲阜市规划局

明故城内的大部分民居院落，政府应当鼓励居民整修，同时给予政策的配套和扶植。鼓励居民改善生活质量和环境风貌，有些工作居民自己可以完成，有些需要政府来完成。基础设施改善，政府应当主动解决。而居民院落内部的建筑和环境改善，可以由居民自己完成，或是在政府资助下完成。政府同时需要编制居民改善民居的导引性文件，并实施试点项目，让居民了解哪些是可以做的，哪些是禁止的，从而让民居院落在建筑和环境风貌上能达到明故城的风貌要求。为了鼓励居民对民居的改善，政府可以对符合要求的院落使用者提供某些优惠政策。

古泮池街区

古泮池街区位于曲阜明故城内东南角，以古泮池为中心，北起五马祠街，西至南门大街，东面和南面为环城马道，总面积 14.72 公顷。街区内主要以居住为主，人口密度很高。南门大街曾是济微公路曲阜城区段，是原曲阜城内商业荟萃中心，街道两侧，商行店面鳞次栉比。

古泮池是一个东西长、南北短的矩形水池，鲁僖公在此建宫，"其东、西、南方有水，形如半壁，以其半放辟雍，故曰泮水，而宫亦以名也"。《诗经·鲁颂·泮水》有"鲁侯戾止，在泮饮酒"句。它是中国最早的官学遗址、最早的园林遗址，据传为孔子课余与弟子游憩之处。西汉初年，鲁恭王刘馀在这里修建了一座灵光殿。1755 年，衍圣公孔昭焕在古泮池北岸为乾隆皇帝始建行宫。光绪二十四年（1898 年）衍圣公孔令贻在古泮池北岸兴建文昌祠。

随着历朝历代对孔子及其思想的不断推崇，鲁国泮水、泮宫逐步演化为中国教育和文化传承的代名词。泮池作为儒家圣地曲阜泮水的象征，成为所有孔庙水池的特有形制和专用名称，具有了特殊的文化寓意，也成了地方官学的标志。古泮池约公元前 643 年鲁僖公肇建，至今延绵 2600 多年，是一座延续历史最悠久的古代园林。20 世纪中期，古泮池依然是清泉涟涟，杨柳依依，行宫假山，御碑在望，泮水西流，仍不失为一个环境幽雅的古式园林。

改革开放后，随着明故城人口的迅速增长，加之管理机制缺乏，传统建筑与环境危机日益严重。古泮池逐渐变成了一个臭水坑：年久失修，河道淤积，污水横流，水面上到处漂浮着生活垃圾，每到夏天臭气熏天。居民自发的建设活动破坏了许多传统建筑，这种人为的建设性破坏对古城格局的破坏极大，乾隆行宫等许多传统的古建筑精华因此不复存在。文昌祠 1933 年改为古泮池小学，1986 年被公布为曲阜市级文物保护单位，2007 年作为欧亚城乡合作计划曲阜项目试点工程进行了修复，改善为以教育为主体的遗产教育基地，但实际并未使用。

鉴于古泮池的重要意义，各种组织和曲阜市政府一直重视该街区的建设发展。1982 年，山东省人民政府批复《曲阜县城市建设总体规划》时指出："较大型的宾馆近期仍可考虑建在古泮池南，远期在雪泉建临水庄园式大型宾馆。"1986 年，吴良镛先生在曲阜阙里宾舍建筑设计座谈会上发言指出："在此一带建造宾馆'托古创新'是有文章可作的，至今我认为古泮池仍不失为以后发展宾馆的地址之一。"

2001 年，曲阜市启动明故城恢复建设项目，其中主要内容就包括古泮池乾隆行宫恢复。2006 年，《曲阜市明故城控制性详细规划》（2006 年）专门对该地块作了重点地段详细设计，提出在进行建筑整治过程中要保存与传统风貌冲突不大的建筑，对于体量与尺度较大的建筑进行整治，并拆除质量、风貌均较差的建筑、违章建筑和院落内搭建建筑。曲阜市始终认为，古泮池片区建设工程对改善百姓人居环境、提升城市文化品位、繁荣城市经济，具有重要的战略意义。

为做好古泮池片区建设工程，曲阜市制定一套系统、合理、完整的方案，从居民职业、收入情况、补偿方式等各方面对街区内的居民们进行民意调查，鼓励房屋所有者、使用人都来参与旧城更新，了解居民改建或搬迁意愿，从而起到对工程建设有效的指导作用。调查发现，城市发展导致传统文化的衰落。随着城市的发展，居民与外界的接触机会增加，当地文化在与各种外来文化的反复接触、碰撞中，发生了潜移默化的质变。当地居民的生活不断丰富，眼界不断开阔，思维方式、价值观念、生活消费方式等逐渐向现代化发展，同时也淡化了原有宁静、古朴、雅致的生活氛围，甚至导致当地文化逐渐消失。街区内大多数居民希望搬迁到城区新建社区内。

曲阜市根据调研结果委托西北建筑设计院编制了古泮池片区修建性详细规划和建筑设计方案，方案由张锦秋院士牵头设计。2009 年年底方案完成，在尊重民意的前提下，将现代功能的需求融入院落式布局的建筑群中。设计方案以提高环境整体品质、优化水系为核心，以彰显儒学文化、发展旅游经济、建设宜居家园为总体规划目标，主要建设古泮池遗址公园、行宫恢复、泮池坊体验区、池东餐饮区、家庭旅馆、东南门大街沿街商铺等"六大板块"。

2013 年，曲阜市成立了古泮池工程指挥部，对古泮池进行规划性复建，居民整体搬迁。山东省、济宁市把古泮池片区开发建设工程看作文化建设"突破曲阜"的重要组成部分，创建"曲阜文化经济特区"的关键工程。曲阜市政府把它作为城市建设重点工程、文化建设的一号工程。工程指挥部在拆迁工作中贯彻"百姓至上"的理念，坚持"政府组织、让群众说了算"，充分体现人性化的居民安置。在拆迁过程中，主动接受群众的监督，增加工作的透明度，使居民减轻思想压力；结合当地实际，制定出贴近民意的拆迁安置细则，特别是采取合理的拆迁补偿措施。

旧城区居民的主体是中低收入者，因而旧城更新应该是以满足大多数中低收入者的利益为出发点，改善居民居住条件。但在实施过程中，一些地方却将中低收入群体从市中心搬迁到基础设施建设迟缓、公共设施不完善的城市周边，给居民生活、工作、交通造成极大不便。曲阜市支持就近安置，提前建设如意小区、圣域沂和园小区，做好拆迁居民的周转、安置工作；重视经济适用房以及廉租房的建设，加大建设力度，从城市中低收入水平居民角度出发，缓解住房压力，实现了和谐拆迁。

拆迁工作完成后，曲阜市政府试图引进有旅游开发建设经验的企业，对古泮池片区按照设计要求进行整体的规划改造，并与某些知名企业签订了合作框架协议。但由于古泮池片区位于世界文化遗产缓冲区内，需要世界遗产委员会同意和国家文物部门批准；这些工作本应在拆迁工作前做，而拆迁工作已经完成，这时再做这些工作反而是走弯路。长时间不能开工，致使合作企业最终放弃合作。为了推动工作继续进行，曲阜市政府安排地方国有企业接手推动有关工作，但截至目前项目尚未开工。

城市的发展变迁导致旧城原有的建筑、设施以及功能结构等都不能适应城市的发展需求，街道、文物古迹等也往往陈旧不堪，所以需要相应更新以加快城市的发展，这是城市新陈代谢的正常现象。古泮池街区除了保留的文昌祠、吴氏府邸等历史建筑和古泮池、哑巴坑水体外，把现居民全部搬迁。一座城市，如果人搬光，就变成一座"死城"了；街区中原来的生活氛围就会消失，历史价值差不多也就丧失70%~80%，只剩下观赏价值。由于待建基地上原有的老旧建筑在拆迁平整后荡然无存，城市整体肌理与风貌在此区域内形成"断裂"。[①]

随着经济的增长，人们分享发展红利，改善居住环境，这是城市发展的题中应有之义。老城的历史信息在把一层建设成两层、三层（反正都是新建，因而在此没什么差别）四合院的过程中完全丧失了，老城根本没保住，游客到这儿来看到的都是假的。这一代居民的居住条件改善了，而整个城市的历史个性消失了，子孙们看不到这个城市历史遗留下来的信息。这个损失是无可挽回的，这是目前正在实施的历史文化名城保护主流的做法。[②]

历史街区不仅是文化遗产，还是物质财富；真正的保护，应该是改善基础设施、修缮房屋，让老百姓能继续住在那里。应在尊重传统、适应经济社会发展现实、满足百姓生产生活基本需要的基础上，探索传统民居认定的管理方式方法和传统民居活态利用的方式方法，开展传统民居保护修复，促进有机更新。针对不同类型不同现状基础的传统民居，应通过翻建、修缮等不同方法，采用"绣花""织补"等微更新、微改造方式，从空间布局、建筑构架、屋面、地面、立面等不同方面，改造提升传统民居建筑风貌，完善采光、通风、防水等使用功能，落实防灾、消防等安全保障措施。

---

① 参见汪子涵、段安安、申晓辉：《大型公共建筑的城市公共化融合设计初探——以深圳市"南油购物公园"城市设计方案为例》，载《华中建筑》2009年第5期。

② 参见赵燕菁：《名城保护出路何在》，载《城市开发》2003年第1期。

5. 明故城民居建设启示

曲阜作为"东方的耶路撒冷"一直受到重视。这个"东方圣城"自公布为中国首批历史文化名城以来也有若干较大投资的基本建设，但大多是出于发展旅游、促进经济发展的目的，缺乏理想的、对文化遗产真正尊重和高度专业化的建设，许多散布各处的重要文化遗产状况堪忧。

除了文物保护单位，明故城内还有一定数量的优秀历史建筑和古民居。以古民居来看，由于这些建筑不是文物保护单位，因此长时期内政府一直不太重视，以致这类建筑的破坏相当厉害，以惊人的速度消失。尤其是改革开放以来，古民居破坏消失状况更为严重。造成这种现象有多方面的原因。

首先，明故城内古民居保护的最大障碍是：经济收入偏低、城内有经济能力的居民大多在城外新区另购新房居住，现在城内聚集的是大量贫困人口，这些人口没有能力消费，从而使社区呈现一种衰败的气象。其次，城内民居以私有产权为主，没有"物业"对其进行有效管理，民居环境质量差，基础设施不配套，缺乏必要的生活设施。居民为了满足最基本的不漏水、不坍塌的居住条件，在缺乏技术指导的条件下自行维修，造成了"建设性"的破坏。最后，由于很多人搬离了旧宅，而明故城强调"还原"地保持本来面貌，未构建起活态利用的保护利用体系，致使很多民居古建"空心化"现象严重。

传统，是文化，是个性。在城乡建设当中，不仅要对纳入保护清单的保护对象实施严格管理，对那些具有保护价值的老房子、古民居，也不能随意拆除。旧城区古民居的保护与建设，应该在尊重历史和结合现实的基础上，合理地改善居住环境，让历史街区继续发挥它的生活居住功能，保护它的物质财富的具体含义。虽然很多古旧建筑在当今已经失去了原有的魅力，但仍能作为一种价值存在于旧城当中。保留古建筑，就是要留住文化的脉络，留住城市的根。在规划设计和建筑创作上，应该借鉴民族的传统文化汲取外来文化的精华，要让那些历史文明融入今天的生活。

五、对老城保护的思考

曲阜是有着 5000 多年悠久历史的文化名城，拥有以"三孔"为代表的丰富文化遗产。随着城市经济的发展与城市化进程的推进，这样一座举世闻名的东方圣城的城市地位越来越突出。在新的历史时期，历史文化名城的建设如何既保护古风古貌，又有所突破，推陈出新，使城市焕发出新的光彩，对城市规划、设计与建设提出了很高的要求。

20 世纪 80 年代以来，我国进入伟大的经济、社会、文化振兴时代，建筑艺术创作与理论都出现了前所未有的活跃局面，创作与理论更加多彩多样，争鸣也更加激烈而深入。然而，如何既保护好古城、又发展好古城，还要塑造好古城特色，一直是一个争论不休的话题。争论的焦点是城市的传统形式应该如何在现代化发展中得到继承。各方面的一致见解是在旧城区的外围建立新城。但是，对于新城建设与旧城区保护如何衔接，仍有不同看法。

20 世纪 80 年代，曲阜相继建设了阙里宾舍、五马祠仿古商业街等建设项目。著名建筑师戴念慈先生深信，曲阜阙里宾舍的创作是既搞新建筑又不破坏环境、是中国传统建筑形式适应于现代化的使用要求、是中国传统建筑形式和新的科学技术有机结合的成功典范。大多数专家也肯定阙里宾舍的创作，认为其堪称 20 世纪 80 年代的代表性作品之一。五马祠仿古商业街富有鲜明的时代气息，但与阙里宾舍一样，在建设过程中都拆除了一些原有的真正的历史建筑，现在看来，这种在当时流行的建筑理念是有一定局限性的。

20 世纪 90 年代以后，曲阜又相继建设了后作商业街、六艺城、论语碑苑、孔子研究院、杏坛圣梦等建设项目。后作商业街工程注重传统方式和现代文脉的继承，较好体现了"非形态的精神"，但其紧邻孔府，建筑形式却与之不甚协调，"传统的形式"体现欠佳。

建筑风格的民族性和本土化，曾是 20 世纪 20 年代以来许多中国建筑师一代又一代的创作追求。20 世纪 50 年代曾出现过"民族形式、社会主义内容"的提法；20 世纪 80 年代改革开放后改为"民族风格、地方特色、时代精神"的提法，涵盖的设计理念是力图在传统和现代之间寻求某种结合点。①创新是在继承基础上的扬弃，而不是对传统建筑文化的全盘否定。建筑文化的历史变迁无疑呼唤新规划、新布局，需要采用新工艺、新技术、新手段。

曲阜作为蜚声世界的历史文化名城，决不应抛弃自己传统建筑文化之脉，只有与时俱进、不断创新，才能充满活力、生机勃勃。如何更好地继承传统、进行现代化建设，多元化弘扬曲阜地域文化，既是我们面对的重大课题，也是我们肩负的历史使命。曲阜城市特色塑造不仅包含历史文化名城旧城区的风貌，而且是整个城市有机的、统一的整体风貌的塑造。在城市规划与建设中，应注意平衡保护历史文化遗产、加快现代化建设步伐，以及塑造良好城市特色的多重任务。经济发展势必要求拓展城市空间；城市延伸区域与旧城区的建筑风貌既要和谐统一，体现出适当的历史延续性，又应有所突破创新。

在历史文化名城保护中，建筑遗产不同于一般文物。建筑是一种生活空间，除非在历史中被尘封起来，大多数建筑遗产是被持续使用着的，必然会有历朝历代的变动，而这些变动对于所谓"原态"或"原型"来说又往往是负面的，可能改变建筑所负载的历史信息，影响所在建筑群整体的协调，难以完全实行国际文化遗产界所争论不休的"真实性"（authenticity）原则。②但有一点是肯定的：历史文化名城保护不能采用"博物馆式"的保护方式，而应该在保护现存历史遗产的基础上，分不同地段，以不同方式来促进名城的保护与现代化建设。

---

① 参见杨永生编著：《建筑百家杂识录》，中国建筑工业出版社 2004 年版，第 204 页。
② 参见常青、王云峰：《梅溪实验——陈芳故居保护与利用设计研究》，载《建筑学报》2002 年第 4 期。

第三节 新 城 建 设

当今城市空间增长的主要方式为城市内涵式增长和外延式扩张，作为城市外延式扩张的重要载体，我国城市新城建设起始于 20 世纪 80 年代的经济特区和开发区建设，通过在新城区建设一系列精品建筑、对基础设施和交通设施进行大规模的投资等，来实现保护城市历史文化遗产、优化城市空间布局、增强城市综合功能的目标。而新城区又是不断发展变化的，曾经的新城区会变成老城区，老城区也会在城市发展的进程中焕发新的活力。

快速的城市化伴随着经济、人口和用地规模的扩大，出现了一系列的经济、社会和环境问题，最具体的表现是城市特色的消失。我国众多城市的实践证明，"拆老城、建新城"的城市化模式，吞噬富有地域特色的城市文化，摧毁老街、老宅、老树等历史遗产，造成传统风貌的破坏、历史文脉的割裂、邻里社区的解体、城市记忆的消失。而"保老城、建新城"的模式，对于一座历史城市来讲，是其可持续发展的客观规律，也是其发展的必由之路。把保护的重点放在旧城区，把建设的重点放在新城区，疏散旧城区人口和建筑，推动工业向工业园区集中、高校向大学城集中、建设向新城区集中，进而实现保护与建设"双赢"。[①]

一、曲阜新城建设历程

1979 年版总规确立了"保护更新老城、开发建设新城"的总体格局，统筹推

---

① 参见赵晓旭：《文化遗产保护利用方法之"保老城、建新城"》，载城市怎么办网，http://www.urbanchina.org/content/content_7269987.html。

进历史文化名城保护和发展，明确把保护的重点放在老城，把建设的重点放在新城，促进一般的城市功能向新区集聚，通过保护历史城区使其成为更具魅力和价值的地区。为落实规划要求，曲阜采取一系列措施加快新城建设。

20 世纪 80 年代开始加大南新区基础设施建设，将新建的机关办公楼安排在南新区建设。随着大同路、春秋路等道路建设完成，中医院、工人文化宫等公共服务设施投入使用，以及财政局、税务局、卫生局等办公楼建设完成，拉开了南新区建设的序幕。20 世纪 90 年代，曲阜市委市政府办公楼迁至南新区，新建论语碑苑、孔子研究院等大型公共建筑。市委市政府的搬迁、大型公共建筑的建设，也带动了南新区的发展。

进入 21 世纪，曲阜城市发展跨越大沂河，建设了济宁学院，完善了陵城组团功能，曲阜孔子文化会展中心、跨大沂河大成桥、孔子博物馆等项目相继建设。大沂河以南区域成为新城区，大沂河以北区域成为新的老城区。

2010 年之后，曲阜市紧紧围绕"著名东方圣城、国际旅游名城、现代科技新城、生态宜居水城"发展定位，按照"一轴双城"、"一路两河"和"一轴三区"城市发展战略，坚持"城乡一体"和"产城融合"理念，着力建设生态宜居水城，大力加快南部新城建设。南部新城以基础设施项目建设为重要抓手，大力改善城市品质和人居环境，实现了重点项目推进、经济社会发展、城市生态改善的良性互动，走出一条特色鲜明、产城融合、惠及群众的发展之路。

二、新城重点建设项目

（一）孔子研究院

孔子研究院是集文献收藏、学术研究、信息交流、博物展览和人才培训为一体的孔子及儒学研究中心。孔子研究院坐落于曲阜旧城万仞宫墙以南约 800 米处，与孔庙南北对应，隔大成路与论语碑苑（现孔子文化园）相望，是历史"三孔"的重要延伸（图5-11）。研究院占地9.5公顷，建筑面积3.6万平方米，其中一期工程（集资料研究、人才培训、展览收集为一体的主体建筑及辟雍广场）占地6公顷，建筑外环境面积约4公顷，孔子2547年诞辰纪念日（1996年9月28日）举办奠基仪式，孔子诞辰2550周年（1999年9月28日）纪念之际建成。

图 5-11　曲阜孔子研究院——作者拍摄

1. 筹建过程

20世纪80年代，时任中共中央总书记胡耀邦多次谈到，曲阜应建成"高水平的博物院"。孔子基金会成立后，准备筹建孔子研究院作为中国孔子学说和儒家思想的高级研究机构，为世界各地来华研究孔子及儒家学说的学者提供良好而方便的研究设施和研究条件。

1986年10月，谷牧委员主持的曲阜历史文化名城保护和建设座谈会上，首次正式提出在曲阜建立"孔子故里博物院"（现在的孔子研究院）。当时的设想是："博物院为文物保护和研究性事业机构，主要任务是保护、收集、管理、研究一切与孔子有关的文物、资料、档案，对国内外陈列开放，为国内外专家研究孔子提供文献资料。博物院院址可暂设孔府之内，争取几年内在新城区修建一座具有必要的设施和研究场所的新院舍，并在此基础上逐步形成为国内外孔子研究中心。"

1987年3月，谷牧委员在北京中南海主持关于曲阜名城保护和建设会议时，提出："孔子研究院功能、规模由孔子基金会提出设想。"1994年10月,全国政协八届八次常委会议审议通过的《全国政协赴山东考察团关于视察山东省情况的报告》中,又提出了在曲阜兴建孔子研究院的建议,并正式报告党中央、国务院。

1994年12月,曲阜市成立孔子研究院筹备处,着手以"孔子研究院"之名筹建"孔子故里博物院";1995年5月,谷牧在曲阜主持召开孔子基金会理事会议,会议通过了《关于请中央支持在曲阜建立孔子研究院的建议书》。1995年,山东省政府为兴建孔子研究院呈报国务院。1996年9月26日,国务院予以批准。2001年9月,时任中共中央总书记江泽民题字的孔子研究院举行揭牌仪式,孔子研究院正式成立。

2. 规划和设计

1984年,谷牧委员、匡亚明会长和山东省的领导就提出要在曲阜建立"孔子文化研究中心"的设想,并请戴念慈先生为孔子研究院制订了规划设计,制作了模型,印发了图册,并在1989年10月我国与联合国教科文组织共同举办的"孔子诞辰2540年纪念与学术讨论会"上展示。院址位于孔庙神道向南的延长线上,与孔庙遥相对应,南临小沂河及河南岸计划建设的沂河公园。[①]

1996年4月,吴良镛先生接受曲阜市人民政府的委托,主持研究院的设计工作。按照吴先生自己的说法,"这个工作是一个创作集体的成果,除了专业工作者以外,主要的设计工作是老师和硕士生、博士生完成的"。吴先生重新设计研究院时,认为戴念慈先生的方案是很好的,只是由于时代条件的变化无从实现,只能重新设计。[②]

研究院包括五个部分,分别为博物馆、图书馆、学术会堂、研究所和管理部门,

---

① 参见戴念慈:《曲阜孔子研究院设计》,载《建筑学报》1989年第12期。
② 参见吴良镛:《关于曲阜孔子研究院设计的学术报告——在曲阜孔子研究院设计学术讨论会上的发言》,载《建筑学报》2000年第7期。

可以满足文化、旅游、观光等多种需求。吴先生以城市设计的观点指导建筑设计，借鉴了古代"河图""洛书""九宫"格式，融合了儒家的"仁""和"理念，使得整个规划设计体现了民族性、时代性、纪念性的特点。研究院是雕塑、绘画、园林与建筑的有机融合。

指导思想——继承与发展。研究院的设计立足于"整体设计思考"，力求继承与发展的有机结合。在功能上，将研究院视为当代的学宫，是继往开来的文化研修之地；在建筑创作中，追求传统与现代、人工与自然的完美结合，将高尚的文化内涵、艺术风格与时代精神、地方特色等结合起来，特别是从孔子生活时代的建筑模式中寻找可能发展的建筑基因，将建筑、园林、绘画等综合考虑，希望在研究院创造一种特殊的文化氛围，创造"欢乐的圣地感"。

总体布局——"九宫"格式与"风水"理念。总体布局借鉴了"河图"、"洛书"和"九宫"等传统模式，将博物馆、图书馆、学术会堂等主体建筑与小沂河和中心广场等室外空间有机组合，形成正方形的九宫布局，具有象征性和文化内涵。"九宫"的发展与古代传说中的"洛书""河图"相联系，而后者又与孔子及其时代很有关联。在"九宫"布局的基础上，进一步借鉴风水理论和构图原则。北部象"坐山"。南部置"案山"，以对过高的市府建筑作一定的遮挡，既用以"障景"，又构成"对景"。基址之左喻青龙山，南部的小沂河喻"九曲水"或"玉带水"。设计构思旨在利用自然与人工的创造，使这一组纪念性、文化性建筑群位于"朝阳俊秀之处、清雅之地"，与环境完整契合。

建筑造型——"明堂"、"辟雍"与"高台明堂"。研究院作为现代的"礼制"建筑，相当于古代的"明堂辟雍"，在建筑形象上体现"古"与"今"的有机联系，以象征儒家传统。针对研究院的建筑形式，一方面从博物馆、图书馆、会议、研究等功能使用来考虑，另一方面也希望从古代"礼制"建筑中找到可能的隐喻与联系。

园林景观设计取意于古代书院，构思精巧，布局严谨，分东区、北区、西区、中区四个功能区。主体建筑占地长宽各为 88.8 米，建筑面积 1.4 万平方米，是集中展示孔子儒家思想及专题陈列、学术研究之场所。圆形中心广场既是建筑群中心和主体建筑的前景空间，又具有纪念性、象征性、文化性和实用性。室外园林的规划设计从古代书院的规划设计中汲取灵感，同时将其作为整体的一部分，纳入整个建筑群统一考虑、协调安排。设计结合风水理论，在建筑群的西北部叠山，象征孔子诞生地"尼山"，上立"仰止亭"；东北部凿池理水，象征"洙""泗"；东南借景小沂河对岸已建亭子，取名"观川亭"，喻"子在川上曰：逝者如斯夫，不舍昼夜"；南部小沂河对岸，即市政府大楼北面堆土山植树，象征"案山"，上建对景建筑，象征"杏坛"，并在案山之北坡结合山势建半圆形露天音乐台。①

研究院一期工程完工后，包括吴良镛先生在内，各方都较为满意。2006 年 4 月二期工程开始动工，主要包括大型的研究和学术中心及会议中心等，2007 年 9 月竣工，并成功举办世界儒学大会发起国际会议、联合国教科文组织孔子教育奖颁奖典礼等众多大型会议。2009 年三期工程开始动工，主要是为研究院整体建设配套完善的餐饮、住宿等工程，2010 年三期工程投入使用。至此，研究院所有建设项目完工，其文化意义特殊。"三孔"的地位是历史形成的，而研究院作为当代的文化设施，不仅要传承历史遗留的儒学思想，还要反映当代的精神文化；无论是从规模、性质还是位置来说，对曲阜城市风貌和名城保护都有较大的影响。研究院已经成为曲阜新城区的标志建筑。但研究院作为研究机构未对市民免费开放，来参观的大都是慕孔子之名，想要了解儒家文化的人及专业人员、学者、专家。这样一座充分表达孔子思想的建筑不能被广大市民共享，实在是一大遗憾！

（二）孔子文化会展中心

为了"充分利用曲阜独有的国际性会展旅游资源，发展会展业"，在济宁市

① 参见吴良镛：《儒学文化与曲阜城市的建设——在"曲阜·儒学文化与空间发展"国际论坛上的讲话》，载凤凰网，https://culture.ifeng.com/huodong/special/2010nishan/content-0/detail_2010_09/22/2607923_0.shtml。

政府推动下，孔子文化会展中心建成。它坐落于大成路西侧、大沂河南岸，是山东省政府重点工程、济宁市重点项目、曲阜城市中轴线和南部新区的重点设施。建筑形式为三片树叶形状（至今只建设完成其中的两片），中间为圆形会议中心，周边

图 5-12　曲阜孔子文化会展中心——刘屹拍摄

连接三个展厅，项目占地 285 亩，总建筑面积 12 万平方米，概算投资 4 亿元（图 5-12）。2007 年 12 月开工建设，一期工程历时 8 个月，完成建筑面积 9.1 万平方米，于 2008 年 8 月 31 日竣工交付使用。

孔子文化会展中心作为 2008 年山东省文博会和国际孔子文化节的重要场馆，其建设被提升到了一定的高度——"展览馆应极具气势，能够极大地提升城市形象，是一个城市对外交流的重要平台。这样一个大型展览馆，虽然少了很多土地财政的收益，但是，这个展览馆的存在以及在展览馆内举行的一系列活动，充分将城市的地位凸显无疑。"为了突出其"标志性建筑"的地位，南北布局两个广场，两个展览馆内可以容纳数万人参观。同时，为进一步改善会展中心的交通条件，曲阜市委市政府通过城市中轴线——大成路的南延，在其东北部建设了横跨大沂河两岸的大成桥（2008 年 2 月开工建设，2009 年国际孔子文化节前竣工投入使用，长 230 米，宽 43 米，总投资约 6000 万元），把大沂河南北区域贯通起来（图 5-13）。

以"走进东方圣城，感悟孔子文化"为主题的 2010 年山东文博会济宁会场 9 月 21 日在曲阜孔子文化会展中心开幕。展会由山东省政府和济宁市政府联合举办，重点展示以孔子文化为代表的传统文化资源，突出展示文化旅游产业发展成果、发

图 5-13　曲阜会展中心俯瞰大成桥——刘屹拍摄

展潜力、发展前景和各种文化旅游产品、商品。文博会济宁会场展区面积共计 4.98 万平方米，共设 35 个特装展位、622 个标准展位。其中，在会展中心设文化、旅游两大展馆，展区面积 4 万平方米。西展馆以文化为主，一楼为特装展区，共设 24 个特装展位；二楼为文化产品交易展区，共设 320 个标准展位。东馆以旅游为主，一楼以旅游景区、景点展示推介为主，共设 11 个特装展位；二楼为山东省旅游商品博览会暨第八届山东省旅游商品创新设计大赛及旅游商品展示交易区，共设 302 个标准展位。在曲阜孔子商贸城设民俗文化商贸展馆，以古玩字画、奇石雕刻等文化商品交易为主。

除 2010 年山东文博会，2008 年和 2009 年两次国际孔子文化节期间举办过可与"农村商品贸易洽谈会"相媲美的"文化展览"外，孔子文化会展中心一直处于闲置状态。鉴于会展中心是政府出资建设，其交付使用后，曲阜市政府成立了专门的管理机构——孔子文化会展中心管理委员会，代表政府行使资产管理权，负责会展中心的外部环境协调，下设展览公司、物业公司、餐饮公司，具体负责会展中心的经营管理，统一对管理委员会负责，其经营管理权面向国内外知名会展中心管理企业招标，具体负责会展中心的经营管理。其办公区域通过网络等媒体对外租赁，但没有找到租房单位。最终，为了充分利用这个"标志性工程"，2009 年曲阜市委市政府安排部分行政办公单位搬到里面办公，包括市行政审批服务中心、文化产业园等单位。随着 2018 年曲阜为民服务中心投入使用之后，这里更是"人去楼空"，只有文化产业园还在此办公。

规划是对未来整体性、长期性、基本性问题的设计和行动方案，但是有的规划却出现这样那样的怪现象：有的过于超前，有的过于滞后，有的不切实际。从实际出发是制订一切规划的基本原则。要理性看待规划的前瞻性。规划有前瞻性是好事，但不能变了样。不需要那么多高楼大厦却非要盖，不需要那么宽的马路却非要修。城市规划需要建立的是一种合理的空间秩序。会展业集商品展示、交易和经济技术合作等功能于一体，能带动交通运输业、物流业、建筑业、商业等相关行业的发展。会展业的蓬勃发展及其对经济发展的巨大促进作用，使政府和相关企业对投资建设现代化展览中心非常重视，会展经济被渲染成了一块诱人的"蛋糕"。但发展经验表明，会展业是城市对外贸易发展到一定阶段的产物，规模庞大的用地和便利的交通条件是会展中心选择的必要条件，并非所有的城市都可通过建设会展中心的方式来带动城市发展。

孔子文化会展中心为了一次节会，"超前"占用大量土地，花 4 亿元单独建设展馆，其过分的"奢华和追求一体化"了。这不但对会展业的发展没有实质性的帮助，反而因此增加了地方财政的负担。据统计，会展中心的管理费用主要由三大块构成，物业运营费用、场馆能源费用、管委会经营费，上述三项总费用每年在 1000 万元以上。不计成本的建设，导致资源的浪费、场馆的闲置亏损。会展中心等交流类型的大型公共建筑，所承载的功能对城市的带动作用显著，各城市应结合自身的发展阶段与定位，充分考虑此类公共建筑选址的影响因素。孔子文化会展中心的建设决定了其周边土地的利用方式，为未来的土地用途限定了条件，其选址的科学性需要历史的检验。另外，该类公共建筑具有大体量的特点，对城市景观具有较强的影响力，故须将其作为塑造城市景观的元素进行精心设计。而孔子文化会展中心的设计，在建筑形式、体量、风格、色彩上均未能体现出曲阜的历史文化和地方特色。

（三）蓼河公园

蓼河是流经曲阜的重要河流，亦称（辽河）蓼沟，古为泞水。主支发源于邹城葛炉山，流经邹城、曲阜，注入小沂河，全长30千米，为季节性山洪河道。1959年前，蓼河由陵城镇红庙南转向西南流，在陵城镇程家庄西过铁路入邹县而汇入白马河；1959年于红庙南改道，北入沂河；在曲阜境内长21千米，流域面积131平方千米，在曲阜历版总规中都占据着重要位置。2003年版总规，更是把蓼河作为南部新城的"绿肺"和重要的绿化廊道，在水系规划专项中提出，"保护现有河道不被侵占，并通过'活、通、连、扩'的方式，逐步完善城区水系，沿日菏铁路西侧开挖一条河道，将大沂河与蓼河相连，在新城中心区外围形成水环"。

由于常年淤积，蓼河河道时断时流，堤防严重失修，防洪能力每况愈下，已极不适应社会与经济的发展要求，也成为曲阜城乡环境治理的一块心病。为此，曲阜市委市政府决定成立二十里现代版"清明上河园"（蓼河公园，图5-14）指挥部，利用蓼河流域河道及滩地，植入儒家文化理念，建设湿地水质净化及生态修复工程——曲阜二十里现代版"清明上河园"。这是一项民心工程、文化工程和生态水利工程，在恢复生态、防洪基础上，以"温、良、恭、俭、让、仁、义、礼、智、信"为文化线索，丰富强化人文内容，活化历史古迹。按照"吃、住、行、游、购、

图5-14　曲阜蓼河公园——微信公众号"曲阜头条"

娱"相配套的原则，加强区域的功能建设，完善服务设施。建设集文化、经济、生态、旅游为一体的综合性环境带，使曲阜形成"水绕城、水环城、水养城、水美城"的独特城市风貌。

曲阜二十里现代版"清明上河园"的建设，拉开了南部新城的框架，是南部新城基础设施的重大提升，延伸了文化旅游的外延，丰富了儒家文化的体验形式，提升了曲阜市的文化品位，"生态宜居水城"的面貌已经初现亮丽的风采，向曲阜建设"著名东方圣城、国际旅游名城、现代科技新城、生态宜居水城"的目标迈出了坚实而关键的一步。曲阜二十里现代版"清明上河园"的建设，全面提升了城市人居环境，切实改善了河道水质问题，提高了周边土地利用价值，成为目前曲阜及周边市民休闲的最佳目的地和文化教育基地。

（四）孔子博物馆

孔子博物馆是孔子国际文化交流中心片区的核心建筑，是世界上最大的纪念单一个人思想业绩的博物馆建筑，是新儒学研究的文化圣地（图5-15）。它位于大成路南端、孔子大道路南、弘道路路西，与"三孔"相呼应，成为曲阜城市中轴线和南部新区的重点设施；具有旅游观光、博物馆展览、文献收藏、学术研究、信息交流和人才培训等功能。吴良镛先生规划设计，于2013年年初正式动工，并于2013年年底实现主馆封顶，2014年建成投入使用。总建筑面积5.5万平方米，其中主馆4.2万平方米，东部平台1.3万

图5-15　曲阜市博物馆——孔红宴拍摄

平方米。主馆包括展陈面积 1.7 万平方米、文物库房面积 7000 平方米、文物修复中心面积 1000 平方米。

1996 年，曲阜市委市政府开始筹建孔子研究院。吴良镛先生为配合孔子研究院的规划设计，结合 1993 年版曲阜总规，对"十字花瓣"式的空间布局作出进一步拓展，提出在曲阜旧城以南的大成路沿线集中建设论语碑苑、孔子研究院、曲阜博物院和曲阜书画院等文化设施，基于"四院"形成"新儒学文化区"，作为未来曲阜的城市文化中心，分别联系北部以"三孔"为代表的历史文化区、东部的工业开发区、西部的文教区和南部的城市新区，形成新的"十字花瓣"式空间布局；同时，对新儒学文化区及其周边地区进行了整体的城市设计，提出了改造大成路中轴线的道路景观和沿小沂河开辟带状城市公园的建议。上述构想得到曲阜市委市政府的肯定，并逐步得到贯彻实施。

2004 年，吴良镛先生接受曲阜市委市政府委托，在"新儒学文化区"制定了孔子博物馆的方案。吴先生提出"城市规划、建筑设计与园林设计融为一体的整体性城市建设原则"，以强调"儒学文化"为主线，以"北斗七星"规划布局为思想，通过吸纳和展示传统建筑空间理念的庭院式布局来体现建筑群体组合空间之间的逻辑关系，营造出基于儒家美学思想的人、自然、建筑和谐共处、"天人合一"的具有丰富文化内涵的城市空间。

但因该区域建筑密度过大、拆迁成本过高等原因，上述方案未能实施。随着京沪高铁的开通，南部新城的建设，曲阜市委市政府在征得吴先生意见后，而改选于现址建设孔子国际文化交流中心片区。片区位于蓼河以北，是曲阜市最重要的"朝圣"城市空间轴线大成路（即曲阜城市中轴线）上的重要空间节点，承接了北侧孔林、孔庙等重点文物保护区及孔子研究院儒学文化区的文化序列；北邻孔子大道，是南部新城最重要的经济发展主轴上的重要空间节点，又开启了南部新城蓬勃发展的新篇章，并依托高铁交通优势，向外界展示了曲阜全新的经济与文化双重发展的精神面貌。

　　孔子国际文化交流中心片区包含展馆和文化交流设施及市民活动的广场与园林空间，构成集教育、休闲、娱乐为一体的复合型功能场所。它延续原博物馆"七星辉映、文化坐标"规划理念，以北极星寓意儒学思想的成就及地位，其余展馆犹如北斗七星般灵动布置、有机环绕，形成以"主展馆"为核心的建筑群体空间，并与曲阜独特的风俗人情"接北斗"及孔府中"明七星"的建筑布局相契合。预留用地为建筑规模的扩大和组团功能的完善提供后期发展的可能性。主入口空间以中心轴对称布置方式，与未来的国宾馆主入口形成方案的精髓即建筑序列轴线，与用地东侧通过恢宏规整的主入口台地广场空间及情景宜人的传统庭院空间将建筑组群有机编织，将博物馆所要传达的文化信息有机融入城市空间，使博物馆与城市空间融为一体，完成了建筑空间的延续和升华及向城市空间的精神表达。整体规划力求营造出在轻松愉悦的情绪中对儒学思想耳濡目染、潜移默化、"润物细无声"的意境，实现传统文化与建筑功能的有机结合。

　　主馆作为园区的中心，小馆围绕其周边布置，园区内由北侧出口到主馆到南侧的景观节点形成园区内的景观序列空间，能够联系小馆之间的院落空间。在中国传统文化里，水是一种重要的自然元素，为人们提供一种记忆的载体。馆区中最重要的"主展馆"由一方规整、极具纪念性的水面围绕，与庭院中传统自由的水系相呼应，象征着儒学思想的源泉及海纳百川、集大成者的胸襟。沿主入口广场拾阶而下的一脉清流寓意着儒学思想对现代文化的渗透、传承和发扬，表达了儒学思想穿越时空而源远流长。外立面结合结构方案引入室外柱廊，采用九开间形式烘托建筑的重要性，建筑虚实对比更加强烈，突出其标识性。中部檐口减少叠涩层次，突出四个角部的叠涩造型，使入口空间更加高大恢弘，突出其纪念性。立面中部结合整体造型均预留出悬挂案名的空间。主馆外侧平台结合水面设计均匀布置的72尊室外景观雕塑，象征孔子72弟子环绕其周边，突出主馆的核心位置。在檐口处增加坡屋面，在保证屋顶露台通透的前提下，最大化地强调了屋面的整体性。

孔子博物馆的建设过程再次证明，城市规划唯有根据城市发展面临的环境、问题和需求，及时对规划选址、规划编制理念和方法进行适时适地的调整，才能适应新的发展要求。受规划决策者有限理性和城市发展不确定性等诸多因素的影响，定期对规划进行科学合理的调整是必要的，也是重要的。

（五）鲁南高铁曲阜南站片区

1. 鲁南高铁曲阜南站

鲁南高铁曲阜南站设在曲阜高铁新区小雪街道，日兰高速南侧，京台高速西侧，九龙山风景区北侧，白杨树村与前后西庄村南；曲阜南站建筑面积约 5000 平方米，站房主体地上一层，两侧局部两层，局部地下一层。站场规模为两台四线，站房下方设 12 米宽旅客地道一座。在站内交通组织上，采用"下进下出"的进出站流线模式，最大聚集人数为 500 人，属于小型铁路旅客站。2021 年 12 月底开始运营。2022 年 8 月，根据曲阜南站内部统计，车站每天上下旅客约 200 人，特殊情况下约 300 人，少的时候约 100 人。

鲁南高铁曲阜南站站房设计采用"孔子故里，儒学圣殿"的理念，以中国传统建筑大殿为设计灵感，平缓舒展的大屋顶展现鲜明的圣殿建筑特色，象征曲阜浓厚的文化底蕴；深灰色调体现平和中庸的建筑气质，展现儒家文化核心内涵，立面柱廊的设计使建筑立面更富于

图 5-16 鲁南高铁曲阜南站——作者拍摄

传统意味。整体建筑形象古朴、稳重、端庄，展现曲阜浓厚的历史文化底蕴和儒家"仁""礼""中庸"的精神内核（图5-16）。

曲阜南站将地方特色文化通过建筑风格体现出来，使站房建设与当地历史底蕴、自然风貌、地域文化融为一体。不仅站房外部体现了儒家礼乐文化元素，站房内吊顶、柱子、栏杆装饰的许多漆器壁画同样引人注目。一楼候车大厅，东、西墙上两幅景泰蓝彩绘浮雕壁画，内容均与孔子有关。东墙上是一幅宽15米、高3米的《孔子入周问礼》壁画，画面以孔子入周问礼为主线，延展出孔子适周、孔子师项橐、问礼老聃、问乐苌弘、阙里授徒等故事情节，以此展现孔子圣迹，体现"文化曲阜""礼乐曲阜"。

2. 建设历程

在2003年版总规编制时，山东省还没有鲁南高铁修建计划，因此，当时总规中没有关于鲁南高铁线和曲阜南站的预测或设想，鲁南高铁曲阜南站，自然也就不在2003年版总规划定的城市建设用地范围之内。山东省论证鲁南高铁建设事宜始于2012年，而曲阜市在2003年至2016年并没有调整或编制城市总体规划。2016年才开始《曲阜市城市总体规划（2015—2030）》的编制，鲁南高铁曲阜南站片区用地才纳入曲阜城市总体规划建设用地范围。鲁南高铁曲阜南站的建设改变了曲阜市的空间结构布局，原本是集中式的布局形态，变成了集中式与组团式相结合的布局形态。

由于房价上涨，土地价钱跟着上涨，在市中心，土地资源非常紧张，而高铁的火车站占地面积非常大，所以现在高铁的火车站大都修建在郊区。建在郊区的火车站，面对的最大问题往往就是交通不便。为了给乘客提供方便，需要道路、水电、网络等基础设施建设到位。在曲阜南站运营前，曲阜建设了站前广场；完成了崇文大道东延、曲阜东站连接线等配套工程设计工作。站前广场工程范围东至仁智路，西至仁礼路，北至规划路，南至鲁南高铁曲阜南站站房，占地面积约7.9万平方米，包含站前广场建筑工程、市政接驳（道路）工程。崇文大道东延和配套道路、连接线道路等工程，总长约 17.6 千米。

3. 思索与反当

高铁新城的开发已经成为地方招商引资的新筹码。京沪高铁开通后，曲阜东站高铁新城内各类型的客栈、酒店、宾馆开始建设。为了迎接游客的涌入，道路、水电、网络等基础设施建设投入增加，城市扩张速度明显提升，周边房价上涨，餐饮业、娱乐业发展迅速，虽然旅游业给当地政府带来的税收收入增长量相对不高，但基于对当地发展前景的预期，政府能够得到更多的政策支持和资金支持，从而得到更多资源投入当地经济发展和民生保障。

曲阜政府同样希望郊区的地块和发展受益于高铁曲阜南站的兴建。纵观国内的房地产发展历程，我们可以得出清晰的结论，一个片区的腾飞以及价值重构，无外乎两种情况：一种情况是城市扩容带来的规划利好；另一种情况就是重大交通利好让片区的价值迅速释放。前提是必须有产业，高铁新城搞基础设施建设是为了聚集产业，如果聚集不来产业，投入就会流失。小城市专门搞服务业有的是空间，但是有空间是不够的。服务业服务对象是第二产业，没有第二产业只发展第三产业是不现实的。

城镇发展都是在人口多的地方设政府职能部门，方便与服务大部分人，但是老城区还没弄好，就弄一个高铁新区是否有发展前途？高铁具有几大效应，一是通道效应，二是节点效应，三是集聚效应。对于大城市来讲，它是集聚效应；对于中等城市来讲，它是节点效应；对于小城市来讲，它是通道效应。我国最重要的一条高铁线路，无疑是连接北京和上海这两座中国最重要城市的京沪高铁，曲阜建有京沪高铁曲阜东站。目前，鲁南高铁有限的客流量，决定了高铁曲阜南站对曲阜还只能发挥通道效应。

鉴于曲阜目前人口规模，曲阜的用地规模可以在曲阜南站附近安排得很少。

2021年版总规提出，曲阜南站片区定位为中心城区近郊功能型节点，作为南部门户区域，结合曲阜东站片区形成城区东冀创新主轴，突出交通枢纽功能，同时安排部分居住和商业用地。这种思路应保持适当的弹性，以应对其规模的控制、开发的时序对城乡未来的发展会产生不确定性的影响。根据曲阜东站高铁新城的发展经验看，曲阜南站高铁新城先规划一个两三平方千米的启动区，逐级开发，这样对高铁新城建设可能更为有利。

三、新城建设策略

城市新区的建设往往依靠重点项目建设来带动。京沪高铁曲阜东站的建设带动了城市与高铁连接线的建设，带动了曲阜东站周边和连接线沿线地块的土地开发，并进一步带动了曲阜市域交通的发展。例如，为节省济宁市市区人员到京沪高铁曲阜东站的交通时间，济宁市专门为此修建了日东高速曲阜东互通立交。这些重点项目是城市发展到一定阶段的产物，是出于满足城市交流活动的需求；它们的建设需要城市以雄厚的资金实力作支撑，而非政府彰显政绩的形象工程，故要慎重为之。事实上，重点项目建设必须对其资金平衡、短期效应与长期效应之间的矛盾协调以及可持续利用等方面有清醒的认识和充足的准备。

我们需要对城市的建设和发展进行干预，原因在于各项建设活动和土地使用活动具有极强的外部性。认识或预见具有局限性，从而产生外部不经济性。

通常情况下，外部不经济性是由经济活动本身所产生，并且对活动本身并不构成危害，甚至是其活动效率提高所直接产生的。在没有外在干预的情况下，活动者为了自身的收益而不断提高活动的效率，从而产生更多的外部不经济性，由此而产生的矛盾和利益关系是市场本身所无法进行调整的。城市建设不仅要"量力而行"，而且要"量地而行"；不仅要在宏观上控制土地用量，还应合理安排用地性质，这就需要公共部门对各类开发进行管制，从而使新的开发建设避免对周围地区带来负面影响，进而保证整体利益。

建筑是影响城市形象的重要因素。孔子博物馆、蓼河公园、曲阜南站等把文化特色、城市形象融入规划与建筑设计，形成独具一格的文化韵味的物质载体，很好地延续了城市风貌和营造了城市特色。建筑的产生和发展离不开社会需求，建筑又将冲击和变革社会形态，成为人类社会文明的历史见证。改革开放以来，建筑界对"继承与革新""传统与现代""形式与功能""实用与美观"各抒己见，仁者见仁，智看见智。然而，人类社会却不因建筑理论家和建筑师各自的主张与喜好而一统天下，建筑世界总是风格各异。建筑只能在社会实践中得到认识，加以完善，不断提高。尊重国情、地情、人情，才能使我们生活的这片热土培育出自己多姿多彩的新建筑。

第四节 乡村振兴

每一座令人向往的城市，都是不缺乏温情和诗意的。留得住历史和乡愁的地方，才是心灵的归属。《人，诗意地栖居》是德国19世纪浪漫派诗人荷尔德林的一首诗，后来经过哲学家海德格尔的哲学升华，"诗意地栖居在大地上"成为人类的共同梦想。两百多年前瓦特发明了蒸汽机，开启了工业革命的序幕，工业文明使人日渐异化。而伴随着工业文明的发展，一股"逆城市化"的潮流在工业革命的发源地英国悄然发轫，继而向西欧、北美、亚非拉地区扩散。乡村的生活生态，成为都市人的向往。回归乡村，成了一种风尚、一种奢侈。

党的十八大报告中首次提出"建设美丽中国"的概念。党的十九大明确地把"美丽"作为建设社会主义现代化强国的目标和标志之一，提出要实施乡村振兴战略；

坚持农业农村优先发展，推动乡村全面振兴。党的十八大以来，全国各地的生态文明建设各显神通，通过项目带动、政策扶持、典型示范、科技支撑和宣传推介，积极地保护、维护、恢复原生态。党的十九届五中全会的召开，标志着我国乡村建设开启了"全面推进乡村振兴"的新征程，中国乡村建设翻开了新的历史篇章，乡村振兴在全国大部分地方都取得了显著成效。

曲阜把建设美丽乡村作为增进群众福祉的重要载体，作为脱贫攻坚和乡村振兴的重要举措，坚持文化引领、统筹推进，以"主体功能区"理论为指引，用实际行动破解工业城市的生态命题，形成了"美丽乡村＋现代农业＋国际慢城"模式，使圣地乡村成为生态环境优美、村容村貌整洁、基础设施完善、公共服务健全、产业特色鲜明、群众生活富裕、乡土文化繁荣、乡风文明和谐、充满发展活力的幸福家园。

一、曲阜市镇街主体功能区

2010 年 12 月，《全国主体功能区规划》正式发布。规划最打动人心的变化就是不再把 GDP 的增长放在最重要的位置上，这也意味着政绩考核模式出现了巨大的变化，我国在财政政策、投资政策、产业政策、人口政策、土地政策、环境政策和绩效考核政策上都有所调整。《国务院关于印发全国主体功能区规划的通知》指出，《全国主体功能区规划》是我国国土空间开发的战略性、基础性和约束性规划；编制实施该规划是深入贯彻落实科学发展观的重大战略举措，对于推进形成人口、经济和资源环境相协调的国土空间开发格局，加快转变经济发展方式，促进经济长期平稳较快发展和社会和谐稳定，实现全面建设小康社会目标和社会主义现代化建设长远目标，具有重要战略意义。

党的十八大报告指出，要加快实施主体功能区战略，推动各地区严格按照主体功能定位发展，构建科学合理的城市化格局、农业发展格局、生态安全格局。全国主体功能区规划，就是要根据不同区域的资源环境承载能力、现有开发密度和发展潜力，统筹谋划未来人口分布、经济布局、国土利用和城镇化格局，将国土空间划分为优化开发、重点开发、限制开发和禁止开发四类，确定主体功能定位，明确开发方向，控制开发强度，规范开发秩序，完善开发政策，逐步形成人口、经济、资源环境相协调的空间开发格局。

2011年，曲阜根据自身情况，积极探索在市域范围内以乡镇为单位进行主体功能区规划建设，大胆放权，为乡镇发挥自身优势提供广阔、自由的空间；首次提出了主体功能区建设的概念，遵循"宜农则农、宜工则工、宜商则商、宜游则游"的思路，坚持从市域实际出发，根据各镇街的地理位置、自然资源、经济基础、发展模式等不同情况和空间开发格局，充分考虑镇街经济发展优势和劣势特点，合理化功能分区，将全市12个镇街划分为8个工业主导型、3个观光农业主导型和1个服务业引领型主体功能区，实现了以乡镇为单元的主体功能区分区规划建设。在考核上，不再单纯看项目规模和财税收入，而是根据其主导产业项目完成情况进行个性化考核。无疑，具有曲阜特色的乡镇主体功能区建设模式，有力推动了曲阜市域经济社会科学发展、跨越发展。

我国现有的政治经济体制下，每个区域都想增强自己的实力，竞争不可避免。而主体功能区建设从大处着眼、小处着手，协调突出各功能区特色，用差异化发展构建科学合理的产业布局；各乡镇跳出"小利益"视野，促成大布局，收获应有的收益。曲阜市按照3类主体功能区的不同性质，进一步细化各区特色功能，走"错位发展、以特取胜"的发展道路，并明确工业布局、人口布局、农业布局、生态布局、交通布局等发展方向，实行一个主体功能区各自确立一个主导产业、一套发展目标、一套推进措施和考核办法，集中发展一个产业集群，打造一个产业品牌，引导产业集聚、集约发展。同时，为给镇街主体功能区提供综合配套保障措施，曲阜建立了扩权强镇机制、局镇联建机制和科学用人机制。从尼山镇的文化旅游牵头，到陵城镇的汽车配件主导，再到时庄镇的生物医药开道……农业有农业的政策、工业有工业的优惠，大力度的政策环境，成为曲阜各功能区吸引客商的新卖点。

曲阜各镇街主体功能区凭借一条条产业链的带动，有效助推产业项目的聚集，让各镇街获得了更具优势的发展空间。工业定位和主导产业的确立，帮各镇街找到了突破进位的抓手。如息陬镇以前是一个既有农业、又有零星机械加工企业的乡镇，由于缺乏明确的发展重心，形成不了产业聚合效应。这是因为，企业在挑选东家时，不仅考虑区位优势、园区基础设施等，更看重有没有配套企业。经过两年的功能区运作，围绕"电动车"一环环牵起的产业链渐渐开始显现项目洼地效应。2013 年 6 月，一位投资商兜里"揣着"前刹、车把、中轴等几十种电动车零配件的生产技术来到息陬镇，因为在息陬镇车架、烤漆、成品生产等能力都已具备，这让投资商对落户息陬充满信心。

通过实施镇街主体功能分区规划建设，解决了乡镇权、责、利不相匹配、大而全的考核模式和指标太多、发展没有重点等问题。同时，各镇街主导产业集群集聚发展直接推动了镇域经济的发展壮大，吸引大型企业纷纷落户。比如，吴村镇在实施主体功能分区规划建设之前，坐拥九仙山的文化与自然资源优势，但镇里的生态旅游业依然迈不开步子。时过境迁，功能区建设开始起到催化剂般的作用，曲阜市委市政府不仅刨除了吴村镇所有的工业考核，更为观光农业包起一个又一个大"红包"。修路绿化，发放农家乐从业补贴、家庭农场补贴……硬政策促进的软环境，助推着越来越多的商人投身观光农业项目。作为较早"吃螃蟹"的，龙尾庄村村民先是利用 2 万元的从业奖补资金建起了 10 个农家乐小套房，并借助"户户通"农村公路政策修通了 1000 米的上山游步道，开发出采摘游、葫芦套民俗游等"私人旅游路线"，还大胆地嫁接篝火晚会，让游客体会到不一样的民风民情。游客多了，商机多了，送上门的大项目也多起来了。投资 1 亿元的万亩茶园开工建设，总投资

16亿元的孔子学苑项目破土动工……过去想都不敢想的大项目，以茶文化、生态儒学体验等新元素不断丰富着吴村镇的功能区内涵。

无论省、市还是县区的功能区建设，都会遇到一个问题："管制"容易，"协调发展"难。而要通过统筹把一个未来的利税项目从一个乡镇搬到另一个乡镇，不仅需要极大的魄力，更要有审时度势的大局观。从发展现状看，曲阜并不是所有镇街都形成了较为完整的产业链条；一些底子薄、区位差的镇，招项目依旧很困难。项目好不容易谈成了，却不属于主导产业；落地会影响功能区特色、考核时算分也少，不落又觉得可惜，镇街对"主导产业"与"项目"的取舍犯了难。对此，曲阜市积极鼓励镇街采用"飞地招商"的模式，把项目"萝卜"投到最适合生长的"坑"里。作为一种跨行政区划的招商模式，"飞出地"的资金和项目，可被放到行政上互不隶属的"飞入地"工业园区，通过规划、建设和税收分配等机制，实现互利共赢。"飞出地"占三，"飞入地"占七，双方皆大欢喜，项目也得以顺利落地。

曲阜市坚持从各镇街实际出发，因地制宜、灵活制定各镇街发展战略规划。由于12个功能区中有过半数是工业主导型，难免存在一定的产业交叉。为权衡项目落地价值、优化资源配置，市级层面还对一些项目落地作出统筹。例如，2013年6月，世界五百强德国大陆集团与曲阜天博集团汽车电子传感器合资项目正式签约。这样一个由开发区招引的"航母级"汽车传感器项目，经协调被安排到了以发展汽车零部件产业为主导的陵城镇功能区。总之，曲阜市主体功能分区规划建设，突出了特色产业，促进了产业集聚，保护了生态环境，让人民群众共享了经济社会发展所带来的实惠。

二、美丽乡村建设

美丽乡村是"生态宜居、生产高效、生活美好、人文和谐"的典范，我国经济进入新常态，以城市建设为中心的阶段转向城乡协调发展建设阶段，因地制宜强力推进美丽乡村建设是时代要求。乡村拥有着对传统文化的保存功能，乡村文化遗产是我国文化遗产不可或缺的重要组成部分。乡村是传承历史、风俗和文化记忆的载体，是天蓝、地绿、水净、安居、乐业、增收的美丽家园。正因为这样，乡村才能成为城市生活的精神后花园，才能成为让农村人乐享其中、让城市人心驰神往的所在。

2004年至2022年，党中央连续19年发布以"三农"为主题的"一号文件"，强调"三农"问题在中国社会主义现代化时期"重中之重"的地位。[①]农业农村部、国家旅游局多次发布关于开展全国休闲农业与乡村旅游示范县和全国休闲农业示范点创建活动的意见。曲阜市生态基础较好的镇尼山镇、吴村镇、石门山镇具备休闲农业与乡村旅游的良好条件，曲阜市镇街主体功能区规划建设中，把这三镇规划为观光农业主导型乡镇，围绕尼山、九仙山、石门山等景区保护开发，深入挖掘镇街各类文化旅游资源，率先在全省构建推行观光农业主导型乡村旅游新模式。

党的十八大以后，曲阜市决定将尼山镇、吴村镇、石门山镇作为可借鉴、可复制的美丽乡村新样板进行建设。这三镇充分发挥自身自然风光和生态休闲农业资源优势，最大限度利用上级政策和资金支持，科学规划、因地制宜，大力发展旅游观光和特色休闲农业，加大招商引资、资金投入和产业扶持力度，倡导绿色生态理念，突出休闲体验，打造田园风光，开发农业与乡村旅游业的潜力，打造具有各自特色的"美丽乡村"。

（一）龙尾庄村

龙尾庄行政村由龙尾庄、大河崖、葫芦套、红山子、王林、平坡等自然村组成。各村落依山傍水，风景秀丽，是典型的山水村落。村庄有510户，1820人，均以

---

① 参见360百科网，https://baike.so.com/doc/5405048-5642819.html，最后访问日期：2022年7月1日。

农居为主。建筑主要为村民住宅，基本为院落式，沿着道路与河道自然生长，形成建筑群落，大多数为一层建筑，极少量为二层。天池西侧老年人招待所建筑为5层主体建筑和3层辅助用房。龙尾庄、大河崖有一处万佳羊毛衫服装厂、一处村民委员会、一处农资超市、一处卫生所、一处车修站。红山子有一处九仙山专卖店。王林（现会泉峪民俗村）有一处会泉峪民俗大舞台。

2014年，吴村镇以济宁市"美丽乡村示范片区"建设为契机，按照"立足吴村抓提升，着眼曲阜建试点，面向济宁做示范"的基本定位，抓环境卫生提升、抓基础配套延伸、抓工程项目带动、抓品牌效应富民的工作思路，确定先期规划龙尾庄村，作为发展"美丽乡村"旅游示范村，专门编制了《龙尾庄美丽乡村规划》，探索美丽乡村发展路径。规划范围包含葫芦套、龙尾庄、大河崖、红山子和王林5个自然村，以及周边部分山体和水体，总面积约2.9平方千米。规划期限：2014~2016年为基础建设期；2017~2020年为深化完善期。

美丽乡村大多有个共同点，地理位置较为偏僻，经济基础相对薄弱，这样的地理位置也使这些村庄自带优越的自然禀赋。龙尾庄村规划分为两个层次：一是区域研究层面，从空间、产业、交通等方面重点研究村庄与区域发展的关系，提出规划思路与策略。二是村庄规划层面，从用地布局、道路交通、配套设施、建筑整治等方面，提出村庄建设方案与实施措施。规划将整个龙尾庄村分为山体运动养生区、滨水乐活区、乡村居住区、特色民俗村、田园采摘区、生物质能源研发区，将其打造成集旅游、访古、观光、度假、休闲、娱乐为一体的民俗文化村。

1. 葫芦套村

葫芦套村是个三面环山、一面临水的静谧的小山村，坐落于气势磅礴、风景秀丽的"龙山"南首，因葫芦籽落地生村的古老传说而得名。村落形成于明代，村庄区域面积3000亩，有农家院落75处，其中空闲院落23处，许多院落依然保存着20世纪五六十年代的乡村旧貌，房屋结构多为石砌、土坯老房。有些院落很有文化特色，历史典故颇多。村民质朴和善，手工、制造、加工技艺精湛，民风民俗特色鲜明。一步一景，移步即换景。村内拥有龙山、葫芦湖、葫芦长廊、葫芦瀑、龙泉亭、十八罗汉石等多个景点，具备较高的民俗开发价值。

党的十六届五中全会提出，建设社会主义新农村是我国现代化进程中的重大历史任务，并将社会主义新农村的思想落实到村庄建设上。为加快推进社会主义新农村建设，吴村镇紧扣"生态观光农业"主体功能区这一主题，贯穿"九仙山山水景观特色、吴村镇生态田园风格"这两条主线，科学编制了《吴村镇美丽乡村总体规划》，将葫芦套村建设成为一处集人文景观赏析、自然风光旅游、民俗民居体验于一体的综合性旅游度假区，全力打造宜居、宜业、宜游的美丽家园。葫芦套村相继被评为省级宜居村庄、首批省级传统村落、省最适合养老村落等。

2014年，葫芦套村按照上级财政拨款与镇村筹集的发展思路，在政策资金支持下，按下美丽乡村建设"启动键"，开始实施"硬化、亮化、美化、净化、绿化"等一系列综合整治提升措施，全面改善村容村貌，提升人居环境治理质量；相继建设了柏油路、街巷围墙、广场、停车场、凉亭、农田机耕路和边沟，全村实现硬覆盖。随着美丽乡村的建设，山上植被得到保护，村里泥泞小路变为柏油路，村口有了垃圾箱，葫芦套村完成了"新农村"的华丽转身。

基础设施完善后，要想实现乡村振兴，还需要产业支撑。早些年，山里没有路，果子结得再好也卖不出去，村里大部分的年轻人选择出去打工。为此，葫芦套村确立"转变思想观念，发展房东经济"的思路，把目光转向自然资源，聚焦第三产业——旅游业，在充分利用自然景观打造特色景点的同时，以旅游资源为抓手，发展旅游服务项目。

村民自有的闲置房屋，可以出租给他人做民宿，收租金，也可以自行规划打造特色民宿、农家乐等，自己当老板……一系列产业项目的落地，给村民创业、就业、增收提供了平台。位于村口的农家乐，老板是最早决定"返村创业"的外出务工人员，现年收入 10 多万元。她坦言，如果不是"美丽乡村建设"改善了村里环境和交通，使越来越多的人来游玩，自己也想不到开农家乐。而像她这样尝到甜头的人越来越多，吴村镇目前已规划建设的农家乐、民宿 60 多家，年接待游客 10 余万人次，村民收入年增长 10% 以上，房东经济等新业态在吴村逐渐发展成熟。

发展乡村旅游犹如一股活水，"激活"了葫芦套村的闲置资源，带动的不仅是经济效益、社会效益的综合提升，还促进了葫芦套村乡村发展理念的转型升级。葫芦套村树立"绿水青山就是金山银山"的理念，自觉抵制以牺牲自然环境换取发展的经济项目诱惑；为防止大规模铺设管道而毁掉十几年栽植的树木，拒绝投资几百万元建设矿泉水厂项目；坚持"景观建设、广开资源、深挖内涵、精心运作、确保成效"的原则，以丰富的原始生态资源为依托，以保留完好的古村落为载体，借助深厚的文化底蕴，提升完善村庄设施建设，建设了观光休闲采摘区、民俗民居体验区、自然景观娱乐区、水上垂钓嬉戏区、餐饮住宿服务区五大区域；修建古院落 80 个、遗存古房或仿古房 300 间；建设休闲街、文化街、美食街、度假屋、民俗表演馆、自采园、人造海滩、水上娱乐园、山林景观、龙王庙等。

不仅如此，村里还主打葫芦文化，建起了葫芦艺术博物馆，繁荣发展乡村文化（图 5-17）。为唤醒乡村的传统文化记忆，保留淳朴民风，响应曲阜市在全市 405 个村居设立"孔子学堂"政策，葫芦套村号召村民走出自家宅院，让儒学讲师把家庭、邻里和睦等内容融会到课堂中。优秀传统文化的植入进一步淳化了民风，籍

图 5-17　葫芦套美丽乡村葫芦艺术博物馆——作者拍摄

籍无名的葫芦套村完美"蝶变"，成为远近皆知的乡村游特色村。

2. 会泉峪村

会泉峪村位于九仙山景区东南部的山坳里，北依翠微山，东临社首山，西靠亭亭山，会泉河顺山而下，经村而过，村里人家傍泉而居，砌石为房。村前有一松柏苍翠的古祭台，专家考证，此台即《史记·封禅书》所载，黄帝封（祭天）泰山、禅（祭地）亭亭山，周成王封泰山、禅社首山之祭地处。[①] 村北有山东省文物保护单位——明安丘王墓群；西北有芦斗寺佛文化景区，原为宋代智永和尚所建，后毁于战火，现已全面恢复建设。清道光年间，孔广贞三兄弟从峪口村迁此，开荒种地、定居立村。因村后有泉，群泉会集，取名为"会泉峪"。民国年间，村后发现鲁国王府安丘王五墓，俗称王林，村庄更名为王林。《续修曲阜县志》载"峪龙乡，王林"。美丽乡村建设时，又更名为会泉峪村。

会泉峪村旅游资源丰富，山水风光旖旎，田园风情醉人，民风热情淳朴，宛如一幅美丽的画卷。在"美丽乡村建设"前，它曾是有名的生猪养殖村，全村30余户人家依山而居，养猪用的猪舍就有100多个。"美丽乡村"示范片区的建设给会泉峪村带来了新生，使其找准了发展的思路，即打造特色旅游村落，通过旅游来提高村民收入，提升村庄整体发展水平。

美丽乡村建设涵盖环境卫生、生态保护、产业发展、基层组织建设等方方面面，工作面广量大。会泉峪村依据村庄特点，量身定制了会泉峪民俗村发展规划——结合旅游做美丽乡村，在改善村民生产生活条件的同时，把村庄作为一个景点来打造。随后，依据统一规划，按照"边招商、边建设"的原则，会泉峪民俗村一期工程对全村进行"一系两网三面四区"等基础设施建设，二期工程对村里景区全面实施景观打造、泉群水景营造、庭院生态改造、休闲设施建造四大工程，全力打造"放松忙碌脚步，聆听心灵声音"的休闲旅游度假区。

---

① 据唐代《史记正义》、宋代《鲁国之图》，亭亭山、社首山在鲁城西北二十里九仙山内。

会泉峪村利用会泉河穿村而过、河畔青瓦石房林立这一独特的景观资源，重点打造河道水系景观及河畔墙体文化。对沿岸院落进行高标准仿古粉刷和古檐口改造装饰，铺设了 2800 平方米的石板道路，建设了墙体历史画廊。一幅幅形象生动的图画向人们讲述着在这片土地上发生的"黄帝拜祭、曹刿论战、和圣高风、孔子劝和、吴起仕鲁、圣母护生、智永建庙、呼延屯兵、安丘静归、九山大捷"十大经典历史故事，彰显了中华文化的博大精深，弘扬了中华民族爱国、善良、智慧、勇敢等传统美德。历史画廊的建设，穿越五千年历史长河，在让人们研读传奇经典故事，品味先贤精彩人生的同时，使会泉峪民俗村不仅成为一处乡村旅游胜地，更是一处具有深厚历史文化积淀的文化教育基地。

美丽乡村建设，生态环境优美为基本要求，改善硬件设施是关键一环。曲阜将农耕文化与地域文化挖掘相结合，坚持"内修人文、外修生态"，重点实施了村庄改造、设施配套、产业打造等提升工程项目；坚持用优秀传统文化涵育乡风文明，结合每家每户特点，制定不同的家风家训，以好家风带动村风民风；在村规民约原有"仁、义、礼、孝、信、诚"厚德厚义的传统文化培育基础上，增加了"环境卫生门前三包、红白喜事简办新办、交通出行安全文明、做人做事行善尽善"等内容，将群众传统价值观与现代社会治理要求充分结合；推进"村党支部＋乐和家园"模式，逐步建立起自治、法治、德治相结合的乡村治理体系。随着"万场演出惠民生""千场大戏进农村"等活动的开展，会泉峪村每年举办各类惠民演出 1000 场以上，辅导文化队伍 430 支。

（二）武家村

武家村建村于洪武十三年（公元 1380 年），地处九龙山怀抱，南与邹城市接壤，西邻凫村，人口 2330 人，耕地面积 2060 亩，山体面积近 3000 亩，是"全国美丽乡村""生态文化旅游示范村""中华优秀传统文化传承发展示范村""山东省森林村居"。该村以生态观光旅游为发展定位，充分发挥孟母林、九龙山等文化优势，采取"文物古迹游＋文化体验＋樱花观赏＋农家乐"的旅游模式，构建"一条观光线带动，两大项目支撑，三大民俗文化体验区辐射"的文化旅游新框架，彰显出孔子家乡富裕文明、和谐幸福的"生态旅游示范村"美丽风采。

20世纪八九十年代，靠山吃山，村民开山采石，日子过得不错，后来因封山育林，村里关停石材厂，经济逐渐萧条。2012年，曲阜市启动"百强示范村"创建活动，打造100个集体经济发展、群众生活富裕、村风民风文明、生态环境优美的社会主义新农村建设示范村，以带动全市农村发展。2012年3月14日，曲阜市委第十三届第十二次常委（扩大）会议在武家村召开，专门为武家村发展把脉问诊、建言献策。会后，先后投资300余万元，对村庄进行全方位改造，建设文化大院，硬化、绿化、美化村内道路，安装仿古路灯，实施农电网、自来水、幼儿园和危房改造，村基础设施建设不断完善。武家村以建设生态文化旅游村为方向，流转土地1500余亩、承包荒山500余亩，用于高档苗木花卉种植；村集体年收入达到60余万元，农民人均纯收入达14,600元。

美丽乡村建设绝不只是追求形式之美，还要有内涵之美。乡村历史文化中蕴含的深厚内涵与美丽乡村建设工作开展的要求、目标高度契合，能够极大地满足农村精神文化建设需要，使美丽乡村建设更接地气。武家村除了推动农村经济发展、改善村民生活环境之外，还给美丽乡村注入文化灵魂，不断加强村文化广场、文化书屋等农村文化基础设施建设，打好文化牌，提升文化内涵，为美丽乡村建设增色。一条条平坦的沥青路蜿蜒在乡野田间，将沿途的乡村山水、农业生态园、文化园等串联起来，勾勒出一幅秀美的田园画卷。

在美丽乡村建设过程中，除了要注重村民物质生活条件之外，还要了解以及满足村民精神层面的需求，以全面提升乡村建设的质量。2018年4月，曲阜市作为山东省新时代文明实践中心试点之一，武家村成为首批试点村。该村针对孤寡老人无人照料问题修建了日间照料中心，针对幼儿就学不便问题新建了幼儿园。除了硬件设施按需配备，还有许多深挖群众需求推出的"创意服务"。比如，针对村民日常缺少工具又无处借的现实困难，在实践站里挂上了"邻里互助榜"，谁家有什么工具都登记在榜上，村委作为"中介"进行供需对接。就是这样一个又一个或大或小的"切口"，让武家村村民的幸福指数明显提升。武家村的新时代文明实践站作为"儒家讲堂"的授课点，配备一名兼职管理人员，在改造提升农家书屋、家风家训展室、文化活动室等服务场所，配齐配强硬件设施的基础上，定期开展文化活动，组织志愿者挨家挨户听故事、做总结，把一个个几近遗失的"祖辈叮咛"重新拾了起来。另外，武家村整合村闲置农资超市，重点打造乡村记忆馆，通过"追历史印记""访古村旧韵""赏石雕文化""走强村之路"四大轴线，介绍武家村人文历史与文化特色，让村民看得见山、望得见水、记得住乡愁；将四德工程、好人榜等上墙，用会说话的"文化墙"展示文明、健康、积极向上的文化气息、文明风尚，补齐群众"精神短板"，修订完善村规民约，形成了人人讲文明、人人守诚信的淳朴乡风民风。2020 年 5 月，武家村入选首批全国村级"乡风文明建设"优秀典型案例。

在曲阜乡村，以社会主义核心价值观、《论语》名句、传统警句等为内容的休闲文化长廊和文化墙处处可见。不仅如此，每个村落都设置了善行义举四德榜，受表彰村民的照片、事迹陈列其上，有邻里公认的"好婆婆""好媳妇"，有村里有名的"热心肠"。民居整齐划一、绿植郁郁葱葱，如今的乡村无论是硬件环境还是文化内涵，都让人眼前一亮。"绿树村边合，青山郭外斜"的梦境成了武家村的现实写照。10 年间，武家村从小山村到国家级美丽乡村的华丽蜕变，靠的不仅是村容村貌的全面整治，更多的是乡村善治的统筹设计、文化传承的"厚积薄发"。

（三）美丽乡村建设的制约因素

美丽乡村建设是改善农村人居环境的重要载体，通过深度挖掘乡村内涵，吸引城市人才、资金、信息等更多向农村流动，最终愿景是实现城乡等值化。但是，在美丽乡村建设方面还存在一些问题：随着城乡一体化的推进，农村社会结构在不知不觉中发生了嬗变，乡村特色丧失、农业文化割裂，生活污染、农业污染和工业污染的多重叠加恶化了乡村人居环境，消极因素的互相交织阻滞了美丽乡村建设的步伐。

1. 乡村传统割裂散佚，人口制约村庄发展

在城乡转型发展过程中，很多农村人到城市务工，越来越多的农村年轻人向城市聚集，导致空心村多、老人和留守儿童多，教育、医疗、养老等问题越发突出。同时，一些农户一边旧房子闲置，一边又重新划分宅基地建新房，农村建房用地规模不断扩大，闲置房屋不断增加，可耕种土地面积不断减少，土地浪费情况突出，生态环境遭到破坏。

由于生产生活方式转变，乡村的原有民风、民俗和传统文化难以为继；缺少活跃的劳动力人口，部分乡村成了留守的老年人、外来打工者杂居的农村，乡土文化传承面临危机，产业发展面临困局，乡村逐渐呈现出"小、散、空"现象，即农村居民点规模偏小、农村宅基地布局散乱、农村房屋大量闲置，土地集约利用率低，这也导致了改善生产生活条件所需的配套基础设施和公共服务设施成本高，需要全域考虑、优化布局。例如，前文提到的平坡村，是龙尾庄行政村的自然村之一，就是因为人口少、布局散，而未纳入《龙尾庄美丽乡村规划》的美丽乡村建设村庄。

2. 生态建设负担重，阻滞建设进程

美丽乡村建设以生态文明为基础，然而农村环境污染的加剧和生态环境的破坏已经严重阻滞了美丽乡村的建设进程。一些农村尤其是偏远山区农村，田间地头随处可见各类垃圾，不仅存在传统意义上的"脏乱差"，而且生活污染和生产污染并存、城市污染向农村转移等新特征日渐凸显。

我国农村生态逐渐失衡的原因在于：一是村民参与意识薄弱。当前，村民这一

社会群体整体上处于离散状态，青壮年劳动力在城市和农村之间游移，这种生活状态使村民在环境治理中"搭便车"思想严重，因而难以聚合力量形成集体性行动。二是生活垃圾结构异化。随着城镇化的推进，村民的生活模式和消费习惯发生改变，农村生活垃圾组成结构也变得更为复杂，过去可以再次利用的生活垃圾现已失去使用价值，而如塑料袋等无法作为燃料或饲料的生活垃圾大量产生。三是监管政出多门。农村环境监管涉及面广，与城市相比具有一定的特殊性，需要建设、农业、水利、林业等部门多方参与，如此一来难免会政出多门，监管权力的多元化分散影响了监管职能的有效发挥。

加强环境治理可以保障美丽乡村建设可持续推进，提升村民的生活品质，加快城乡融合的步伐，因此应实现各主体之间的功能互补。第一，政府应充分发挥主导作用，树立正确的政绩观，以绿色发展理念推动生态文明建设，完善网格化的环境监管机制和执法体系，并通过科技推广和购买服务等形式改善农村环境治理效果。第二，充分发挥村委会和村民小组等各级村民自治组织作用，制定环境保护村规民约，有效整合村民力量，激发他们参与环境治理的主动性、积极性。第三，民间环保组织虽然是第三方独立主体，但拥有专业的环境保护技术，因此可以从中立角度对环境污染行为进行监督和评价。

3.美丽乡村建设中的资金瓶颈

美丽乡村建设涵盖农村经济、社会发展的方方面面，建设周期长、项目多，需要的资金投入大。城市改造与更新中，建立了土地收储、投融资等多种机制与建设主体，有多种市场化手段达到资金平衡、滚动发展。而美丽乡村建设，目前只是政府及职能部门以财政投入或补贴的方式进行，没有投融资平台，没有市场化手段。另外，各地投入的热情很高，但是各地本身财力十分有限，难以支撑巨大的基础和产业双重改造。

地方政府的财力目前只能集中建设少数示范区。从目前实际情况看，政府财政按照目前状况无法进行面上大规模的财政投入，未来美丽乡村建设资金来源将成为"瓶颈"，而民间资本和社会力量参与美丽乡村建设的积极性不高。一是集体经济落后。除了位于珠三角和长三角等少数经济条件好、资源优势明显的乡村外，我国大多数村庄的集体经济力量薄弱，无法为美丽乡村建设提供资金保证。二是群众没有参与热情。一些地方在美丽乡村建设过程中，对政策理解不透彻，理论与实际脱节，不能为农民带来实打实的收益，导致农民参与美丽乡村建设的积极性不是很强。三是社会资本缺乏参与动力。从资本的逐利属性而言，鉴于许多美丽乡村建设项目属于公益性质，即便是发展农产品加工业和乡村旅游业等，也由于回报率低、回报周期长缺乏对社会资本足够的吸引力。

因此，应充分发挥市场机制在资源配置中的基础性效用，吸引社会资本参与美丽乡村建设，通过多元化的筹资渠道为美丽乡村建设提供强有力的资金保障。一是引入 PPP、EPC 等模式。政府可通过"以奖代补"等政策手段，搭建 PPP、EPC 等美丽乡村建设融资平台，用市场机制破解建设资金不足的难题。二是发挥资金聚合效益。统筹安排水利建设、农业开发等各类专项扶持资金，做到"一个池子蓄水、一个龙头放水"，让美丽乡村建设资金汇集到重点建设项目，以提升资金的使用效率。三是建立多元监管机制。为加强对美丽乡村建设扶持资金的管理，应构建由监察、审计、财政等部门和村民代表、社会中介机构等多元主体参与的监管机制，在强化日常监管的同时，不定期地进行专项检查，并建立以美丽乡村建设成果为考核标准的绩效考评制度和责任追究制度。

4. 美丽乡村建设中的政策桎梏

农村产权制度是推进我国乡村发展的重要因素，但部分地区产权制度改革进程较为缓慢。美丽乡村建设不仅仅是对乡村外在形式的改善，还要对其产权制度和整体治理机制进行完善，这些制度、机制与农民的生活息息相关，只有综合推进相关改革，才能加快美丽乡村建设。

一是农村房屋与宅基地的继承矛盾。按现行规定，农村自建房屋属公民个人财产，可以继承。但是宅基地有很强的身份属性，属于农村集体组成成员集体所有，无偿提供给本村村民使用，农村户籍身份者才能享有，并且按户计算。当一户人口减少，宅基地是由剩余的成员共同使用。但当该户没有了农村户籍人口时，对宅基地如何继承，《土地管理法》等法律未规定。实际操作中，因为房地是一起的，不可能单独分割，由非集体经济组织的继承人拥有房屋权益，同时对宅基地具有延续使用权利，但房屋的产权无法变更，即使成为危房也难以改造更新。

二是保留自然村。"过去是农民进不了城，现在是城里人进不了村"。由于农村人口年龄普遍偏大，责任田流转已很普遍，即使未流转给村集体，也大多租给外地人种，有不少农民将自留地也租出去；对于房屋与宅基地，大多数农户希望通过动拆获取补偿，使资产变现、"活化"。现行法律限制宅基地流转，特别是禁止城镇居民购买农村宅基地，但实际情况是，农宅买卖、出租、抵押等隐形流转与灰色交易大量存在，特别是前几年新建的农民集中居住区。有些城郊农村的宅基被一些小产权或者类似小产权的模式进行了一定开发，地流转占宅基地总数的15%左右，有的甚至高达40%以上。这种隐形流转、灰色交易不受法律规范的认可，只能采取私下交易的方式，属于对"真农民"权益的侵占，成为目前农村宅基地和集体经济确权工作中的难点。

5. 美丽乡村忽略精神文明，建设规划千篇一律

传统经济建设方式停留在物质文明建设层面，忽略了精神文明建设的内在价值。与传统经济建设不同，美丽乡村建设不仅是对生活环境、产业发展的改造，更重要的是对民族文化的保护与传承。美丽乡村建设应立足于整个地区的发展蓝图，以人为本，忧群众之所忧，想群众之所想。一方面，在贯彻国家战略发展方针的同时，从实际出发，确保居住环境得到改善，村民生活质量不断提高；另一方面，保护文

化特色和景观完整性，包括自然风貌、田园特色和乡土文化等，坚持创新、协调、绿色、开放、共享的发展理念，打造完整的乡村景观风貌，充分挖掘乡村内在的价值，实现真正意义上的美丽乡村。[①]

美丽乡村建设规划内涵丰富，不同于传统的布点规划。以前的规划方案以硬件设施的完善和乡村面貌的美化为主，忽略了村落公共空间发展的重要性，导致视野局限在村落之内及村落之间的道路硬化和庭院绿化等，使美丽乡村之"美"仅仅停留在低层次，忽略了总体建设规划与长期行动计划。由于规划者对美丽乡村内涵的解读失之偏颇，导致建设规划缺乏区域性和特色化，结果"村村像城镇"，原本郁郁葱葱的乡村自然风貌荡然无存。

美丽乡村建设规划应依托人文底蕴科学梳理村落肌理，进而打造各具特色、千村千面的美丽乡村。整体来讲，应遵循"求同存异"的原则。"同"是应保留乡村原有的空间形态和功能属性，注重保护独具特色的自然环境、历史建筑及周边街巷的空间尺度，形成层次分明、能够定格村庄历史印记的村落结构，并结合土地使用规划、基础建设规划、环境保护规划等，构建从宏观到微观、从全域到局部的规划格局，以满足村民居住、游憩、工作等需求。"异"是每个村庄应根据各自特点编制规划，通过空间融合和功能更新对村落进行合理、有序重构，以充分展现其独一无二的资源优势，杜绝功利性和盲目性，体现出"一村一品、一村一景"。[②]

（四）曲阜美丽乡村做法

美丽乡村建设是一个系统工程，需要通过编制村庄规划、实施民居改造、提升公共设施、整治村庄环境、发展特色产业、加强组织建设、完善制度手段，才能让"美丽乡村"持续焕发活力，使美丽村庄真正持久"美丽"。在曲阜，游客在朝圣

① 参见杜娇：《美丽乡村建设的制约因素与提升路径》，载《山东行政学院学报》2017年第1期。
② 参见董科鹏：《美丽乡村建设的制约因素与提升路径》，载《农业经济》2019年第5期。

之时，徒步山林，漫步乡间，不仅处处可以感受到儒家文化的博大精深，还能体验到美丽乡村的独特魅力。一处处别具风貌的乡村景观串成了线，一个个当年乏人问津的穷乡僻壤山沟沟，变成了生态田园与文化古韵并存的"香饽饽"。青瓦白墙的房屋，干净宽敞的道路，郁郁葱葱的花与树，陵城镇郑家庄村入选山东省美丽休闲乡村名单、尼山镇入选全国第二批特色小镇……越来越多富有旖旎田园风情、宜居宜业宜游的美丽乡村盛开在圣人故土，曲阜也因此走出了一条生态文明与美丽乡村互促互建的发展之路。

1."国际慢城+美丽乡村"，儒风村韵连成片

在美丽乡村建设中，曲阜立足孔子故里与儒家文化发源地定位，充分体现儒家文化特色，以山、水、林、田、湖、村为生态格局，以"文化国际慢城+美丽乡村"建设模式，大力实施村庄仿古改造、环山绿道等工程，开展"五化四美"乡村建设，项目化整村连片推进，切实提升人居环境；持续加大产业扶持力度，通过建设高效农业设施、乡村民宿等，千方百计助力村民增收。

在美丽乡村建设中，曲阜统筹推进12个镇街美丽乡村示范片区建设，创建了地市级美丽乡村示范片区3个和县级美丽乡村示范片区1个，培植了镇级美丽乡村示范片区8个，打造了"美丽乡村山区景观示范带"和"美丽乡村平原风光示范带"，形成了点亮线优、镇镇铺开、连片成带、全域覆盖的美丽乡村建设大格局；紧密结合泗河综合开发，建设特色小镇和民俗特色村、采摘园、农事体验园等，打造了泗河沿线风光美丽乡村示范带，形成了一批产业特色村、生态旅游村，促进了农村繁荣、农民富裕。

2018年，曲阜市又围绕一村翠绿、一塘清水、一处广场、一院洁净"四个一"目标，实施了道路硬化、村庄亮化、厕所改造、村庄绿化、清洁庭院、墙体美化、环境卫生、坑塘治理、文化广场建设和线网整理10项重点工作，年内全市美丽乡村覆盖率达到63%，生态宜居村达到90%，其中9个镇街成为国家级

生态乡镇。

2."完全覆盖+仿古改造"，农村环境美如画

美丽乡村是自然与人居的结合体，不仅在于青山绿水的苍翠欲滴，还在于青砖黛瓦的淡淡乡愁。改革开放以来，随着广大农民生产生活改善，有些村，民房越建越大，越盖越高，超出了实际生产生活需要，很大原因是互相攀比的结果。

曲阜立足于体现历史文化和传统民居建筑特色，以农房建设为着力点，以"明清风貌、灰墙黛瓦"为主风格，实施包括沿街建筑立面、色彩改造和街道设施提升在内的村庄综合整治，推进农村危房改造，提升农村新房品质，在打造承载乡村记忆独特风景的同时，为以房东经济为基本形态的乡村民俗游提供了发展契机。

以农村"五化"为重点，累计投资3700万元，治理农村生活垃圾和污水，提升村容村貌，改善农村人居环境，实现了城乡环卫一体化全覆盖、镇街环卫所全覆盖。全面实施"村村通""村村洁""村村绿"等"十个全覆盖"工程，健全完善农村基础设施，先后建设农村公路2561千米，实现村村通、村内通、户户通和城乡公交"一元票价"；累计植树6015万株，森林覆盖率达到37.5%。

3."生态旅游+百姓儒学"，农业美，农民更美

美丽是基础，增收是核心。曲阜市把增加农民收入、促进农民致富作为美丽乡村建设的着力点和落脚点，按照"优化点、提升面、完善带"的原则，深化拓展"文化国际慢城+美丽乡村"模式，"一村一品""一乡一业"培育发展"美丽产业"，打造"美丽经济"。

2015年，全市省级以上旅游特色村11个，"一村一品"专业村120个，登记注册家庭农场176家，发展农家乐900多户。其中，国家级"一村一品"示范镇1个、农业旅游示范点1处，省级旅游强乡镇6个、"一村一品"示范镇3个、农业旅游

示范点 7 处，圣地尼山特色小镇被住建部评为全国第二批特色小镇，让农民切实享受到美丽乡村的建设成果和经济实惠。石门山镇的"美丽乡村示范片区"，既有山外山庄园为代表的生态休闲旅游，又有千亩美人醉草莓基地等现代农业示范产业区，形成连线成片、整体推进的良好格局。

乡村振兴离不开优秀的传统文化引领。曲阜以"彬彬有礼道德城市"建设为重要抓手，实施"百姓儒学"工程，坚持举办"百姓儒学节"，建立孔子学堂 405 所、文化讲堂 120 所；村村举办国学讲座，在全市村居实现"人人彬彬有礼"教育学校、善行义举四德榜和诚信红黑榜"三个"全覆盖，挖掘乡村文化，讲好曲阜故事，有效提升美丽乡村的儒家文化魅力和人文内涵。推广"乐和家园"建设，组织群众开展"读、耕、居、养、礼、乐"六项活动，引导村民弘扬传统美德，养成健康文明生活方式，培育健康向上的村风民风。

4. "儒家文化＋乡村治理"，和为贵，仁为美

在悉心打造优美田园风光的同时，以儒家优秀传统文化助推美丽乡村建设，将儒家优秀传统文化融入美丽乡村建设的方方面面，如文化广场的木质长廊里刻有《论语》名句及注释；以《论语》、礼乐文化、孝悌文化为主要内容的国学墙，绘有儒家优秀传统文化的墙画；等等。在美丽乡村建设中，处处精心打造文化景观，提升村内文化氛围，让美丽乡村更有美丽内涵。

创新乡村治理模式助力美丽乡村建设，以儒家思想的"爱、诚、孝、仁、勤、善、公、和"为核心，创新开展了全民修身、全民守法教育实践活动，法德一体化建设美丽乡村。村村建立"和为贵"调解室，及时化解矛盾纠纷；建设"乐和家园"，打造乐和治理、乐和生计、乐和礼仪、乐和人居、乐和养生的村居生活模式，村民文明素养得到很大提升；常态化开展"清洁庭院""文明卫生户"等各类创评活动，移风易俗，让新风气新标准在农村落地生根。

"孝弟也者，其为仁之本与！"在美丽乡村建设中，曲阜大力弘扬孝德文化，

村村建设村级互助养老院，实现鳏寡贫困老年人集中居住、互助养老。村村设立"善行义举四德榜"，对子女缴纳赡养费情况进行公示，建立"孝心基金"，筹集"爱心基金"，扶危济贫、敬老尽孝、崇德向善蔚然成风。

三、曲阜文化国际慢城

2015 年 7 月，曲阜"九仙山—石门山"片区被国际慢城联盟授予"国际慢城"称号，成为继南京高淳桠溪与广州梅州雁洋之后的中国第三个国际慢城、中国第一个文化国际慢城。"慢城"是一种新的发展模式，目的是支持城市绿化、保护文化传承、增进邻里和睦、提倡健康生活。慢城概念及其标准带给我们的同义词是可持续、绿色、低碳、环境保护、居民幸福、生活品质、尊重传统文化、安全等。慢城建设是通过寻找传统与现代的平衡点，创造可持续的经济效益，实现当地经济发展、居民生活水平提高。

曲阜市镇街主体功能区规划建设中，尼山镇、吴村镇和石门山镇被划为观光农业主导型乡镇。三镇大力发展旅游观光和特色休闲农业，以"圣地乡村游"为主题的曲阜乡村旅游业蓬勃发展，但存在缺乏"龙头"带动、没有"标杆"立样、比较竞争优势不明显等问题。曲阜旅游要高质量持续发展，必须突破"瓶颈"，实施品牌战略。国际慢城正好符合曲阜的这一需求。

2014 年曲阜市委市政府提出，按照"慢是根、儒是魂"的思路，以九仙山、石门山为重点，以百姓儒学为核心，以房东经济为基本形态，以实现农民增收致富为目标，构建慢生态、慢文化、慢出行、慢生活四大系统，建设具有浓厚儒家文化特色的田园牧歌式文化国际慢城。之后，曲阜市委市政府委托土人景观规划设计研究院编制了《曲阜市文化国际慢城建设规划》，提出曲阜乡村旅游发展的新方向，即结合自然山水、乡村田园、生活氛围等全息化环境的打造，对 31 个乡村进行系统整合，促进其合力发展，真正实现乡村旅游生态体验与文化体验的和谐统一；

回归文化产生的本源，摒弃传统的快餐式文化，实现由门票经济向休闲体验经济的转型。

（一）曲阜文化慢城规划

曲阜文化国际慢城规划涵盖吴村镇、石门山镇北部片区，涉及 27 个自然村，总面积约 50 平方千米，人口约 5 万人。该区域内文化底蕴深厚，包括儒家文化、佛教文化、道教文化、红色文化与民俗文化；旅游资源丰富，拥有国家森林公园、建筑群、墓群等自然和历史资源。这些资源是规划的底图。规划以山、水、田、村"四要素"为生态格局，将重要旅游景点、绿地走廊有机串联，并通过优先建设慢行系统、打造慢城标识、发展特色文化旅游等不断完善慢城生活旅游体系。

规划以"共建国际慢城、共享美好生活"为目标，构建慢生态、慢生活、慢旅游、慢交通四大系统，以"慢"作为四大系统的外在表现形式，从"儒"入手挖掘四大系统的灵魂与内涵；构建健康优美的生态系统，建立生态水系统、山体保护系统和农业系统，实现健康的生态基底和优美的景观基底；构建美丽富裕的村庄与儒风浓郁的生活系统，根据不同现状基础的村庄提出针对性的改造措施，在改善与优化物质空间的同时，丰富乡村的社会生活与文化生活；构建一条"慢城环线＋多条慢行游线＋多级换乘"系统，提倡慢行，限制机动车，慢城环线允许机动车进入，其余为慢行游线，环线与过境路相交处设立换乘中心，慢行系统与环路相连处设换乘点，慢行系统中设服务点；构建深度体验儒家文化的旅游系统，规划儒家文化主题片区，围绕片区的儒家文化主题对现状村落及项目进行包装提升，同时策划其他旅游项目，丰富文化体验内容，完善旅游配套服务设施。

规划以曲阜市域乡村旅游及重点乡镇乡村旅游为背景支撑，九仙山—石门山国际慢城规划为实施重点，指引曲阜乡村旅游发展，提升旅游综合竞争力；打造文化特色国际慢城，探索新型城镇化之路；将慢城发展的内容划分为慢城、慢区、慢都三个层次体系来引导实施，分别对应九仙山—石门山国际慢城、乡村旅游的重点三镇（吴村镇、石门山镇和尼山镇）以及曲阜市域，且各层次之间和不同背景的慢城之间通过网络化的慢行系统形成有机、紧密的联系，从而共同组成一个完整的区域慢城系统。

（二）主要做法

一是整体谋划，分步实施。2014 年开始，曲阜市以文化国际慢城建设为引领，采取"政府引导、企业参与、多资本融合"模式，对片区开展水系、山体、农业、村庄保护性重塑，多元化利用"生态保护修复＋产业发展＋资源权利使用与经营"等市场化手段，坚持增强自我造血功能和发展能力的原则，形成以田园风光、现代绿色农产品、文旅产品等生态业态为主导的产业体系，打造集生态体验、文化旅游、慢活休闲、创意体验为一体的"文化国际慢城"。慢城自建设以来，按照总体规划，实施了绿化美化、水系治理、村庄改造、慢道建设、亮化、服务体系及景区提升、百姓儒学、招商引资等工程，在生态修复和生态业态打造上持续发力。同时，不断丰富慢行空间系统内容，深入挖掘石门山、九仙山周边自然、文化、生态等资源，建设星级农家乐、乡村俱乐部、慢城人家等休闲娱乐项目；并进一步打造田园风光，加快村庄改造，建设完善慢城绿道，深化百姓儒学活动，将景区、城区和美丽乡村连接起来。例如美丽乡村——葫芦套村是慢城的一座典型村庄，村里蜗牛的设计元素给村子增加了不少趣味性。蜗牛是慢城的著名徽标，意味着一种新的模式，"慢城"不是一座城市，而是对一个区域特点的概括。蜗牛提醒我们：来到这里，放慢生活的脚步。

二是建立"政府＋市场＋民众"多元参与主体。曲阜市政府先后投资约 2 亿元实施水域治理、农田整治、市政基础设施建设，同时加强农业面源污染、改厕、"散乱污"企业治理等生态环境治理。曲阜孔子文化国际慢城投资发展有限公司成立，全面负责片区的运营、招商，先后引进多家文旅和农业公司，投资运营石门慢城客舍、玫瑰庄园、牡丹园、百鹿苑、石门康旅慢城等休闲旅游项目。镇政府开拓引才策略，采取"飞地模式"，以整治后土地吸引外地新型农业主体投资建设现代农业，促进生态农业发展；村集体以乡村振兴为契机，结合扶贫资金，带动村民进行农业面源污染防治、垃圾清理等村庄环境改造工程，修复农田和村庄生态环境，积极发展民宿、乡村旅游等生态业态。

三是开展山水林田草一体化保护修复活动。生态修复方面：实施以黄沟村为中心的"6800亩土地综合整治项目"，完成以朱黄庄为中心的"3万亩高标准基本农田建设项目"，以高丽路为中心的农开办"7000亩高标准农田综合开发项目"，以及投资400万元的环境综合整治项目；韦庄水库沿岸修建护坡1400余米，种植草皮4000平方米，栽植月季、黄菖蒲、千屈草等各类花草50,000余株；在石门山、九仙山栽植樱花500余亩，种植油葵近500亩。同时，有效整合利用区域内农用地、未利用地和建设用地，探索"土地整治+"新模式，推进景观生态性土地的实施，引领土地整治时代新风尚。通过综合整治和生态修复，慢城片区土地得到系统修复，生态资源供给能力大幅度提升。

水系治理方面：先后完成了九仙山、黑虎山、红山小流域综合治理，确保"小雨不下山，大雨成景观，洪水不决堤，水土不流失"；投资25,891万元，建设长22.6千米、宽7米、路基9米的滨河大道；推进水库扩容、防渗治理工程，实施高效节水灌溉工程；投资1400万元完成小农水重点县工程，推进红旗闸至东大岭引水灌溉工程、塘坝开挖工程、水库扩容和防渗治理工程，实施高效节水灌溉工程，提升区域水系治理和水利条件；改造吴村镇慢城生态水系、会泉峪生态水系两处生态水景，建成高楼骊珠人工湿地、东岭绿苑湿地、葫芦套龙目湾等20余处景观式生态水系，构建起具有吴村特色的慢城休闲新生态。

绿化提升方面：以每年5000亩的速度开展荒山绿化、水系绿化、村庄绿化、道路绿化、农田防护林工程、苗木花卉产业工程和林下经济工程，以退耕还林还果为重点，积极发展名、特、优、新干杂果基地，片区森林覆盖率达 39% 以上。

村庄整治方面：大力建设农村生态环境污染治理系统，采取生物净化原理，通过坑塘整修，大量种植菖蒲、美人蕉、芦苇等水生植物，充分利用人工湿地强大的植物吸附和生态修复功能，发挥湿地在提供水资源、调节气候、涵养水源以及降解污染物、保护生物多样性等方面的作用。

四是构建多元生态产业体系。其一，乡村生态旅游业：片区充分利用旧村拆迁、闲散土地等复垦整理形成建设用地指标，在石门山村、葫芦套、会泉峪、平安寨、簸箕掌等建设乡村旅游设施，促进土地资源生态治理后的价值实现。

其二，生态农业：实行联营合伙方式，利用生态治理后的荒山荒地发展葡萄、花椒、网纹瓜，引进物联网、水肥一体化、智慧农机等新技术在农业生产中的高效利用，推动生态农业向智慧农业转变。

其三，生态文旅：结合山体和水系的治理，促进九仙山景区、石门康旅慢城等国家 4A 级景区的建设，充分带动社会资本投资运营，通过策划推出九仙山民俗、山水景观二日游及"杏花节""三月三庙会""樱桃采摘节"等系列活动，开展儒家文化体验、康养、山水生态体验等文旅项目，构筑文旅产业增长极，提升区域生态产品溢价。

（三）工作成效

一是通过生态重点工程保障，促进生态资源高品质提升。生态，是慢城的底色。首先，以九仙山、石门山"两山"为重点，构建山、水、田、村"四要素"的生态格局，推进大绿化、治崄河、改村落、建慢道、大亮化、大配套、百姓儒学工程和招商引资八大工程，打好环境修复与保护的生态牌，为慢城注入活力之源。其次，引入精品项目，实现生态资源的价值转换。多层次建设仙河花海特色生态旅游基地，将生态资源打造成为休闲度假的体验空间，将儒家文化的消费客流引入乡村，探索

图 5-18 曲阜慢城仙河花海（水上木屋）——曲阜市文投集团

乡村旅游发展方向（图5-18）。慢城仙河花海生态乐园位于曲阜文化国际慢城核心区域，以花海为主题，主打"亲子牌"，是集亲子体验、拓展训练、水上娱乐、花海观光、休闲度假为一体的生态体验空间；总占地面积1400亩，其中水面面积达1000亩，依托水域、田园的自然生态格局，游船、垂钓以及水上拓展系列活动，让游客"慢"在山水之间。另外，萌宠动物乐园、花海飞鸽、水上木屋别墅群、木屋生态餐厅等特色项目，赋予"慢"以童话世界的浪漫意义。

二是通过山、水、田、园、文等生态产品产业化，构筑山区乡村经济高质量发展模式。片区逐步形成了旅游、文化、餐饮、民宿、景区服务、绿化等产业，带动了"生态＋旅游""生态＋文化"等多种产业形态共同发展；建成了国家A级景区3处，省级旅游强乡镇2个、旅游特色村14个、乡村旅游示范单位6个、农业旅游示范点3个、星级农家乐5个、精品采摘园3个；打造专业村12个，发展各类星级农家乐40余家、精品自采园50余处，每年接待游客30余万人次。村集体收入平均增收30万元，解决就业近千人。

"慢客仁家"是文化国际慢城打造的民宿品牌，以儒家文化"仁爱"思想为核心，融入当地传统民俗文化，规划将慢城内27个自然村统一进行民宿改造。与国内知名民宿管理经营团队"游多多"建立合作，通过携程网、民宿网等10余家网上平台宣传销售。

三是生态扶贫、共同富裕,建成生态核心区乡村振兴示范区。结合自身特色优势,深挖当地特色优势资源潜力,带动村民共同富裕。通过民宿、景区工作、土地流转等多种措施,农民人均纯收入年均递增15%,其中吴村镇总收入7年间实现了3倍的增长。以村集体收入增长为依托,通过开设"幸福食堂"解决老龄化问题,通过村庄集体经济创造就业岗位促进人口回流。①

慢客驿站和文化广场,成为展示儒家文化和美丽乡村的窗口,公共自行车点等利民利游的公共服务设施是宜居村庄的人文风景线;鲜果采摘节、民俗农家乐、休闲度假游等多种生态旅游项目,年接待游客40万余人次。建设慢城游客服务中心,打造游客集散区和文化展示区,成立文创产品开发公司,挖掘当地传统工艺,打造慢城旅游纪念品品牌。同时,整合区域内石门山、九仙山、牡丹园、仙河花海、薰衣草园等景区整体营销,抱团出海,扩大慢城影响力。

(四)评价启示

曲阜市文化国际慢城入选"2018年齐鲁美丽田园",以拓展旅游空间、丰富旅游业态为目的,坚持"因地制宜、以特取胜"的休闲观光农业发展方向,把现代农业发展与国际文化慢城和美丽乡村建设有效地结合起来。借助慢城的实体空间范围,将各个美丽乡村融入其中进行整合和发展引导,使乡村实现资源优化配置、产业分工合理和环境特色凸显的建设目标。通过慢城建设来吸纳外部生产要素流入并对各乡村进行生产要素再分配,使慢城内的乡村能够各司其职、差别化发展。更重要的是,通过慢城建设,曲阜将美丽乡村建设融入一个以"圣地人家·儒乡慢境"为发展主题的大系统中,联动发展,②曲阜的儒学旅游体验序列更加完善,从三孔的"拜孔",到尼山的"学孔",最后到慢城的"儒客",曲阜构建起中有明故城景区、南有尼山圣境、北有文化国际慢城,中有"三孔"、南有蓼河、北有崄河的

---

① 参见《曲阜石门山镇、吴村镇文化国际慢城生态修复及价值实现案例》,载东方圣城网,http://www.jn001.com/news/2021-12/06/content_769533.html。

② 参见罗君、刘亮、朱新社:《基于慢城理念的美丽乡村建设实践》,载《规划师》2016年第32期。

旅游新格局——一个"儒"字贯穿曲阜全域旅游的大格局。

四、历史文化名镇名村

名镇名村是美丽乡村中的特殊类型，是指保存文物特别丰富且具有重大历史价值或纪念意义的、能较完整地反映一些历史时期传统风貌和地方民族特色的镇和村。它们是我国形态最丰富，分布最广泛，与人民生活最贴切、最紧密的文化遗产，具有突出的时代价值。[1] 名镇名村不仅是传统建筑工艺的结晶，也蕴藏着深厚的历史信息和文化内涵；以其鲜明的地域性、独特的人文气息和多样的文化构成，深刻反映了我国的传统文化。历史文化保护作为美丽乡村建设的基本内容，是提升乡村文化内涵和价值的重要措施。

名镇名村是中华民族悠久历史、灿烂文化和文明历程的具体表现，是不同时期城镇和乡村发展的重要历史见证，长期以来在展示我国优秀传统文化、促进城镇化进程加速、协调乡村旅游经济发展等方面发挥着重要作用。在"美丽中国"新型理念、注重生态文明建设的背景下，名镇名村多以通过自然景观资源和人文旅游资源的有效整合，不断拓展建设理念，实现区域旅游资源的优化配置。应把名村名镇的建设与乡村旅游经济发展相结合，促进旅游市场的发展和名镇名村的推广，增强旅游资源市场开发的可持续性。

（一）尼山镇

尼山镇位于曲阜市东南部，西距曲阜市区 15 千米，南、东接邹城市，东北邻泗水县，为三县市交界处的政治、经济、文化重镇，同时也是革命老区；全域总面积 101 平方千米，辖 42 个行政村，总人口约 5.8 万人；相继荣获"国家级生态镇""中华诗词之乡""山东省级历史文化名镇""省级生态乡镇""省级旅游强乡镇""好客山东最美乡镇"等荣誉，获批创建首批"省级特色小镇"，连续四年荣获济宁市

---

[1]　参见杨喆剑、魏君：《美丽中国乡村旅游名镇名村发展策略研究》，载《当代经济》2013 年第 13 期。

"镇域经济发展先进镇街"称号,是全国第二批特色小镇。

尼山镇境内有孔子父亲叔梁纥生活过的鲁源村,孔子母亲颜徵在的老家颜母庄,孔子出生的尼丘山下夫子洞,形成中国文化特有的圣父、圣母、圣人的圣境格局。那里有国家级湿地公园孔子湖和全国重点文物保护单位尼山孔庙和尼山书院等十多处文物古迹,流传至今的尼山刺绣、尼山剪纸、尼山庙会等传统文化,盛产尼山砚,每年春季清明节期间都在尼山孔庙举行隆重的春季祭孔仪式。

尼山镇抢抓省市关于尼山片区规划建设的重大机遇,紧紧围绕中华优秀传统文化"两创"先行区建设,树立"建设美丽乡村,做强乡村旅游"的工作思路,全力推动国学教育、旅游民宿、旅游配套、生态休闲"四大板块",加快乡村旅游和特色民宿产业提档升级。

一是结合传统文化"两创",打造精品旅游线路。坚持把中华优秀传统文化"两创"作为提升尼山乡村旅游水平的重要抓手,围绕优秀传统文化"两创",以尼山圣境景区为牵引,在重点村布局乡村旅游产业实体,先后开发了夫子洞传统文化体验中心、"夫子洞的院子"文化民宿、宫家楼生态农业田园综合体等景观及配套设施,推出了"朝圣文化游""美丽乡村游"两条精品旅游线路,并开发出青少年国学实践、全息投影剧目、VR游戏体验、手工陶艺等旅游活动,大大提升乡村旅游产品的丰富度和旅游乐趣。2021年,尼山镇接待游客80余万人次,乡村旅游带动就业110余人,经济效益突破2000万元。2021年4月,尼山镇入选山东省首批精品文旅小镇;9月,鲁源新村创建为全国乡村旅游重点村。

二是聚焦美丽乡村建设,做大特色民宿产业。尼山镇是济宁市乡村振兴重点片区,全镇现有省级乡村振兴示范村2个,省市级美丽乡村11个。2019年,该镇制定了《尼山镇旅游民宿发展规划》,把特色民宿作为"打造新产品、发展新业态"主攻方向,重点打造旅游民宿集聚区,逐步实现从乡村配套提升向景区化村庄建设的转变。该镇突出文化传承,实行区别打造,赋予特色产品。例如,"夫子洞的院子"是尼山镇招商引资的民宿项目,通过对夫子洞老村石头民居的复建,打造成高标准的民宿合院。同时,在鲁源新村大力引导村民利用民宅发展民宿。2021年10月,尼山鲁源新村成功创建山东省旅游民宿聚集区,参加了全省民宿聚集区推介活动。

三是加强营销整合力度,塑造尼山旅游品牌。为扩大尼山乡村旅游知名度,尼山镇采取"走出去"与"请进来"相结合的方式,持续加强与国内知名旅游组织、旅游企业合作,借势而为开展精准营销。"走出去"就是借助新闻媒体、新兴网络媒体和自媒体等开展乡村旅游宣传。尼山镇先后举办了"好客山东 走进鲁源"直播、"乡往的生活 乡村好时节"媒体采风等宣传活动16场,省市新闻媒体报道40余次。"请进来"就是积极对接知名旅游协会、旅行社,开展乡村旅游推介活动。尼山圣境景区邀请香港知名艺人李若彤开展游园推荐,举办大型粉丝见面会,得到广泛关注。同时,为应对新冠肺炎疫情对旅游市场的冲击,保护本地旅游产业实体的发展,组建"民宿联盟",把各民宿平台、旅游景区穿点连线进行整合,推动乡村旅游全产业链发展。①

1. 尼山圣境

尼山圣境位于曲阜尼山省级文化旅游度假区,周边山环水抱,它们共同成为山东省省级文化旅游度假区的有机组成部分。尼山五峰并峙、五川汇流,有元代杨奂所著《东游记》所称的尼山八景,有全国重点文物保护单位——尼山孔庙建筑群。南侧的孔子湖原称"尼山水库",始建于1958年,2017年被原国家林业局批准为"国家级湿地公园"。西侧为昌平山,因山顶平而广阔,古人取吉祥之意而得名。东南为颜母山,以孔子母亲颜徵在命名。

尼山省级文化旅游度假区于2010年11月成立,总规划占地35.76平方千米。尼山圣境一期作为度假区的核心景区,规划占地8平方千米,总体创意为"孔子的

---

① 参见郝亚松:《曲阜尼山镇乡村旅游成果丰硕 "夫子洞的院子"成新晋"网红"》,载中国山东网,http://jining.sdchina.com/show/4664899.html。

世界，世界的孔子"，功能定位为"文化修贤度假胜地""世界级人文旅游目的地"，核心文化主题为"明礼生活方式"，是一项集文化体验、修学启智、生态旅游、休闲度假、教育培训于一体的综合性文化载体。2015 年圣境一期工程正式投入运营，建设项目包括儒宫、孔子像、尼山孔庙、智水书院、耕读书院等。2016 年，尼山圣境项目被中国旅游产业大会评为国家重点对外推介旅游项目。尼山圣境先后举办了尼山世界文明论坛、世界妇女论坛、亚洲食学论坛等国际性活动。

宫像区北倚尼山，东邻尼山书院、夫子洞，南眺孔子湖，核心建筑为孔子像和大学堂（图 5-19）。孔子像高 72 米，于 2015 年 12 月落成；由著名雕塑家吴显林先生主持设计，以唐代画家吴道子《先师孔子行教图》为参考，按照"可亲、可敬""师者、长者、智者"的形象定

图 5-19　尼山圣境孔子像和大学堂外景——孙龙拍摄

位塑造，统领尼山圣境文化空间制高点。大学堂依山而建，整体呈退台式形制，包含集贤厅、大学之道、七十二贤廊、仁厅、义厅、礼厅、智厅、信厅、礼乐堂等有序的、仪式化的文化空间，实现了儒家思想智慧与现代建筑艺术紧密结合。大学堂通过东阳木雕、山西泥塑、苏州刺绣、福州漆画、景德镇陶瓷画等中国传统艺术经典之作，表达不同的文化主题，是文化的学堂、艺术的殿堂。

大学堂大量应用廊柱、穹顶等建筑手法，集合殿、堂、厅等中国传统的建筑形式，力求建成既充满传统文化元素、又富有创新意识的传世文化建筑之作，构成集博物馆展览、会议、演艺以及其他配套功能等于一体的综合性文化旅游建筑。大学

堂礼乐堂的《金声玉振》演出，共三篇九章，将诗、乐、舞等中国古典艺术形式与当代艺术的舞台装置、大型机械、全息影像等手段相结合，以四季更迭、人生九大阶段所涉及的重要仪式为主轴线，展现普通人在圣贤思想的指引下不断成长的过程。整场演出以"世界的孔子"和"孔子的世界"作为立意方向，纵贯人的一生，演绎出"由凡入圣"的过程，引导观众走进"风雅颂"的礼乐画卷，感受明礼生活方式。

《金声玉振》艺术总顾问由平昌冬奥会闭幕式《北京8分钟》总制片人、G20峰会《最忆是杭州》总制作人沙晓岚担任。2018年，《金声玉振》获得国家艺术基金立项资助。同年9月24日晚，中央广播电视总台中秋晚会主会场设在曲阜尼山。这是"中秋晚会"首次走进孔孟之乡，对中华传统文化和儒家文明的弘扬与尊崇之意不言而喻，备受海内外观众关注。

2018年9月26日上午，第五届尼山世界文明论坛在尼山圣境开幕。来自中国、美国、日本、韩国等27个国家和地区的260多位专家学者在3天内开展30余场次"文明对话"，共同探讨实现文明相融相通的路径，为构建人类文明共同体献计。论坛期间，与会专家学者回顾先贤智慧，审视生存发展，回应人类关切，探索未来路径，最后达成共识：不同文明在对话中要充分表达思想、阐发观念，在沟通交流中增进了解、强化共识，以更加博大的胸怀，尊重差异，欣赏不同，容纳各方，碰撞出平衡纷争、弥合裂痕的智慧。尼山世界文明论坛从此被誉为世界文明对话交流的"博鳌论坛"。

2. 鲁源新村

在昌平山北面的沂河岸边，有一古村落叫"鲁源村"，鲁国在此设立昌平乡。《阙里文献考》载；"昌平山在尼山南五里，下有鲁源林。即《史记》所云昌平乡也。"因昌平山下多泉，泉水汇入沂河西去，乃鲁水之源，故村名鲁源。康有为手书"古昌平乡"的石碑立于村中。孔子的父亲叔梁纥因作战勇敢，屡立战功，被封为地方官员，统管昌平乡的军政事务，官位陬邑大夫。他早先娶鲁国贵族女施氏为妻，生下 9 个女儿，后又娶妻生子，叫孟皮，字伯尼，因脚部有先天残疾，不能继承官位；60 岁时，又与颜氏结合生下孔子。

鲁源行政村包括东鲁源村和西鲁源村两个自然村，共有 788 户 2830 名村民。2018 年，为配合尼山圣境风景区的建设，两个村整体拆迁，在原址西北建了新村。考虑到村庄未来发展，鲁源新村建设了 868 套安置房。新村风格统一，按照曲阜农村传统模式规划，每家每户都有一块宅基地，建设两层小楼带小院。楼房建筑面积 128 平方米，楼内有四室、两厅、两卫，并有一个屋顶露台。

鲁源新村除建有安置房外，还建有新村养老公寓；从原来的山村自建住房，到统一规划的高标准安置房，实现了改水、改电、改暖、改气、改路、改厕。有楼有院的鲁源村民们过上了新生活。

为进一步改善周边生态环境，鲁源新村以鲁源河为核心，实施了河道治理工程和滨水景观建设，建有鲁源花海、休闲慢道、休息驿站和生态湿地，栽种各类乔木 11，000 余棵，花卉 100 万株。这些依据地势特有的梯田、台地，将溪水、花卉、绿植融于连绵山丘与鲁源新村建筑之中，呈现出独特的乡野风光。

与此同时，鲁源新村"两委"还积极谋划为民增收路径。一是物业管理，除推荐村里的环境维护岗位，还推荐村民到尼山圣境景区从事物业管理工作；二是资产经营，建设了 3300 平方米的门面商铺，出租所得归村集体所有；三是旅游服务，探索把一些闲置的村民安置房流转给旅游公司共办民宿；四是产业发展，发展壮大蜜蜂园，通过蜂产品加工助村民增收；五是组织村民发展农业旅游采摘园。

鲁源乡村振兴示范区项目是曲阜市乡村建设史上的一次重大工程，紧扣"儒韵乡风、文化传承"主题，按照"产业兴旺、生态宜居、乡风文明、治理有效、生活富裕"二十字方针，致力打造乡村振兴齐鲁样板。为全领域创建旅游景区，鲁源新村全力推进 3A 级景区创建。其东部是郊野公园、滨水采摘的田园观光区；中部是

图 5-20　鲁源乡村振兴示范区项目外景——《济宁日报》杨国庆拍摄

鲁源研学游基地，包含新时代文明实践站、红色记忆馆；南部是商业区，入驻特色餐饮、品牌商超、文创工艺等服务业态；西部是乡村旅游配套区，主要依托"里仁美宿"、中华蜜蜂园打造（图5-20）。

远望鲁源新村，一股浓浓的文化气息扑面而来；走近住家楼房，会发现村里的文明卫生示范户的大门上都有一副木质楹联，体现出新农村的文化特色和精神风貌。这些楹联都是邀请著名书法家为农户书写的，总结、提炼、设计符合每个家庭文化特色的楹联 352 套 794 副。收集整理老家风是前提，培养孕育新家风是发展需要。鲁源新村将家风家训融入楹联文化，让家风变得更具体更生动，在潜移默化中倡树村风民风。

子曰："里仁为美，择不处仁，焉得知？"在鲁源新村西面，"里仁美宿"民宿首批 12 套已投入运营，分为传统中式、现代生活两种风格。摆脱喧嚣，抽离烦恼，以故乡之名，纵情山水之间，游客居住在有仁德之风的地方，能够感受到最质朴的"家"的暖意。"里仁美宿"不仅展示了儒家文化无处不在的影响力，而且促进了鲁源新村村集体增收、提升了村民幸福感。

鲁源新村新时代文明实践站，总体布局是"一站四馆一堂"。四大文化展馆以"鲁之源—鲁之风—鲁之雅—鲁之颂"为主题展示鲁源起源、乡村记忆、非遗传承、鲁源传颂等；通过展示、还原、讲解的方式，让更多人了解农耕文化、儒家文化。"看得见山，望得见水，记得住乡愁"成为鲁源新村的真实写照。

3. 夫子洞村

夫子洞村是山东省历史文化名村，首批省级传统村落，全村耕地12公顷，86户，267人。明朝初年，有赵姓人家从邹县律家庄迁来，定居于尼山脚下坤灵洞旁。因坤灵洞为孔子诞生地，人们又称夫子洞，村子以此得名夫子洞村。村原址在夫子洞北边，尼山孔庙山崖下边，1958年因兴建尼山水库（现孔子湖）迁至尼山孔庙后面山坡上。夫子洞村原为泗水县管辖，1960年划归曲阜县管辖，属尼山乡，2000年属南辛镇。

除了夫子洞外，在夫子洞村境内，还有尼山孔庙和尼山书院等国家级重点文物保护单位，以及智源溪、中和壑、观川亭、上千亩古柏树林等历史文化圣迹。夫子洞全村的1500亩山林、182亩耕地，都属于尼山风景区。村东南有孔子湖，库东对面便是以孔子的母亲命名的颜母山；村西紧邻国家级万亩尼山森林公园。村庄依山傍水、环境优美、湖光山色。

以往，夫子洞村老百姓或在家种地，或外出打工。曲阜在编制尼山风景区总体规划时，明确夫子洞村作为省级历史文化名村，在保持古朴原始村容村貌的同时，积极开发旅游产业。夫子洞村按照规划引导，建设了农家乐、采摘园，开展了民俗文化活动，增加尼山旅游新亮点，让村民在家门口就能富起来。现在每年夫子洞村朝拜圣迹旅游观光的中外游客数百万人，夫子洞村已成为热门旅游景区。

夫子洞村大力发展乡村旅游业，修道路、建民宿，吸引游客前来观光旅游。村里的民宿——尼山夫子洞的院子，就坐落在景区内，这里古柏老桧，郁郁葱葱，一套院子占据着半亩地，石屋泥墙砌成的合院保留了原住民的山居外貌，原木屋顶搭建的室内古香古色，每一面石墙都留下了老石匠师傅一锤一锤雕刻的痕迹，记录着千百年文明院落里盛开的历史。夫子洞村民风朴实、邻里友好、夜不闭户、勤劳善良，孝悌文化源远流长。村庄发展把乡村文化、乡村习俗、乡村文明、乡村精神融入进来，中国的传统节日，每个节日都有独特的意义和经典故事，过大年贴春联包饺子全家喜庆团圆、端午节包粽子赛龙舟诉说爱国情怀、元宵节赏花灯吃汤圆、中秋赏月听嫦娥奔月的故事等，中华优秀传统文化在每个节日里都渗透着中国人团结和睦、爱家爱国的文化，而这些文化就在一个具有烟火气息的合院里集中体现。

民宿设有尼山书房、圣湖品茗、儒风文创、修禅悟道、亲子文创、（尼山）红艾汗蒸等独立房间，备有书法、绘画、篆刻、碑拓、古琴、棋艺、泥塑、汉服和古建营造等研学项目。夫子洞的院子这个项目融合在合院文化中，让人们已经深入骨髓的"日用而不知"的传统文化内化在有烟火气息的体验中，沁润人的心灵，让前来旅游的客人在心中种下"仁、义、礼、智、信、和"的种子。在这个古色古香的民间街巷，一步一体验、一步一感悟；中国传统文化的农耕文化、织布文化、石磨文化、碑拓文化、书法艺术、铁匠技艺、剪纸艺术，在走街串巷中，你能感悟到。这里人人遵礼守义、邻里有爱、夜不闭户、幸福和睦。

4. 尼山经验

尼山镇以尼山圣境为引领，大力发展乡村旅游、乡村民宿等新产业、新业态，基础设施逐步完善、村容村貌更具特色、特色产业初步形成、建设成效初步显现、旅游元素逐步齐全，一大批精品村正逐步成为市民休闲、体验的好去处。圣地小镇终于打造成为集文化体验、修学启智、生态旅游、休闲度假于一体的复合性文化度假产业综合体、文化休闲度假胜地、独具东方韵味的儒家文化修贤度假小镇。

尼山镇以儒家文化为中心，充分抓住民族风情浓厚的建筑风格和人文风貌特色，有效利用古建筑、人文景点资源，统筹当地旅游游客资源；以圣源民俗村、西官村七间民宿、东官村原乡民宿、颜母庄村红色记忆等一大批特色文化旅游项目为载体，树立"文化＋"理念，导入产业延伸产业链，加快推进以"一村一品"为风格、以

"儒学 + 乡村旅游"为业态的美丽乡村建设。培育壮大国学教育产业,实施新型循环产业培育工程,围绕吃、住、行、游、购、娱六大产业链,将该小镇打造成承办会议、活动展览和节事活动等商务会展旅游目的地。

尼山镇依托特色优势,广开旅游发展渠道,开发以尼山砚为代表的具有尼山特色的旅游产品,营造出一派欣欣向荣的乡村旅游发展新局面。"圣地小镇"尼山镇的建设发展充分利用了当地的旅游资源并将其整合开发,形成了如此规模的著名历史文化城镇,对我国名镇名村的建设和保护工作具有一定的借鉴作用。

（二）东凫村

2003 年,东凫村入选山东省首批历史文化名村,2013 年凫村古村落被公布为第四批山东省文物保护单位。[①]凫村,包括北凫村、南凫村和东凫村三个自然村,位于曲阜城南,距市区约 9 千米,东靠马鞍山,南与邹城接壤,白马河从村落中流过,兖石铁路和 104 国道将村庄分割,北面是村庄,西面和南面为基本农田（图 5-21）。

图 5-21　凫村航拍图——《济宁市曲阜市凫村历史文化名村保护规划（2021—2035）》

---

① 考虑到行政区划合并、历史遗迹分布及名称的统一性,原"东凫村历史文化名村"改为"凫村历史文化名村"。

村域范围约为 685.67 公顷，总人口 4966 人，共 1306 户。[1]产业以农林种植业为主，主要经济作物为小麦，其次是第三产业。凫村集体经济主要来源是出售公墓、旅游和手工制品，人均收入 5000 元。

图 5-22　孟子故宅享殿——孔红宴拍摄

据记载，该村落成村于春秋战国时期，早在新石器时期就有人类在此居住，为儒家思想代表人物孟子出生和成长的地方。现存古村落内仍保存有清代建造的古民居、古桥、围墙基址、寨沟，布局较为清晰，古村风貌犹存。村内有孟子故里坊、孟子故宅享殿（图 5-22）、孟母井、孟母泉、孟母池等历史古迹。周边有白马河、马鞍山等自然景观。马鞍山上的孟母林是省级重点文物保护单位，是孟子父母的合葬地、孟子后世子孙冢葬地，也是我国少有保存完整的家族墓地之一。林内有元明清历代石碑、祭祀孟母的享殿和孟母墓碑。类似此村落的保存状况在我国北方实属少见，村落对研究当地的建筑风格及历史风俗习惯具有重要意义。

　　凫村历史文化遗产非常丰富，包括孟子文化、孟母三迁教子文化以及其他优秀传统文化。村民们仍保持了传统的习俗和民间工艺，当地的小吃也令人回味无穷。2004 年，东凫村就编制了《曲阜市小雪镇凫村省级历史文化名村保护规划》。但

---

① 参见《济宁市曲阜市小雪街道凫村历史文化名村保护规划（2021—2035）》。

由于村庄大、人口众、矛盾多，缺少保护和建设资金等原因，凫村未被政府纳入新农村建设、美丽乡村建设中，村庄发展处于自然生长状态。乡村旅游多为第三方投入开发，无论是靠村民自筹、集体出资，还是靠争取政府财政支持、社会力量的投入，保护和开发资金都比较有限。

古村内部分建筑年久失修，遗产受到损毁。现有历史文化古迹没有得到很好的保护和修缮，传统街区也面临破坏，古民居留存不多，保护不力。历史文化古迹之间没有形成相互密切的联系。孟母井、孟母池等未加保护，破坏严重。孟子故里、孟母林保护程度不够，缺少必要的保护修缮。究其原因，一是对凫村文化发掘不够深入，没有形成旅游产业发展链条；二是资金投入少，旅游资源开发、旅游市场拓展、旅游基础设施建设、旅游服务能力提升都需要资金投入；三是村民在名村保护和旅游开发中获利少，积极性不高。

村庄建设用地主要为居住用地，缺少景观绿化等公共活动空间，不能满足村民日常休憩和环境要求，居住舒适度低。随着经济社会发展，村民自身居住改善需求增强，近几年在古村范围内新增大量村民自建住宅。由于宅基地不足，且缺乏引导，自建住宅只能原地重建，穿插布局于古村之中，多为砖混结构，普遍在2层，体量较大，在建筑体量、材质和色彩上与古村整体风貌不相协调，逐步侵蚀着古村格局风貌，对古村未来的保护带来威胁。

2021年编制的《济宁市曲阜市小雪街道凫村历史文化名村保护规划（2021—2035）》规划范围为凫村村域范围，面积约为685.67公顷；规划重点为凫村村庄建设范围，面积为189.79公顷。规划期限为近期2021~2025年，远期为2026~2035年。该规划提出的保护原则，一是整体保护、真实保护的原则，二是合理利用、永续发展的原则，三是以人为本、积极保护的原则，四是科学规划、分步实施的原则。该规划以问题和目标为导向，按照历史文化名村的保护与管理的目标要求，结合凫村旅游发展，进行系统性保护与发展。针对濒危遗产抢救、环境整治、村民建房引导、基础设施改善等现实中急需解决的问题，提出相应的规划策略，促使古村矛盾缓解，推进古村保护与和谐发展。建立保护目标框架体系，从各个专业层面进行目标要求的设定，为远期古村落达到理想的规划目标进行各专项规划设计，促进遗产保护与长远发展相和谐。

（三）名镇名村的发展策略

名镇名村保护与建设是一个复杂、永无止尽的过程，涉及国家制度政策、社会经济发展、旅游资源保护规划、传统历史文化传承、人文居住环境改善等多方面，更涉及历史遗留和未来发展问题。在国家大力推行生态文明建设、倡导乡村旅游经济发展、提高人民幸福指数的今天，名镇名村的保护与建设必须以保护文化资源为前提，以推动村镇建设为动力，以开拓乡村旅游产业链为手段，达到文化保护、环境保护和社会经济协调发展的目的。

1.注重科学发展，形成村镇建设新思路

名镇名村有着丰富的自然景观、人文景观和丰厚的历史文化底蕴，必须始终坚持"科学发展，走可持续发展之路"的指导思想，针对名镇名村的现状条件和旅游资源开发的可行性、可持续性，制定旅游规划，将名镇名村的自然景观和人文景观进行整体规划，形成具有自身特色的旅游格局，归纳出城乡村镇建设的新思路。在保护、开发及建设名镇名村过程中，要处理好两种关系：一是整体与局部的关系。在村镇旅游资源总体规划的基础上，把握各地不同风情习俗的历史文化特征和人文气息，在推行保护建设过程中形成属于自身特色的、拥有自身地域优势的名镇名村。二是旅游开发与环境保护的关系。充分注重自然生态保护，展现村镇秀美风景，因地制宜，合理开发，在展现名镇名村原始风貌的过程中推动旅游资源获得极大利用，并尽可能减少对生态环境的破坏，使旅游资源开发与环境保护和谐相处。

2.整合旅游资源，营造旅游发展新局面

名镇名村的旅游资源开发，必须始终坚持"科学规划、合理开发、保护资源、永续利用"的原则，突破传统思维，创新规划思路，跳出旅游看旅游，整合乡村各种资源要素，盘活乡村生产生活资源和乡村产业资源，促进乡村旅游可持续发展。例如，随着国学热，来曲阜游学的人越来越多，一些游客除游览"三孔"等传统景点外，特别想看一看孔子出生和成长的地方，尼山镇因此迎来了文化旅游发展的新机遇。尼山镇紧紧抓住尼山这个关键点，发挥好尼山圣境的带动作用，充分挖掘镇村文化旅游资源，凸显历史文化和地理优势，深度利用旅游元素开发符合自身情况的特色旅游产品，使一些山水资源和乡村文化资源得到开发利用，营造出新的旅游发展局面。

3. 推动村镇建设，展现村镇发展新风貌

曲阜历史文化名镇名村规划建设治理实践证明，名镇名村的建设，极大地推动了城镇发展，改善了农村交通、水电等基础设施，带动了旅游景区和乡村农家乐的发展，为城镇发展提供了历史文化依托，为农村建设创造了丰富的就业岗位，为人民生活带来了便利。在开发建设发展名镇名村的工作中，应始终倡导农村文明新风尚，助力推动乡村旅游经济，在保护村镇历史风貌原样的前提下实施综合改造，使城镇、乡村面貌焕然一新，改善农村的生活环境，提升农村的文明程度；树立"村民村风也是丰富的旅游资源"的思想观念，让村民用淳朴的情感打动人，用乡土本色吸引人；注重乡村旅游意识培育和名镇名村的文明宣传，崇尚科学和谐发展的理念，保障生态文明建设和历史文化保护，进一步促进我国城镇化建设，更好地展现历史文化名镇名村的新风貌。

4. 强化生态文明，迈向村镇发展新方向

名镇名村的保护建设不是一蹴而就的，更不能勉强为之。历史文化名镇名村的稀缺性、脆弱性和环境容量的有限性，决定了我国名镇名村的旅游产业必须走注重生态文明建设、强调资源利用全面协调可持续发展之路。在"美丽中国"理念的倡导下，生态文明建设已放在突出位置，我国名镇名村的建设发展更应该朝着这个新方向不懈奋斗。要树立尊重自然、顺应自然、保护自然的生态文明理念，鼓励历史文化村镇走"绿色发展、循环发展、低碳发展"的发展道路，积极推广生态文明建设，宣传与自然和谐相处的发展方式所带给名镇名村建设的巨大前景，不断向"给自然留下更多的修复空间，给子孙后代留下蓝天、地绿、水净的美好家园"村镇的发展方向迈进。

五、 诗意地栖居

我国是一个历史悠久、人口众多的农业大国，党中央、国务院历来高度重视"三农"工作。我国改革起步于农村，发端于土地改革。党的十六大以来，党中央、国务院明确要求把"三农"工作作为全党全国工作的"重中之重"。党的十六届五中全会提出建设社会主义新农村的重大历史任务。党的十七大提出，"统筹城乡发展，推进社会主义新农村建设"。党的十八大明确提出，要全面改善农村生产生活条件。党的十九大提出实施乡村振兴战略，明确总目标是农业农村现代化。党的十九届五中全会提出"优先发展农业农村，全面推进乡村振兴"，党的二十大报告强调到二〇三五年，美丽中国目标基本实现；要全面推进乡村振兴；坚持农业农村优先发展，坚持城乡融合发展，畅通城乡要素流动；加快建设农业强国，扎实推动乡村产业、人才、文化、生态、组织振兴。

乡村是具有自然、社会、经济特征的地域综合体，兼具生产、生活、生态、文化等多重功能，与城镇互促互进、共生共存，共同构成人类活动的主要空间。我国长期的城乡二元结构，造成城乡发展不平衡，农村发展滞后于城市。人民日益增长的美好生活需求和不平衡不充分的发展之间的矛盾在乡村尤为突出，我国仍处于并将长期处于社会主义初级阶段的特征很大程度上表现在乡村。乡村兴则国家兴，乡村衰则国家衰。乡村振兴战略既是适应新时代我国社会主义主要矛盾变化的必然选择，又是解决当前社会主义主要矛盾的重大举措。

乡村振兴战略20字方针内容是"产业兴旺、生态宜居、乡风文明、治理有效、生活富裕"，这是党的十九大报告中提出的实施乡村振兴战略的总要求。曲阜市坚定实施乡村振兴战略，以美丽乡村为抓手，统筹城乡发展，打造全域旅游，不断改善农村人居环境，加快培育农业新型业态，撬动乡村经济快速发展；因村制宜，持续推动农业与休闲、文化、艺术、康养、美食等产业深度融合，打造一批主题特色村，深度开发休闲观光、生态采摘等旅游资源，推出一批特色旅游园区、国学教育基地等，把美丽家园建设成诗意乡村，切实提升农民获得感、幸福感、安全感。

第五节　本章结语

城市建设与发展的关键在于提升城市核心竞争力，就是构建和打造不同于其他城市的文化、环境、产业、基础、品牌和管理等方面的竞争优势，这是城市可持续发展的终极目标。曲阜市从政策调控、规划指导、依法管理、舆论宣传、资金支持等方面不断加大力度，并积极采取相应的措施，在整体保护规划编制、分片实施、考核指标体系以及遗产保护、文化旅游开发、传承特色塑造、促进发展等方面都与古城保护工作紧密结合，取得了较大成绩。

曲阜市在城市建设工作中，始终按照"改造老城区、建设南新区、农业现代化"的思路，遵循"城市规划建设做得好不好，最终要用人民群众满意度来衡量""绿水青山就是金山银山"的理念，完善城乡交通系统，优化城乡空间结构，加强基础设施配套，提高园林绿化水平，改善城乡人居环境；并以曲阜历史文化底蕴为基础，提升老城宜居品质，建设特色新区新城，推进乡村振兴，努力建设具有儒家文化特色的文明典范城市。

曲阜市不断完善和提升城市基础设施建设,大成路、孔子大道、春秋东路、伟业路等的建设,使城市路网不断完善,城市发展空间纵横拓展,拉开了城市发展的大框架。曲阜市交通区位优势明显,占据了商品物流的重要通道。穿境而过的京沪高铁、鲁南高铁,与京沪高速、日兰高速、国道 327、国道 104 纵横贯通。尼山滨河大道的建设,连接了市区和尼山圣境景区,形成拓展城市发展空间、连接旅游服务设施的主要路网骨架。全市 456 个建制村全部实现水泥路(柏油路)联通,通畅率 100%,极大地改善了农村生产和生活条件,为曲阜市的经济建设和社会发展提供了重要保障。

老城区强化文化功能,凸显文化、历史根基,以孔庙、孔府和明故城为中心,以静轩路为东西轴两翼展开,以展现历史文化为主题,形成以商贸、旅游、文化娱乐和居住为主的充分展现历史文化风貌的城市综合区。加快南新区发展,推进产城融合,扩大人口规模,优化城市功能分区,构筑以孔子大道为东西主轴线的"一轴三区"空间布局结构,延续南北向的城市中轴线,与老城区融合,功能互补,建设以教育培训、文化娱乐、商业服务、旅游观光、信息产业及居住为主的城市综合区。实施乡村振兴战略,以美丽乡村为抓手,挖掘乡村文化特质,保护乡村生态要素,探索产业发展路径,强化乡村治理体系,扎实开展农村人居环境整治,让老百姓看得见山、望得见水、记得住乡愁。

曲阜市通过规划引领和管理服务职能,严格管控生态红线,保护山水林田湖草等生态要素,促进城乡地区协调发展,提升城乡综合承载力、辐射力和影响力。京福高速公路、日兰高速公路的贯通,京沪高铁站场、鲁南高铁站场的运营,古城墙的恢复,大遗址的保护,南新区的建设,开发区的发展,大沂河、蓼河、泗河等的整治,高铁连接线、尼山连接线等城乡道路的建设完善,尼山圣境、吃亏是福、仙河花海等全域旅游重点项目的对外开放等,共同强力推进曲阜市城乡重点项目建设，挖掘曲阜城乡文化特质和特色，加强历史文化名镇名村保护，使曲阜市的整体城乡面貌进一步改善，城乡品质和城乡形象进一步提升，历史文化名城的特色更加突出。

第 六 章

城市治理

"山不在高，有仙则名。水不在深，有龙则灵。"

一个城市的美，不在乎有多少高楼大厦、亭台楼阁，也不在乎有多少车水马龙、落英缤纷。谈其美，往往是那些大街小巷、寻常巷陌，于细微处见功夫，见真章。在城市经济规模之外，产业竞争力、营商环境、人居环境、科技创新能力、品牌创新、人才支撑能力等也是衡量城市发展水平的指标。一个城市的吸引力体现了一个城市的影响力，也凝聚着一个城市可持续发展的动力。

城市规划、城市建设、城市管理是城市发展最重要的三个方面。过去，我们更多以城市建设为中心。当前，我国经济由高速增长阶段转向以高质量发展为主题的新发展阶段。城市发展作为经济发展的重要载体和组成部分，也要突出高质量发展主题。在新时代，城市发展应以城市管理为核心，城市建设和城市规划要为之服务，解决政府、企业和居民之间的缺位、越位问题。[1]

---

[1]　参见李瞳：《城市治理将成发展新重心》，载《智慧中国》2018 年第 6 期。

在日常语境中，"城市管理"有不同的含义。狭义的"城市管理"，也常表述为"城管执法"，是针对城市生活中影响市容市貌的"脏、乱、差"问题，对占道经营、污染环境、妨碍邻里等问题行使街头执法权的行为，具有鲜明的地域特色。广义的"城市管理"，也被称为"城市治理"，是对城市管理最宽泛的认知。它强调多主体共治，认为城市管理主体不仅是政府，社会团体、公私企业、自治组织、市民也应在城市管理中发挥积极作用。①

在强调以人民为中心的发展思想背景下，尽管不同城市的治理方式不尽相同，但其中的一个共同前提就是如何理解城市的复杂性。城市具体包括六个方面的特征：一是城市社会有明确的领域分化，区别于农村社会；二是城市生活以职业为主导，存在一个脱域的空间；三是城市主要是陌生人社会，人们的交往方式多基于利益；四是信息传播的方式出现重大转变，快速性、变异性是主要特征；五是基层社会的冲突扩散方式发生了巨大变化，非直接利益相关者不断卷入；六是国家与社会关系面临再造，当前治理模式为整合式共治。②

第一节　城市治理的意义

城市治理是国家治理在城市层面的具体体现，城市治理能力对城市的健康有序发展起着至关重要作用，逐渐成为城市档次和品位的"软标识"，也是城市综合竞争力的重要指标。

2015 年 12 月，习近平总书记在中央城市工作会议上指出："城市的核心是人，

---

① 参见莫于川：《从城市管理走向城市治理》，载光明网，https://theory.gmw.cn/2013-03/07/content_6925011.htm。

② 参见杨虹：《专家：需关注城市治理问题在新时代的新变化与新特征》，载中国发展网，http://www.chinadevelopment.com.cn/news/zj/2020/01/1599701.shtml。

关键是十二个字：衣食住行、生老病死、安居乐业。城市工作做得好不好，老百姓满意不满意，生活方便不方便，城市管理和服务状况是最重要评判标准。"2020年3月，他在武汉视察时又强调，"推进国家治理体系和治理能力现代化，必须抓好城市治理体系和治理能力现代化"，"着力完善城市治理体系和城乡基层治理体系，树立'全周期管理'意识"。

城市承载着人们对美好生活的向往，人们进入并定居于城市，是希望有更好的发展和生活。城市治理如能实现以真挚温暖的人民情怀为根本，以跨界多元的协调共治为支撑，以智慧泛在的信息技术为手段，以精准适切的法规标准为依据，必将不断增强人民群众的获得感、幸福感、安全感，让城市更有序、更安全、更宜居、更美好。

投资者考察投资项目落地，最关注的是投资环境，包括硬件环境和软件环境，如交通便利度、地方政府管理服务水平等。"三分建设，七分管理"，硬件拼的是经济实力、资源禀赋；软件看的是管理服务水平。评价一个城市，不只是看花了多少钱、修了多少路、盖了多少房、种了多少树，还要看建设之后的治理和维护水平。美的形象、好的环境需要我们去创造，更需要通过规范人们的行为、提高行政效能、提高服务意识、依法有效管理城市来维护和发展。

为什么发达城市能够发展得那么快？区位好当然是重要的外因，真正重要的内因则是其始终把服务企业、服务居民作为首要任务，想方设法提高本地行政效能，想方设法惩治腐败行为，持之以恒建设并完善基础设施，维护平安稳定的社会环境，营造良好的投资环境，以优质的发展环境为城市赢得了广阔的发展空间。因此，可以说，良政善治和一流营商环境是城市发展的生命线，必定让近者悦、远者来！

第二节 我国城市治理的发展历程

许多城市的主政者，长期习惯于管理城市，主要依赖传统强制性的行政措施，把城市和市民"管"住"管"好。他们认为，权力是最好的管理手段；离开强制手段，城市就容易走向无序，群众就容易失控。

1978 年，国务院召开第三次全国城市工作会议，明确"城市政府的主要职责是把城市规划好、建设好、管理好"。1988 年，又明确"由建设部负责归口管理、指导全国城建监察工作"。各地按照中央要求，推动将与城市管理相关的行政执法队伍纳入城建监察队伍中，取得一定效果。但是，由于城建监察队伍的具体组织方式可以由地方政府自行确定，实践中"多头"执法成为突出问题，有些地方出现了几十支甚至上百支执法队伍。

1996 年，我国《行政处罚法》出台，相对集中行政处罚权制度正式确立。2000 年，相对集中行政处罚权制度在全国范围推开，在一定程度上缓解了执法队伍过于分散、多头执法、效率低等问题。2002 年，国务院在城市管理、文化市场管理等 5 个领域开展综合行政执法试点，这标志着城市管理执法向"综合执法"迈出实质性步伐。

2008 年，新一轮政府机构改革启动。国务院将城市管理的具体职责交给城市人民政府。这一时期，各地自主探索城市管理执法模式，执法范围从传统的市容环卫、市政公用、园林绿化、城乡规划，逐步向工商、环保、交通、水利等更广泛的领域扩展。然而城市管理体制机制不顺、执法队伍建设不规范等问题开始凸显。

党的十八大以来，以习近平同志为核心的党中央将城市工作摆在前所未有的重要位置，多次就加强城市管理工作作出专门部署安排。2015 年 11 月，习近平总书记主持召开会议，研究部署城市执法体制改革工作，并作了重要讲话。2015年12月，中共中央、国务院印发《关于深入推进城市执法体制改革　改进城市管理工作的指导意见》，对城市执法体制改革和城市管理工作作出全面部署，明确由国务院住房和城乡建设主管部门负责指导监督全国城市管理工作。该指导意见的出台，标志着城市管理执法体制改革的序幕拉开。

2016年5月，全国城市管理工作部际联席会议成立；同年9月，中央编办批复成立住房和城乡建设部城市管理监督局，承担拟订城管执法的政策法规、指导全国城管执法工作、开展城管执法行为监督等职责。

2017年，住房和城乡建设部颁布城市管理领域第一部部门规章《城市管理执法办法》，完善了执法制度，促进了严格规范公正文明执法。全国城市管理执法队伍"强基础、转作风、树形象"专项行动深入开展，43.4万名执法人员参加培训教育，其中5000余名处级以上干部参加了住房和城乡建设部会同国家公务员局组织的轮训。全国城市管理执法队伍首次统一了制式服装和标志标识；执法人员头顶国徽，身穿制服，队容风纪明显改善。城市管理执法全过程记录工作全面推开，95%以上地级以上城市实现了执法全过程留痕和可回溯管理。2017年，城市管理行政处罚诉讼案件数同比下降40%。[①]

随着改革纵深推进，2018年，全国31个省（自治区、直辖市）均明确了城市管理主管部门，24个省份整合设立了省级城市管理执法监督机构，近80%的市县实现机构综合设置，部、省、市、县四级管理架构基本形成，"多龙治水"问题逐步得到解决。2021年4月，住房和城乡建设部在全国推广"721工作法"，即70%的问题用服务手段解决，20%的问题用管理手段解决，10%的问题用执法手段解决，强调变"被动执法"为"主动服务"。

40多年来，城市管理工作立足改革开放的时代背景，适应我国经济社会快速

---

① 参见王胜军：《40年，从城市管理走向城市治理》，载《紫光阁》2018年第8期。

发展需要，始终坚持以问题为导向，从探索到发展，从初创到成熟，从分散到归口管理，从城建监察到相对集中处罚权再到综合执法，理念、目标、体制、方式和手段等发生全方位变化，"以人民为中心"的发展思想、"为人民管理城市"的理念深入人心，并转化为服务人民、改善民生、创新管理的强大动力。

第三节 中国特色的城市治理

城市管理活动具有系统性和层次性，不仅包括垂直调控的各种主管部门的行政性约束，也包括横向制衡的各相关部门、企业、组织、社团的建设性协作。现代国家治理均表现出科层制特征，科层制不仅仅是分科分层的外在组织形式，还包括法治化、制度化、专业化等内在特质。[①] 我国"常规式治理"模式主要是科层制特征，各级党政机关运用强制手段排除各种障碍，以保障治理目标的实现。科层制日常治理会因为上下级信息不对称、条块关系、部门利益等产生组织失灵，导致无法达到有效治理的目的，在这种情况下，"非常规式治理"可以弥补科层制日常治理的不足。

"非常规式治理"可以突破"常规式治理"模式下政府权力的运行格局，进而展现治理的有效性，积累治理的合法性。"非常规式治理"往往表现为两种形式：一种是政府不断设立一些非常规化的治理目标，以"集中力量办大事"的方式去实现这些目标，追求"标志性"的结果。例如，一些地方政府每年都提出的"为老百姓办十件实事"的治理目标；另一种是政府针对一些重大问题开展的超常规强化治理，包括"运动式治理"，也包括疫情防控等突发事件治理。

由于政府难以在"常规式"的治理中形成有效治理，累积合法性，因此，对"非

---

① 参见蔡禾：《国家治理的有效性与合法性——对周雪光、冯仕政二文的再思考》，载《开放时代》2012 年第 2 期。

常规式治理"投入大量资源，"特事特办"，"非常规式治理"反而在我国城市治理中更"常态化"。

在"土生土长"具有中国特色的"非常规式"城市治理经验中，"创城"和"指挥部"是我国城市治理发展道路的缩影。作为治理机制，它们主要出现于时间紧迫、跨部门的任务环境中，具有非常规化、追求效率高的特征，通过行政权力组织有效的意识形态宣传和超强的组织网络渗透，用行政动员的方式集中与组织社会资源以实现各种治理目的，进而完成各项治理任务。

"创城"，即各种名称的城市创建活动，城市朝着一个明确、专门化的发展目标和定位，在限定的时间周期内，按照较为具体的标准，广泛汇集人财物等相关资源，在城市建设、城市管理中的若干领域进行一系列优化与提升。

"创城"活动的历史悠久、类型多种多样。新中国成立初期的城市环境卫生互评互检活动，改革开放初期的"五讲四美三热爱"活动，都是城市创建活动的初始形态。改革开放之后，城市创建活动的数量不断增加、内容更加丰富。尤其是随着我国城市化进程持续加快，城市管理事务越发复杂，全新主题的城市创建活动源源不断地涌现。①

"指挥部"，是政府在压力型体制、行政资源短缺下的一种科层再组织化过程，通过组织重置和组织运行，构建以"效率—责任"为特征的工作体系，最终达到"组织权威强、组织整合度高"的效果，并从根本上强化科层制，进而对地方治理产生重要影响。②

"指挥部"在我国最早出现在抗日战争和解放战争时期，是指军事部队的首脑机关，称为"战时指挥部"。改革开放后，"指挥部"被广泛应用，无论是工程建设，还是政府治理，都会出现其身影。"指挥部"应用于工程建设、征地拆迁、脱贫攻坚、

---

① 参见崔慧姝、周望：《城市治理的中国之道：基于"创城"机制的一项分析》，载《学习论坛》2018年第8期。
② 参见任宇东、王毅杰：《指挥部的运作机制：基于"合法性—效率性"的视角》，载《公共行政评论》2019年第1期。

应急管理、招商引资、疫情防控等领域，有多种表现形式。例如，2022年6月26日夜，曲阜出现短时强降雨，防汛抗旱指挥部会商研究决定于22时将防汛Ⅳ级响应升级为防汛Ⅲ级响应，将防汛Ⅱ级预警升级为防汛Ⅰ级预警，并随时关注雨情水情，27日8时57分解除暴雨红色预警信号。

"指挥部"作为一种协调联动机制，能够有效构建政府层级间，政府与各级机构、部门、单位及社会组织之间的治理网格，可使不同部门迅速实现无缝联结，通过有效的沟通与良好的信息交流，进行资源整合，协同行动，以确保任务按时完成。在"创城"活动中，自然也缺少不了"指挥部"。以创建卫生城市为例，创建卫生城市涉及城市政府的多个职能部门，包括城市管理、环境保护、园林绿化、城市规划和城市建设等部门。一个城市决定参评卫生城市，一般会先成立一个由多个部门参与的指挥部。该城市的党政负责人一般会担任总指挥，以便协调不同部门的行动。

第四节　曲阜城乡规划建设管理机构

曲阜作为县级市，属于县一级，这就决定了其政府职能的双重性。与县政府的职能重点在农村相比，其除了考虑城区、乡村管理外，要更多地考虑城市建设。与市辖区的职能相比，其除了在城市管理、城市规划与建设、城市社会发展、社会管理与社会保障等方面有相同的职能外，还具有农村经济管理职能。其要考虑城乡的整体规划和协调发展。①

由于城市政府的主要职责是把城市规划好、建设好、管理好，而城市规划对城市建设起主导作用，因此，城市规划管理工作无疑在城市管理中处于主导性的龙头

① 参见刘云中：《我国县级城市的发展模式研究》，载《重庆理工大学学报（社会科学）》2014年第3期。

地位。城市规划管理强调的是严格服从规划方案的设计和实施，不得为眼前的一些便利和利益就随便更改城市规划。规划一经确定，就必须严格执行，不可朝令夕改。苏州是全球首个"世界遗产典范城市"，苏州施行规划大于市长的原则，在保证苏州园林原址完整的基础上，古城的位置没有一丝一毫的改变，把新城和旧址完美融合，获得了亚洲最早的"李光耀世界城市奖"。

曲阜的城市规划建设管理工作，在本书前几章内容中已经体现，本节仅把曲阜城乡规划管理机构职能设置情况和决策情况作一简单梳理。城乡规划建设管理环环相扣，需要各个部门之间的协调和配合。只有充分发挥各部门的职能和行业管理特长，才能提高城市规划建设管理质量，提高依法行政水平，其中城乡规划管理部门和规划监督检查部门无疑起着重要作用。根据当地的具体情况，建立科学合理的城乡规划行政管理机构，才能为一个城市的发展提供良好的契机。

一、城乡规划管理机构沿革

新中国成立初期，曲阜县人民政府设建设科，管理城乡基本建设。1960年撤销县政府建设科，由县财政局设房产管理股，专司公用房产的管理。1969年县革命委员会公交办公室设建设组。1972年撤销建设组，县革命委员会设基本建设局。1979年撤销基本建设局，县政府设县基本建设委员会，下设机关城市建设局。1984年机构改革，成立曲阜县城乡建设委员会，同时撤销县基本建设委员会和城市建设局，下设城市建设科和乡村建设科。

撤县建市以后，曲阜市城乡建设委员会（以下简称市建委）下属的规划科负责市区的城市规划编制和审批工作，以及审批后的规划管理工作，如规划放线、规划验收等，并监督检查审批项目，同时对未经规划批准的违法建设行为要求相关部门

（城建监察大队^①）依法查处。乡镇的规划建设管理工作由各乡镇负责，市建委下属的乡建科进行业务指导。

1992 年，经山东省人民政府批准设立曲阜经济开发区，曲阜经济开发区管委会设有规划建设分局，园区内的规划建设管理工作，名义上由曲阜市建委负责（曲阜市规划局成立后，归规划局负责），实际上由管委会自己负责，尤其是工业项目，由管委会直接向市政府分管工业的副市长和主要领导汇报。

2002 年 2 月先后设立了城市管理综合执法大队和曲阜市规划局，均为正科级全额拨款事业单位，隶属市政府，归口建设局管理。同时撤销了城建监察大队、城市管理办公室、旅游投诉中心，其职能并入城市管理综合执法大队。2006 年 12 月又根据济宁市编办文件挂牌成立了城市管理行政执法局，执法大队调整为隶属于行政执法局。城市管理行政执法局主要负责执行城市各项管理职责，包括城市规划的违法建设查处工作。

2019 年，曲阜市市级机构改革，整合市城市管理行政执法局的职责，市住房和城乡建设局的城市管理职责，相关部门的行政处罚权和相关领域的部分行政处罚权，组建了市综合行政执法局，加挂市城市管理局牌子，不再保留市城市管理行政执法局。市综合行政执法局主要负责行使市容环境卫生、市政管理、城市规划、城市绿化、房地产、建筑业、人防（民防）、防震减灾、旅游服务等领域的行政处罚权；行使环境保护（噪声污染、大气污染等方面）、工商管理（无照商贩和违反规定设置户外广告方面）等领域的部分行政处罚权；负责市政建设、环境卫生、园林绿化的管理工作等。

曲阜市规划局是济宁市所辖县市区中首个专门的城乡规划管理机构，为曲阜的城市规划建设管理提供了机构保障。其主要负责承担原市建委的规划管理职能，具

① 1987 年成立（未能收集到书面资料，是老职工的回忆），1987 年 11 月曲阜市成立市政管理局，城建监察大队划入市政管理局管理，1993 年 12 月，市政管理局并入市建委，城建监察大队归口市建委管理。

体职责是负责组织编制、报批、管理全市城乡建设总体规划、城镇体系规划和开发区总体规划、各种专业规划；会同有关部门审查报批历史文化名城保护规划；监督全市城乡建设规划的实施；参与编制区域规划、参与制定环境保护规划和经济发展规划；负责指导全市村镇建设规划等。

2008年城乡规划法施行之前，我国的城乡规划法律制度可以用"一法一条例"来概括。即1989年12月七届全国人大常委会通过的《城市规划法》外，还有1993年6月国务院发布的《村庄和集镇规划建设管理条例》。实际上导致就城市论城市、就乡村论乡村的规划制定与实施模式，使城市和乡村规划之间缺乏统筹协调，衔接不够。曲阜的城乡二元分割规划模式一直持续到2019年，市自然资源和规划局成立，市规划局并入其中，并更名为市城乡规划中心。

曲阜市城乡规划中心的主要职责是：为全市国土空间规划、镇村国土空间规划、控制性详细规划、重点地块修建性详细规划编制、报批、实施提供服务；参与编制历史文化名城保护规划等涉及空间规划的相关专项规划；为全市镇村建设规划提供服务；提供建设项目的规划选址意见，提出规划设计条件；承担修建性详细规划的技术审查、建设工程竣工规划核实工作；从事城乡规划法规政策和规划实施监测、评估和预警体系的研究；等等。实际担负起了指导乡镇规划建设管理的工作，但是会同有关部门审查报批历史文化名城保护规划工作由市住建局负责，在加强城乡规划统筹管理的同时，城乡规划与历史文化名城保护规划成了需要跨部门衔接或协调的工作。

曲阜城乡规划建设管理的常规式治理模式无疑是"按规定办"，即不同的部门、不同层级的单位各司其职、各尽其才，在制度的框架内按照规定办理，推进工作的开展，这也是当前我国基层常规式治理的基本模式。从中央政府到省级政府，都在不断地增加基层治理方面的制度供给和政策规定，只要各部门、各单位都严格遵守，为民服务就能很好地执行。

二、城市工作决策协调机制

我们的政府长期以来是"全能政府"，相关部门的决策职能比较弱，主要决策还是靠地方政府作出，部门职能更多体现在执行层面。城乡规划建设管理同样由相关部门把需要决策的事项提报市（县或区）政府，市（县或区）政府召开不同类型会议研究决定，曲阜城市规划建设的有关重大事项决策长期以来也是这样作出的。

随着国家体制机制的改革与深化，曲阜在成立规划局后，为加强规划的一体化统筹，更科学合理地配置城市空间资源，同时能够增加公众参与度，用动态评估的形式强化规划的落实，曲阜成立了城市规划委员会[①]，由市委市政府主要领导和与规划建设管理相关各部门、镇街领导组成，专门负责城市的规划工作，使规划的组织编制和审批体系更加完善，保证城市化建设沿着规范化、法律化、科学化的道路发展。城市规划委员会的成立旨在加强城市管理和社会工作的协调，促进各项制度的完善；加强社区城管工作，对街道和社区进行协调，强化各部门之间资源的整合，相互之间分工明确，同时又能够相互合作，形成各尽其职，相互协调的综合性优势。

第五节　曲阜"创城"

城市治理者极为青睐城市创建活动所蕴含的内在功能。各个城市开展各种专题性城市创建活动的频度与力度有目共睹。曲阜同样把城市创建作为提高城市综合竞争力、增进民生福祉的重大举措，着眼于"高标准、重特色、创一流"，不断改善市民生活环境、提升城市文明程度、打造曲阜良好形象。通过创城带动提高城市治

[①]　城市规划委员会是由欧美等发达国家结合实际管理工作以分权思想为基础建立的制度，其实质是由政府让渡出一部分行政权力，以规委会集体决策的方式促进社会各界的参与，取代过去行政首脑个人决策的方式，从而增强规划决策与管理的科学性和民主性。

理水平，不断创新城市治理理念和实践。

一、国家卫生城市创建

国家卫生城市评比最早可追溯到 20 世纪 50 年代末 60 年代初的城市间互检互评。1989 年 10 月，全国爱国卫生运动委员会发布了《关于开展创建国家卫生城市活动的通知》，启动创建卫生城市运动，颁布国家卫生城市检查、考核标准。1991 年 6 月，又颁布了《全国城市卫生检查评比标准》，此后，这一标准被多次修订，其中的指标体系变得越来越复杂。[①]

20 世纪 80 年代，时任中共中央书记处书记、国务委员谷牧提出了"曲阜到处应该是干干净净，整整齐齐，人人彬彬有礼"的殷切希望。[②]据此，曲阜开始了卫生城市创建活动，并于 1990 年荣获"省级卫生城市"称号。

2013 年 9 月，曲阜市委市政府作出创建国家卫生城市的决定。在"创卫"这项前所未有、任务繁重、情况复杂的工作中，曲阜市上下只争朝夕、破釜沉舟、背水一战，掀起了一场全民创卫大会战，闯过了省级考核、国家暗访、技术评估、综合评审、社会公示五个"关口"。

2015 年 3 月，在全国爱国卫生工作会议暨全国城乡环境卫生整洁行动现场会议上，曲阜市捧回了"国家卫生城市"这块沉甸甸、金灿灿的牌子，成为济宁市第一个获得"国家卫生城市"的县级市，实现了万众一心、一鼓作气、一次申报、一举夺牌！

"创卫"前，曲阜市城市环境存在诸多突出问题。一是道路不"畅"。浴沂路一到雨天就"坑"人；西关大街不过是一条灰头土脸的小巷子，批发街进得去、出不来；春秋路、大同路、大成路、鼓楼大街、有朋路、逵泉路等路段破损、拥挤不

---

① 参见李振：《作为锦标赛动员官员的评比表彰模式——以"创建卫生城市"运动为例》，载《上海交通大学学报（哲学社会科学版）》2014 年第 5 期。

② 参见傅鸿泉：《谷牧与曲阜》，中国文史出版社 2014 年版，第 178 页。

堪，噪声和扬尘十分严重，很多人行道年久失修、花砖残缺。二是市场不"净"。西关、东关等市场内外乱堆乱放、占道经营，菜叶遍地、污水横流，符合"四区分离"的市场一个也没有。三是小区不"美"。大成小区、龙虎小区、教师新村、汇泉小区等老旧小区道路坑洼，车辆进出不便，停车位少，楼道里到处是乱贴乱画，垃圾清理不及时，公共绿地成了私家菜园。四是店面不"整"。特别是批发街等一些重"灾区"，商业门牌匾额、广告牌匾乱七八糟，横的、竖的、凸的、凹的，样样都有。五是餐点不"安"。五马祠街、仓庚路、有朋路、逵泉路、国老街、归德路、曲师大、济宁学院等区域一些早餐夜市无证经营、健康证件不全、卫生不到位、占道经营、影响交通、污染环境，不仅影响市容市貌，而且危害群众安全。六是河水不"清"。城区河道内白色垃圾、漂浮物随处可见，两岸杂草丛生。有的桥涵坝堵塞严重，特别是小林河污水排放严重，护城河还有污水口溢流及渗漏点，水系生态不容乐观。七是公厕不"洁"。多数公厕指示不清，卫生不达标，创卫区域内有很多旱厕尚未改造拆除。八是空气不"新"。城市次要道路、城中村及城乡接合部大多是敞口式、地埋式垃圾池，垃圾遍地、污水横流；城市建成区内牛场、鸭棚、猪场、兔棚、鸡场等，多达 100 多处。

很多城市，"创卫"成功用了七八年甚至十几年，也有不少城市用了同样时间但未成功。面对财政紧张、城市建设管理中的诸多问题，在济宁其他县市区不敢做甚至连想都不敢想的时候，作为经济业绩排名并不突出的曲阜市，毅然提出这一工作目标，且仅仅用了一年半的时间"创卫"成功。可以说，曲阜市是幸运的，但在幸运背后，则是扎实的工作和过硬的成绩；所形成的"敢为人先、众志成城、锲而不舍、追求极致"的创卫精神，一定意义上就是工作缩影，也是创建成功的"关键密码"。

（一）敢为人先

一是工作魄力上"敢为人先"。2013 年 9 月 3 日，曲阜市召开创城大会，吹响了创卫"集结号"。曲阜市坚信"事在人为",坚信"一切皆有可能",坚持"先干不争论、先试不议论、时间作结论",坚定地提出创卫"三年工作,一年完成"的目标。

二是工作思路上"敢为人先"。一方面,坚持为民"创卫""创卫"为民。将"创卫"作为最大的民生工程、德政工程,从战略高度和政治自觉出发,融入对德政理念、人文关怀、持续发展和执政定位的清醒思考和认识,系统回答了"为了谁、依靠谁、怎么办"事关"创卫"的核心问题,让"创卫"更接"地气",让"创卫"更具"底气";为增进群众福祉、打造幸福城市奠定了温暖基调,为调动群众参与、实现合力"创卫"奠定了坚实基础。另一方面,坚持循序渐进、脚踏实地。实事求是、因地制宜,既符合国家评定标准,又体现圣城曲阜特点;既学习借鉴先进城市经验,又努力探索适合曲阜的创建路子;既着眼当前,又放眼长远,围绕总体目标和步骤,抓反复、反复抓,稳扎稳打,循序渐进,保证了"创卫"工作科学、健康、高效运作。

三是工作机制上"敢为人先"。第一,极端重视、压倒一切。曲阜市委市政府将"创卫"作为全市压倒一切的头等大事,成立有史以来规格最高的指挥部;四大班子领导全部上阵,分别担任各"战区"指挥长;16大"战区"划分城区"创卫"空间格局;9大工作推进指挥部、14大工程指挥部和12大重点工程指挥部快速组建;所有镇街、部门单位及居委小区均相应成立"创卫"组织体系,实现"横向到边、纵向到底"全覆盖。第二,多措并举、全员攻坚。一年半的时间,四大班子全体成员在创卫迎查区域累计徒步400余千米,现场检查、现场办公,解决实际问题。干部带头、全员上阵的精神"气势",推动了"创卫"战役"强势"推进:16大"战区"齐头并进,5大"战役"同步会战,9大推进指挥部统筹联动,14大工程指挥部、12大重点工程指挥部重点突破,"五个结合"长效机制逐步建立,网格化组织机构不断完善。第三,奖惩分明、鼓舞干劲。建立调度、督导、通报、奖惩问责和新闻监督等一系列制度，推进"创卫"工作环环相扣、步步为营，构建"创卫"常态化格局。出台"创卫一线锻炼考察选拔干部"规定；建立三条线督查机制，由纪委、督考办和"创卫"办等分别进行纪律督查、工作督查和业务督查；发挥新闻监督作用，及时曝光问题、每天通报情况；对因不能及时整改到位对"创卫"造成影响的，严肃问责，做到碰硬不手软、问责不留情！

（二）众志成城

曲阜市做到了上下"一盘棋"、全城总动员，从领导到群众，从街道到社区，从企业到村居，从老人到孩童，从五小业主到志愿者，人人都是主人翁，个个都是攻坚兵！无论是动员誓师、授旗仪式、万人签名，还是宣传"六进"、公益广告、拍客行动，各种活动如火如荼、声势浩大、铺天盖地，形成了众志成城"创卫"攻坚的生动局面！

一是各级领导干部树立榜样。曲阜市各级领导干部身体力行、率先垂范、思想到位、步调统一，在"创卫"中得到了一次前所未有的锤炼历练，为广大干群树立了榜样。曲阜市四大班子全员上阵、全部一线，夜里开会通宵达旦，白天徒步"创卫"一线，所有常委、所有副市长，人大、政协的领导同志，不分分内分外、不管年龄大小、不计个人得失，既运筹指挥、又实战一线，率领各"战区"取得了"创卫"大会战的胜利！曲阜市始终保持上下一条心、拧成一股绳，心往一处想、劲往一处使，人人争先恐后、个个自告奋勇，展现出一幕幕感人画卷，绽放出伟大的人性光辉。

二是广大市民群众踊跃参与。广大群众积极响应"创卫"，踊跃为"创卫"出主意、献良策，据统计，通过电话、网站等，征集"城市精细化管理'金点子'"600余条，1200名群众撰写"创卫故事"2300余篇，以亲身经历抒发对"创卫"工作的热情。广大干部群众、志愿者、学生积极参与"星期天全民创卫环境卫生清扫日"活动；众多"拍客"深入单位社区，用相机记录"创卫"工作，曝光热点难点问题；很多市民自愿放弃休息时间，到市场、车站、商业街等场所捡拾垃圾、打扫卫生；100名群众创卫监督员，既是监督员，又是宣传员、战斗员，为"创卫"工作无怨无悔、无私奉献，及时为"战区"发现问题，全力协助"战区"解决问题，犄角旮旯都逃不过他们锐利的眼睛，大街小巷都留下他们行走的足迹！

（三）锲而不舍

"创卫"过程中，"创卫"工作处于阵痛期，"战区"值班人员也会出现松懈麻痹思想；当"创卫"区域不断延伸，人力物力财力投入不断加大时，面对"创卫"的现实问题，面对社会各界的质疑，面对繁重的任务、紧迫的时间、巨大的压力，曲阜市仍然坚持不抛弃、不放弃，以"咬定青山不放松""不达目的不罢休"的精神，坚持始终如一的顽强执着，怀着滴水穿石的干劲韧劲，朝着既定方向，冲破阻力障碍，一区一街抓整治、一家一户做工作、一点一滴攻难题、一把扫帚扫到底、一把锄头锄到底，时间再紧也不妥协退缩，克服消极畏难情绪，想尽千方百计、费尽千辛万苦，困难再大也不放弃，爬着也要爬到胜利的终点！公共场所卫生整治提升指挥部，面对1000多家"四小"门店，面对多家业主的不理解不配合，市卫生监督所等单位工作人员坚持"零遗漏、无死角、店店到"，对不主动不积极的商户，挨家挨户、苦口婆心做工作，帮他们擦桌子、扫厕所，与他们拉家常、交朋友。有的同志在帮业户拆除门头牌匾时鼻梁被钢管砸伤，有的同志执行夜间任务导致腿部骨折，但都轻伤不下火线。大家通过实际行动，感动了业主，终于打赢了市容环境卫生整治、农贸市场整治、"五小"行业整治、基础设施建设等攻坚战。

（四）追求极致

"创卫"工作中，曲阜市坚持全力以赴、精益求精，全覆盖、零缝隙、全天候，抓整改、抠细节、破难题，不放过任何一个细枝末节，确保了一次性通过验收。

一是基础数据摸排和档案规范追求极致。创卫办抽调精兵强将，成立专门班子；

工作人员精益求精，不畏风雪雨露、严寒酷暑，一个旱厕一个旱厕地查，一个养殖点一个养殖点地看，一个树坑一个树坑地数，一段路一段路地量，摸清了情况，弄准了数据，如实掌握了第一手资料，为科学决策、彻底整治、顺利推进"创卫"工作提供了依据，奠定了基础。同时，他们差什么学什么，缺什么补什么，精心整理规范"创卫档案"，确保材料审核一次性通过。

二是城市基础设施建设追求极致。环卫、市政、园林等突击队对道路翻修、维修及路灯设施和排水设施进行改造；加大净化绿化美化亮化力度，拆除敞口垃圾池、地下垃圾池；新建的西关、东关、利民等市场高端大气、设施齐全、分区合理，方便了市民生活，成为曲阜市"创卫"精品、亮点。

三是城乡环境卫生整治追求极致。集中开展"四清八乱"整治活动，出动人员14.6万人次，动用机械车辆4300余台次，清运垃圾11.2万立方米；严格落实"门前三包"制度，规范治理店外经营4000余处，疏导治理流动摊点1600余个，依法拆除城区违章搭建1800余处，清除不符合要求的广告牌匾、宣传品6000余处，拆除棚厦、遮阳棚、雨篷330余个，统一粉刷街巷两侧房屋墙壁240多万平方米；加强建筑工地管理和渣土治理，城市"八乱"得到明显改善，环境面貌焕然一新。

四是"五小"行业治理追求极致。全市创城区公共场所"五小"行业单位共计1095家，"创卫"期间下发整改告知书1100份、创卫标准5500份，出动执法人员4000余人次，整改达标1040家、达标率达95%，持证率和管理率达100%。全市"创卫"区域食品经营业户1767家，持证率98%以上；餐饮服务业户1565家，持证率98%以上。创城区域"五小"行业和餐饮业卫生条件明显好转。

五是特殊行业整治追求极致。"创卫"期间，城区共清理规范废品回收站40处，整治汽车维修站点29处；取缔无营业执照、无室内洗车场地、占道洗车的经营业户9家，查扣洗车机4台，督促28家车辆清洗场点完成了室内洗车场地、沉淀池和排水设施的改造，对40家环境卫生不达标的经营业户进行了整改；全部搬迁拆除了城区养殖场，进一步净化了城区环境。

六是病媒生物防制和健康教育工作追求极致。"创卫"期间，共安装设置灭鼠毒饵站 2.12 万个，蚊蝇消杀城区公共场所及绿化带、垃圾站（点）等重点场所 90 万平方米，顺利通过除"四害"省级评估验收。在城区设立健康教育宣传一条街，在沂河公园、蓼河公园等人群休闲健身场所设立了健康主题公园和健康步道，全市单位、村居、企业、居民小区健康教育宣传栏实现全覆盖。

二、全国文明城市创建

"全国文明城市"是目前我国城市综合类评比中的最高荣誉，是区域内社会主义物质文明、精神文明、政治文明建设成效的集中体现，也是反映城市社会管理能力、综合竞争力和可持续发展能力的最具价值的城市品牌。"全国文明城市"在国内所有城市品牌创建中难度最大，每三年一个测评周期，全方位对城市的政务环境、法治环境、市场环境、人文环境、生活环境、生态环境、创建活动等进行科学系统考评。

1989 年，曲阜市号召开展"礼貌友谊在曲阜"活动，1999 年，决定在全市广泛深入开展创建"全国文明城市"活动，力争建成全国 50 个文明城市之一。市委市政府立足于整体提升曲阜发展水平、民生水平，始终坚持为民创建、创建惠民的原则，全市上下形成齐心协力、万众一心、共同创建的大格局。2005 年、2008 年、2011 年、2014 年连续四届被评为"省级文明城市"。2015 年 2 月，获得"全国文明城市提名城市"称号，拿到了向全国文明城市进军的"入场券"。

2020 年 11 月 20 日，全国精神文明建设表彰大会在北京召开，曲阜市以全国第四名、全省第一名的优异成绩捧回了当今中国城市荣誉中含金量最高的奖项——"全国文明城市"奖牌。这是曲阜牢记习近平总书记嘱托，加快建设道德高地的生动实践，也是曲阜市高质量发展的重要里程碑！

曲阜的创城路，每一步都不是轻而易举的，每一步都付出了艰辛努力。2017 年，曲阜市历时三年创建，因微小差距没能拿到全国文明城市中央测评"入场券"，饱尝了"创城"失败的苦滋味，但咬定青山不放松，历经坎坷，工作更加努力；遭遇挫折，斗志更加昂扬。三年接续奋斗，啃下一个又一个"硬骨头"，突破一个又一个"不可能"，经过2100多个日夜，在2020年11月20日被正式命名"全国文明城市"！六年"创城"拼搏，在曲阜发展史上留下浓墨重彩的一笔，在建设"东方圣城"的征程中留下不可磨灭的印记。目前，曲阜市正在向着"全国文明典范城市"创建这一新的高地进军，相信在不远的将来必将实现这一目标。

创成全国文明城市，是曲阜市徒步丈量的结果。曲阜市坚持徒步巡查，一线查摆问题、一线研究问题、一线解决问题，累计整改问题3.1万个。坚持上下"一盘棋"，持续深化"指挥部＋专班＋战区＋行业主管部门＋责任单位"创建模式，网格化、专业化、精细化、常态化抓创建，形成了党委领导、部门齐抓共管、群众积极参与的创建格局。坚持真督实考，强化日常督办、媒体曝光、群众评议，邀请代表委员定期视察、第三方模拟测评，以督促干抓提升。坚持对标对表，远学金华、近学任城，紧扣测评标准，制定"创城点位作战表"，签订"明细包保责任书"，精细精准抓落实。六年磨一剑，1.2万多个创城点位，曲阜市用脚步丈量，用汗水沁润，锻造出了"细心用心、专业专注、锲而不舍、精益求精"的"创城"精神。

创成全国文明城市，是曲阜市文化涵养的结果。曲阜市深入挖掘文化内涵，由表及里立体推进，文明因子浸润人心，使之成为涵养城市精神的重要源泉：其一，践行"百姓儒学"理念，推进儒学"六进"行动，连续举办"百姓儒学节"，创新实施"孔子学堂＋书院"模式，儒学从庙堂之上走入寻常百姓家。其二，践行"核心价值"理念，村村建立"善行义举"四德榜，广泛开展道德模范和身边好人选树活动，越来越多的普通市民穿上"马甲"、戴上"红帽"，成为文明风尚的践行者、传播者，明理崇礼、诚信守法、敬业乐业氛围日益浓厚。其三，践行"德法兼治"理念，创新打造的"幸福食堂"品牌，让笑容变多了；全覆盖建设的"和为贵"调解室，让矛盾变少了。这"一多一少"之间，体现的是曲阜市"民利为先"的"创城"情怀。

创成全国文明城市，是民意评价的结果。曲阜市坚守"人民至上"理念，聚焦群众关切、补齐民生短板，把文明城市创建与民生工程统筹部署、融合推进。其一，着力抓重点。实施重点城建项目 218 个，翻修城市道路 17 条、罩面 61 万平方米，渠化交通路口 15 个，改造老旧小区 55 个、农贸市场 6 个、公园广场 13 个，整治背街小巷 436 条。新增供水管网 420 千米、供气管网 430 千米、供热面积 230 万平方千米。其二，用心疏堵点。修整井盖 1.3 万个、人行道 12 万平方米，设置停车位 2.3 万个，设立便民疏导点、服务点 30 个，建设母婴室 41 个、无障碍卫生间 293 个，增设公交线路 7 条，新增公交车 93 辆、出租车 295 辆，113 所中小学校、40 个网吧、127 个通信营业厅、71 个银行网点得到规范提升。其三，集中破难点。瞄准群众办事痛点难点，每年筛选十件民生实事，一年接着一年办。运用法治思维和法治方式破解城市治理顽瘴痼疾，用足"绣花"功夫加强城市管理。深化"一次办好"改革，打造"至精至简、满意阜务"品牌，群众满意度位居全省第 6 位。"创城"全面提升了城市形象，曲阜变得更美了、更有温度了、更有品位了。

曲阜市"全国文明城市"创建的过程，其实正是探寻城市治理之道的过程。统筹城乡改革发展的实践，成为文明城市创建最坚实的积淀，这是实现理想的路径，而五大机制则让曲阜市找到了坚持理想的办法。如今，大家更乐于言谈城市美丽的变化以及和善的曲阜人故事。当然，这些美丽的变化，在其背后都有鲜为人知的创造性付出。但从某种意义上讲，这些创造性付出决定着曲阜深化文明城市建设的效果，让曲阜未来越来越文明与美丽……

细节决定成败，大事起于具体，文明城市深化建设也是如此。综观曲阜这座城市，是用具体的创造性机制来承载文明城市深化；也只有这种长效机制，才能让城市的文明不断进步与提升，最终让生活在这座城市的每一位市民更加受益，享受到越来越饱满的物质文明成果与越来越丰厚的精神文明成果，从而更加为这座城市成为大家的理想城市而奋力、而付出。

三、城市创建的曲阜经验

城市管理由"乱"到"治"，背后是曲阜市"全国文明城市"和"国家卫生城市"等"创城"工作的生动实践。"创城"是一项开展了 30 余年的群众性精神文明建设活动，特别是文明城市创建因其利民惠民而广受市民欢迎，成为城市管理的重要措施之一，在城镇化建设中起到了文明示范带动作用。市民期盼通过"创城"，让生活环境更加美丽整洁、秩序更加规范有序、服务更加高效便捷、文化更加丰富多彩，解决掉生活中"添堵闹心"的事。作为创建者，只有坚持问题导向，看到问题、找准问题，才能求真务实、实事求是地解决问题。"创城"已经成为城市管理的方式之一，不是为了拿块牌子，而是为了多一项工作抓手，进而把城市发展和各项民生事业推向一个更高水平。"创城"是我国"非常规式"城市治理经验的代表模式之一。作为中国独有的城市治理之道，"非常规式"城市治理，既是提升城市治理水平的速成机制，也是稳定城市治理质量的多功能机制。

"非常规式"城市治理，可以在一个较短时间内，快速改善城市环境，从多个方面提升城市治理水平。在"几年内创建成功"这一压力下，城市治理充满"紧迫感"，地方政府以有限时间完成规定任务为目标，调用城市各种资源，最大限度发挥城市潜力，驱动治理水平迈上一个新台阶。同时，"创城"活动还是对市民理解、参与城市治理的一次快速教育普及，能够促使城市生活群体尽快熟知、掌握、遵循现代化城市生活的理念、规则，尤其是协助城市新人群加快融入全新的城市生活，进而为提升城市治理水平夯实必要的社会基础。曲阜市通过一年半的时间成功创建国家卫生城市，正是这种"非常规式"城市治理模式优越性的体现。

"非常规式"城市治理，不仅能在短时内推动整个城市治理水平上升一个或若干层次，而且能通过自身的多功能性有力保障城市治理质量的稳定性、可持续性。其一，为城市规划、社会管理和公共服务等非经济领域事务提供独属的"激励"机制，使得城市治理质量的维护工作获得稳定动力源。其二，为城市建设与发展提供多元化的"选择"机制，使得城市治理者可以"因城制宜"，相机安排城市治理重点，灵活发挥城市优势。其三，对"创城"成功之后的城市展开跟踪性检查，从而构成督促各城市维系治理质量的"压力"机制。对取得"创城"成功的城市而言，被授予的荣誉并非永久性的，这是"创城"机制的一个重要设计。例如，"国家卫生城市"是全国城市卫生管理的最高荣誉，实行动态管理，每满三年进行一次复审，复审合格的，重新确认命名为国家卫生城市，而对未达标准的城市，暂缓确认，并限期1年整改，再次复审仍不合格者，撤销其命名。

"常规式"城市治理因专业性、行政相对人相对明确，所以是一种比较"小众的"治理模式。"非常规式"城市治理因涉及面广、多部门参与，反而是比较"大众化"的治理模式，并且是我国社会主义制度的优势所在，能够以"集中力量办大事"的方式去实现治理目标。无论是"常规式"城市治理还是"非常规式"城市治理，取得好的效能，一方面需要治理方法手段的科学性，另一方面需要治理的精细化，此外，还要不断创新城市治理方式，多管齐下，在加强政府行政治理的同时，学会采用经济手段，引入市场机制，同时注意借助社会力量，让人民群众积极参与城市治理，使城市治理更加科学高效。

第六节　构建城市治理现代化格局

改革开放四十余年，我国大规模的城市建设时代已经过去，很多城市已经进入

"三分建七分管"的时期。2015 年后，从全球范围看，城市治理的目标、理念、路径等发生重要变化。从规划目标和城市发展的根本价值看，从建设"伟大"城市的"愿景"转向让居民获得幸福感，城市发展和治理理念回归"以人为本"。在我国，从城市发展战略看，在明确城市功能的基础上，不断充实以建设人文城市、宜居城市为目标的内涵。①

党的十八届三中全会首次在中央文件中提出，推进国家治理体系和治理能力现代化。2018 年 11 月 6 日至 7 日，习近平总书记在上海考察时强调，城市治理是国家治理体系和治理能力现代化的重要内容。一流城市要有一流治理，要注重在科学化、精细化、智能化上下功夫。既要善于运用现代科技手段实现智能化，又要通过绣花般的细心、耐心、巧心提高精细化水平，绣出城市的品质品牌。

城市治理现代化，是指在统筹组织领导和推进富强、民主、文明、和谐、美丽现代化进程中，以人为核心、全周期理念、系统集成、生命体有机体等的治理理论为指导，依靠行政、社会、市场力量，运用法律法规、制度规则、自治章程、城市公约、乡规民约、道德规范等方式和手段，对城市基础设施、公共服务、治理制度更加充分更加精准更高质量地供给，从而有效改善城市面貌、提升城市服务、优化城市治理制度，激发城市发展活力，全面实现体现以人为核心的经济、政治、文化、社会、生态文明现代化，体现时代特征、中国特色、城市特点的共治共管、共建共享的持续治理行动及其社会化、法治化、智能化、专业化的实施过程。②

推进城市治理现代化，需要破解传统城市管理的碎片化难题，加快由一元管理到多元治理、传统决策到现代决策、粗放管理到精细治理等多维度的城市治理嬗变，补短板、建机制、堵漏洞、强能力，加快构建新时代城市治理现代化新格局。③

---

① 参见刘理晖等：《论超大城市治理体系与治理能力现代化建设》，载《科学发展》2021 年第 7 期。
② 参见徐汉明、徐凯：《超大城市治理现代化：意义、内涵与行动选择》，载中南财经政法大学文澜新闻网 2020 年 7 月 6 日，http://wellan.zuel.edu.cn/2020/0701/c1672a244947/page.htm。
③ 参见《应对重大突发公共卫生事件　加快构建城市治理现代化新格局》，载商用地产杭州站网 2020 年 3 月 3 日，http://www.5acbd.com/news/19168.html。

一、推进城市治理现代化，必须坚持以人民为中心

在我国，一个以市民为主体的现代社会已经到来。城市治理要以人民为中心，这是我们要坚持的一个最根本的理念，真正做到"民有所呼，我有所应"，切实改善民生。我们的城市已从一个温饱型社会逐渐转化为发展型社会，老百姓想要有更好的教育、更稳定的工作、更满意的收入、更可靠的社会保障、更高水平的医疗卫生服务、更舒适的居住条件、更优美的环境等，人们开始更多地注重生活质量，因此，城市治理必然要切实以市民的民生需求为导向，整合各种资源，调动各方面力量，做好"幼有所育、学有所教、劳有所得、病有所医、老有所养、住有所居、弱有所扶"等民生工作。唯有如此，才能提高一个城市的管理水平，才能更好满足市民对生活品质的追求。

以曲阜市文明城市创建为例，"创城"，不仅是为了拿奖牌、争荣誉，更是为了在更高层次上提高城市治理水平、提升市民文明素质、优化发展环境、推动高质量发展，真正提升群众的幸福感、获得感。城市创建，不是某个部门、某个群体的事，是每一个人的热切期待，也是每一个人的应尽责任。在城市创建中，没有看客，人人都是参与者，需要最大限度地激发群众积极性，形成人人关心、人人参与、人人支持城市创建的氛围，画出最大"同心圆"。要长抓不懈，潜移默化，润物无声，把文明践行于点点滴滴的日常行为中，让文明基因浸润于市民心中，内化于心、外化于行，推动城市文明水平大提升，让文明的种子在城市生根、发芽、开花，结出更加丰硕的文明之果。

曲阜市获得"全国文明城市"后的一个雨天清晨，原曲阜市委书记刘东波在孔子文化园附近与偶遇的一位老太太聊天，问："创城"给大家伙带来了怎样的变化，老太太扬起手里的餐巾纸说，这是她早餐用过的纸，没随地乱扔，也没投进垃圾桶再让环卫工费力掏出来，而是打算带回家放进垃圾袋。① 文明，是对一个城市的最

---

① 参见邱明、岳茵茵：《开启现代化强市建设新征程——专访中共曲阜市委书记刘东波》，载《齐鲁晚报》2021年1月27日，A06版。

高评价；文明，也是市民对这个城市的最大期许。在城市的文明进步与提升中，享受到越来越饱满的物质文明成果与越来越丰厚的精神文明成果的市民，又满怀着深切情感参与到文明城市治理之中。

城市治理是一个系统工程。人有多种需求层次，人的发展是全面的发展，而不断满足人民群众的美好愿望是我们的奋斗目标。推进城市治理现代化，关键在于提高城市治理能力和服务水平，将治理与服务紧密结合，在服务中实现治理，在服务中提升价值。

二、推进城市治理现代化，要处理好保护与发展的关系

党的十八大以来，以习近平同志为核心的党中央高度重视文化遗产的历史意义与作用，将其作为新时期治国理政新理念新思想新战略的组成部分。党的十九大庄严宣告，中国特色社会主义进入新时代，习近平新时代中国特色社会主义思想成为党的指导思想。在习近平新时代中国特色社会主义思想中，关于文化遗产的思想理论占有重要位置。[①] 城市治理还要"注重延续城市历史文脉，像对待'老人'一样尊重和善待城市中的老建筑，保留城市历史文化记忆，让人们记得住历史、记得住乡愁，坚定文化自信，增强家国情怀"，[②] 历史文化资源是城市发展重要的、不可再生的战略资源，对提升城市文化软实力有着重要的作用和意义。

曲阜在"创城"过程中以规划引领，整合利用空间资源，不搞大拆大建，重视历史文化保护，突出地方特色，注重人居环境改善，更多采用微改造这种"绣花"功夫，把城区改造提升同保护历史文化遗迹统一起来，让历史文化与现代生活融为一体，注重文明传承、文化延续，让城市留下记忆，让人们记住乡愁。例如，在公

---

① 参见卜宪群：《深入领会习近平关于文化遗产的思想理论》，载《人民日报》2018年1月10日，第22版。

② 习近平：《深入学习贯彻党的十九届四中全会精神　提高社会主义现代化国际大都市治理能力和水平》，载《人民日报》2019年11月4日，第1版。

图 6-1　曲阜市"创卫"时期建设的公共厕所——作者拍摄

共厕所建设中注重与周边环境和传统建筑风貌相融合（图6-1）；在门牌匾额整治中体现儒家文化内涵；城市雕塑、城市指示系统、城市小品（花坛、座椅、垃圾箱等）、城市照明、广告、城市绿化等，都在系统化的规划引导下体现城市的个性和特色，让人们感知到城市的独到之处。

三、推进城市治理现代化，必须抓实在、抓长久

城市治理还要做到共建共治共享，把基层治理抓实在、抓长久。面对大量的民生问题和社会治理问题：一方面，我们要发挥党的领导作用，发挥政府的主导作用；另一方面，特别在基层，我们也要重视社会力量，鼓励和支持企业、社会组织等积极参与基层民生服务和基层治理，特别是要发挥居民对城市治理的主体作用。"人民城市人民建，人民城市为人民"。只有广泛调动群众积极性、主动性、创造性，才能打造可持续的城市治理运行机制。共建共治共享，让老百姓有更多的获得感、安全感、幸福感，还有巨大的成就感。

城市治理，不是一时之事，而是一"世"之事。建设重要，管理更重要；建设难，管理更难。城市建设只要有规划、有资金，建起来并不难。但对建设好的项目管理起来难度较大，其效果的优劣受主客观条件的制约。主观方面主要是管理体制、管理手段、管理队伍、管理资金等的制约；客观方面主要是人们的文明程度、卫生习

惯等的制约。无论是"创城"，还是开展农村环境卫生整治、大气污染治理等，各种"严打""专项整治""专项行动"等仍是选择频率较高的治理方式。[①]集中整治行动，确实解决了一些难题，如城乡接合部、城中村、老旧小区的基础设施等得到改善，农贸市场升级改造和周边环境整治等问题得到解决。但也不难发现，有些城市道路刚翻建没几天便被"开膛破肚"，有些绿化带前边栽种后边就被践踏，不少公益设施安装不久则被人为破坏。某些专项整治行动结束后，政府也希望建立长效机制，为了达到特定目的，在短期内集中人、财、物以求达到"常规式治理"本来应实现的目标，但是"运动式治理"并不是"常规式治理"的替代手段，日常管理还是要靠主管部门依法依规切实履行好管理职责。城管城管，关键在管，千头万绪，应无一疏漏。尤其是政府部门，无论怎么忙，都不能"缺位"、不应"失声"、不可"袖手"，须从创建文明、促进和谐的高度，增强依法行政、规范服务、科学管理的责任心与自觉性；部门之间要通过协作形成有效的整治合力；各种社会力量也要凝聚发挥作用；对长时间未能解决、群众反映强烈的突出问题，地方政府要拿出良方；要建立巡逻、监察、问责制度，重视解决貌似小问题、实为大问题的问题。

以曲阜市沿街门头牌匾整治为例，曲阜是礼仪之乡，也是诗书之乡。1986 年，时任中央书记处书记、国务委员的谷牧指出，"街面上的店铺，要体现文化氛围，才比较协调，至少每家的匾额要写得有讲究"。1999 年，曲阜市开始建设楹联城，在孔子诞辰 2550 年时，完成了第一期工程的 255 副对联的制作安装，沿街门头牌匾规范设置、特色打造成为街头一景，曲阜市也成为中国楹联第一城。漫步曲阜市街头，可以看看沿街仿古建筑上悬挂的各样匾额、楹联，从中品味曲阜人传统观念中的现代意识，体会诗书之乡的无穷魅力，感受文化的延续和发展；现代与传统的有机结合令人想到融合，想到中华文化的包容和生命力。但是，近年笔者有意去重温楹联魅力，却发现繁华路段的不少沿街门店存在一店多牌、任意悬挂广告条幅等

---

① 参见杨知润、李文哲：《运动式治理：一阵风刮过，剩下一地飞絮？》，载新华网，http://www.xinhuanet.com/politics/2018-10/15/c_1123560214.htm。

现象，花哨的颜色、缭乱的图案，实在违和，甚至还有门店把商品的价目表悬挂在楼体上。城市治理不能只靠不定期的"在城区范围内开展违规户外广告集中整治行动，切实净化市容市貌，提升城市文明形象。"而需要不断拓展文明城市建设、治理与服务的共建共治共享长效机制，用制度为文明城市的健康持续发展保驾护航。

四、推进城市治理现代化，必须解决管理不平衡不充分问题

现阶段，城市管理工作面临的问题突出表现在：一是环境问题。人民群众对宜居环境的期待越来越高，但城市管理能力没有跟上，市容环境脏乱等问题没有得到根本解决。二是服务问题。一个城市好不好，关键看百姓能否安居乐业，是否生活便利。停车位、菜市场、厕所，看似民生小事，却关乎百姓的切身利益和幸福指数。与市民对美好生活的期盼相比，便民服务设施不足、分布不均仍是城市管理中的"短板"。三是执法问题。有的城市管理人员不依法办事，选择性执法、简单粗暴执法时有发生。这背离了以人民为中心的发展思想，损害了群众利益，必须严肃处理，坚决防止。

（一）在"精度"上下功夫

城市治理应该像绣花一样精细精准，要明确城市治理范围和治理目标，精准识别城市治理问题，提出城市治理问题的精准措施。城市治理涉及产业结构、交通规划、空间布局等方方面面，没有精细化治理，不仅难以发挥城市应有功能，而且会滋生新的"城市病"。细微之处见真章，大到城市规划布局，小到一个井盖，生活中很多地方都考验着城市治理的"绣花"功夫。城市治理需要"绣花"精神，无论是宏观上的制度供给，还是微观上的民生善政，都要直击"痛点"、消除"痒点"，通过绣花般的细心、耐心、巧心提高精细化水平，绣出城市的品质品牌。

（二）在"温度"上下功夫

一座城市的发展，不仅要有速度，还要有温度。没有力度的治理，很难促使城

市建设与发展取得实效；没有温度的治理，则会让城市空有绚丽的外表而缺少温情的内涵。城市治理应多一些温暖的政策、少一些浮夸的铺张，多一些温情的执法、少一些冰冷的对抗，多一些温馨的关怀、少一些冷漠的旁观，让"人民理念"成为城市最亮丽的名片，为幸福加码，让城市升温。[①]

（三）在"基层"上下功夫

国家顶层设计制定了很多城市治理的政策，但是要落实到老百姓层面，让老百姓有确确实实的获得感，还需要把社会治理的人力、物力、财力等资源向基层倾斜，打通"最后一千米"。要相应加大行政管理制度改革，优化政府机构，转变政府职能，特别是把政府与基层治理密切相关的职能下移，真正实现机构、制度的配套，如此才能真正解决基层大量民生和社会治理问题。在这个过程中，服务型政府建设要更加便捷化、精细化，提供更多方便途径，让老百姓便于办理方方面面的民生事务，把制度优势转化为民生服务效能。

曲阜市在"创城"工作中，实行一系列具体措施：一是完善治理工作机制。依托数字化城管平台，强化远程执法监督，推进网格化管理，加强网格督查员和网格员培训，完成网格管理队伍的专业化。二是强化部门联动。与各部门、企业、街道办、社区等形成联动衔接机制，落实"门前五包"责任制，实现执法常态化；充分发挥群众自治自管作用，成立了一批自管委，使环境整治足不出户。三是提升硬件基础设施水平。通过修补道路路面、改造部分人行道、合理规划设置机动车和非机动车停车位、配套设置垃圾桶和果皮箱等，提升背街小巷配套基础设施水平，提高环境承载能力。四是加强环境容貌秩序整治。全面整治占道经营、小广告乱贴、户外广告招牌乱设、杂物乱堆乱放、私搭乱建等问题，彻底提升容貌环境秩序形象。五是加强市场整治。清理辖区内市场周边的流动摊贩占道经营行为，实现坐商归店、

---

① 参见周丽通、毛康文：《推进城市治理现代化的"三个维度"》，载人民论坛网，http://www.rmlt.com.cn/2021/0428/612862.shtml。

游商归市。六是加强环境保洁。配齐配足背街小巷保洁力量，强化日常保洁，将有条件的背街小巷纳入机械化清扫、洒水作业范畴，加大公共厕所的管理。

五、推进城市治理现代化，需要治理主体多元化

广泛发动公众力量参与社会治理，才能取得良好的治理成效。特别是在处置突发性公共事件、维护社会公共安全过程中，公众参与具有无可替代的基础性作用。城市治理要构筑群防群治、协同参与机制，充分发挥政府组织、经济组织、社会组织和公众等主体多元参与、协同共治的优势。基层党组织要发挥战斗堡垒作用，成为人民的主心骨，带领基层群团组织、社会组织共同做好城市治理。总而言之，群众路线是党的生命线，应积极引导公众参与。

以新冠疫情防控为例，2020年1月、2022年4月，曲阜市均有报告本土确诊病例。疫情发生后，为打赢疫情防控阻击战，曲阜市各级党员干部、群众、志愿者组成值守队伍，不分昼夜，守住一道道关口。各级党组织充分发挥战斗堡垒作用和共产党员先锋模范作用，在医疗机构、交通联防、社会随访、社区防控等抗击疫情一线建立临时党组织，全市共成立600多个党员突击队和志愿服务队，用实际行动为群众织起了严密"防护网"。曲阜市社会各界积极响应号召，协同配合；广大医务工作者义无反顾、日夜奋战；广大公安民警、"疾控"工作人员、小区工作人员等坚守岗位、日夜值守；广大新闻工作者不畏艰险、深入一线；广大志愿者真诚奉献、不辞辛劳；各类社会组织募资捐物、无私付出；曲阜市"三孔"景区、曲阜市博物馆等公共聚集区暂时关闭，相关的旅游支线也相继暂停；各幼儿园暂时停课，小学、初中、高中、大学开展网上课堂；各村、社区等都实行了临时封闭措施，禁止外来车辆及人员进入，村里的大喇叭循环播放疫情预防措施，提高老百姓对疫情的正确认识，有效降低传播的可能性，很快打赢了疫情防控战。这再次证明，城市亟须全面发展社会治理能力和快速应对机制，也需要参与主体多元化。还需要不断强化各

职能部门、企业、科研院所、社会组织、市民群众等主体的协同参与理念，引导更多主体参与城市治理。

六、推进城市治理现代化，需要治理工具创新化

新基建、智慧经济的发展正在触发城市变革，城市管理向智慧型、智能化发展。满足群众需求，应综合运用多种治理手段，健全完善城市精细化治理机制，加强治理工具创新，提升城市治理效能。要创新城市治理工具，转变政府职能，加强战略规划、宏观调控与统筹设计，推进城市治理的制度化和法治化，完善城市治理的制度体系和标准规范。要强化大数据对城市治理的支撑，加强以"互联网＋"为代表的新技术、新媒体等手段运用及其创新，延伸城市治理触角，构建城市智慧和智能管理平台，提升城市治理的精细智能水平。要借助大数据技术和互联网等信息共享平台，建立从基层到中央、从公民到城市决策中心的信息直通车，全方位反馈信息、全天候快速反应，对真实信息、真实案件、真实信访诉求一查到底。

曲阜市"创城"工作启示我们：现代化的城市治理不仅需要"铁脚板"，而且离不开"大数据"。城市治理要运用大数据、云计算、区块链、人工智能等前沿技术推动城市治理手段、治理模式、治理理念革新。曲阜市以"国家智慧城市"创建为契机，加快智慧城管建设，统筹规划、整体设计，一体考虑网络、平台、数据、场景等，实现感知、分析、服务、指挥、监察"五位一体"，发挥城市治理最大效应；大力推进多发违法形态智能监管，基于视频人工智能分析，第一时间对城市管理中的乱搭乱建、占道经营、出店经营、沿街晾晒等违法事件进行智能识别、分析、取证，对发现的违章事件进行快速定位、标识告警，并通知执法人员及时处理，提升管理精度、效率与实时响应速度。

城市发展中的诸多矛盾和问题，依靠传统"管理"的思维方式已无法有效应对，必须用"治理"的理念和思维去推动、解决，必须让全体市民共同参与、同向发力，

必须建立起系统有效的治理体系，提高系统性、协同性，必须加强源头治理。要统筹规划、建设、管理、生产、生活、生态等各个方面，实现城市"五位一体"全面发展。发挥好政府、社会、市民等各方力量。除了政府行政管理，还要有效运用法治、德治和自治的治理方式。特别是在信息技术快速发展的今天，城市治理需要科技支撑，提高城市的智能化治理水平。[①]

一切事物总是在不断发展变化之中。城市治理理念是不断提升的，随着理论和实践的进一步深化，现代化城市治理的内涵和外延必然还会变化，模式和方法亦会变化，我们需要根据形势变化不断创新城市治理理念。

---

① 参见向春玲：《城市治理要以人民为中心》，载快资讯网 2019 年 11 月 9 日，https://www.360kuai.com/pc/9d4cf0f8990dff60d?cota=3&kuai_so=1&sign=360_57c3bbd1&refer_scene=so_1。

第七章

产业发展

如果把城市比作人，那么形态是城市的脸面，关系着人们的第一印象；业态是城市的骨架，决定着城市能否立起来；文态是城市的气质，展现着城市的内在魅力；生态是城市的本底，影响着城市可持续成长。[①]历史文化名城的打造，是一种形态保留、精神继承，保存和保留是一个概念，怎样发扬它，怎样发展它？唯有产业的注入。

一座城市的魅力在于特色。城市特色是一种文化，是城市竞争力不可缺少的条件和标志，城市没有特色就没有吸引力和竞争力，就失去了城市发展的根基。我国城市发展中出现的"特色危机"，不仅反映在城市建设上缺少特色，缺少风格，缺少创造性，而且在产业结构、产品结构上也趋同化，甚至有的城市原有的地方特色、民族特色正在消亡。[②]特别是作为我国城镇体系重要组成部分的县域城市，

---

① 参见江然、吴林静：《建设国际化大都市的成都实践："四态合一"引领城市发展》，载全景财经网 2016 年 1 月 15 日，http://www.p5w.net/news/gncj/201601/t20160115_1328088.htm。

② 参见高友清：《南方北方大城小城一个样》，载《新华每日电讯》2002 年 9 月 25 日，第 3 版。

不乏因缺乏自主产业而失去吸引力，导致年轻人大量流失的。

历史文化名城必须从自身比较优势和竞争力出发，明确功能定位，基于比较优势、产业结构演进、规模效益、城市文化特色、可持续发展等原则，探索适合自己的发展路线，制定产业战略，从而以创新的精神做好文化资源保护和经济社会全面协调发展的文章，走出一条特色发展之路。

第一节　曲阜产业概况

曲阜农业基础良好。矿产资源以非金属矿为主，其中煤炭储量最为丰富，其次有石灰石、磷矿石、含油页岩、钾长石、哇石、耐火粘土、大理石、石膏、石英等。20 世纪 90 年代初期，曲阜"十厂一矿"[①]引领济宁发展。旅游资源丰富，文物古迹众多，现存文物古迹 300 余处，仅县级以上重点文物保护单位就有 111 处。

一、曲阜产业比重变化

清末及民国时期，农业是曲阜的主要经济，工商业比较薄弱，主要经营纺织、酿造、上窑、印刷、编织、雕刻、首饰、服装、制鞋、铁木业等手工作坊。新中国成立初期，曲阜的产业结构仍以农业为主体。1949 年，在工农业总产值中，农业占 95.35％，工业占 4.65％；工业总产值中轻工业占 84.5％，重工业占 15.5％。[②]

1984 年年底，工农业总产值 3.96 亿元，其中工业产值 1.22 亿元，农业产值 2.74 亿元，比例为 1:2.25。工业基础薄弱，工业企业 17 家，职工近 6000 人，较大企业

---

① "十厂一矿"指 20 世纪 90 年代初，对曲阜工业经济贡献较大的厂矿企业，包括曲阜（白）酒厂、啤酒厂、纺织厂、地毯厂、水泥厂、农机厂、电缆厂、汽车配件厂、橡胶厂、电器厂和单家村煤矿。
② 参见曲阜 2003 年版总规。

为酒厂、橡胶厂、棉纺厂、化肥厂，布局比较分散，成本高，经济效益低，拳头产品少，竞争能力弱，不少小工厂处在吃不饱、产品无销路的局面。[①]

1993 年年底，国内生产总值 16.3 亿元，工业总产值 3.54 亿元，农业总产值 8.5 亿元，第三产业总产值 4.26 亿元，财政总收入 1.4 亿元。经济结构以工业为主，全部社会总产值中工业所占比重超过 65%，基本形成了食品饮料、纺织服装、建筑建材、化工橡胶、电子电气、煤炭电力、机械五金和工艺美术制品八大行业；农业人均占有粮食 516 公斤，列全省 23 个县级市第 8 位，一些农业名优特产品享誉省内外，第一、第二、第三产业比重为 35∶40∶25。[②]2003 年，第一、第二、第三产业比重为 9.3∶47.2∶43.5。2019 年，第一、第二、第三产业比重为 7.3∶32.3∶60.4。

近年来，曲阜的第三产业发展速度远远高于第一产业和第二产业，第一产业在国内生产总值中的比重越来越小，第三产业占的比重越来越大，产业结构趋于优化。根据 2021 年曲阜市国民经济和社会发展统计公报显示：曲阜地区生产总值 402.88 亿元，第一产业总产值 31.30 亿元，第二产业总产值 122.53 亿元，第三产业总产值 249.04 亿元，三次产业结构调整为 7.8∶30.4∶61.8。

二、曲阜产业战略调整

改革开放后，曲阜逐步把旅游业作为振兴经济的龙头，紧抓不放。

曲阜 1983 年版总规提出，"工业的发展以为旅游业服务的日用消费品工业为主，食品工业应放在重要位置，积极地发展外贸加工业，为旅游服务的工艺美术和有地方特色的工业，由目前的'农、工、贸'型，逐步调整为'贸、工、农'型，旧城内不再安排较大工业项目，现有的造纸厂、纺织厂、印刷厂等逐步外迁，在居住区内可适当安排一些利用家庭劳动就地加工的为旅游服务的手工业"。

20 世纪 90 年代初，曲阜市确立了坚持"强农重工、活商兴旅、科教兴曲"的

---

① 参见曲阜 1983 年版总规。
② 参见曲阜 1993 年版总规。

战略设想和"旅贸工农型"发展经济的路子，即以文化旅游优势为媒介，以内外贸易为导向，以农业为基础，以工业为重点，促进工农商各业的全面发展。[①] 城市经济坚持重点抓、抓重点，确立了"十厂一矿"，走内涵集约滚动发展路子。

21世纪初，发展目标更为明晰："建设生态式旅游胜地、世界性儒学研究中心、现代化历史文化名城""坚持全党抓经济，龙头抓旅游"。2010年后，提出新的发展目标，即坚持"著名东方圣城、国际旅游名城、现代科技新城、生态宜居水城"四城定位和"文旅强市、工业立市、生态兴市、依法治市、新型城镇化"五大战略。

2022年1月21日，曲阜市第十五次党代会报告提出"大力实施'文旅强市、工业立市、生态靓市、科教兴市、新型城镇化、乡村振兴'六大战略，聚力'文旅融合、助企攀登、双招双引、精致城市、美丽乡村、民生改善、改革创新、风险防控'八大攻坚，为加快建设'东方圣城·幸福曲阜'而不懈奋斗"的目标。

第二节　曲阜旅游产业

按照旅游经济理论，发展旅游业能够增加国民收入、带动相关产业发展、扩大就业，并能促进环境产业发展，实现社会和谐等。曲阜作为国家级历史文化名城，深厚的历史文化底蕴，丰富的文旅资源，构成了旅游产业发展得天独厚的基础优势。改革开放之后，各级政府开始加大对"三孔"的保护，并立志打造闻名国内外的旅游城市。1986年，时任中央书记处书记、国务委员谷牧便给曲阜领导出题，"曲阜的旅游怎么搞法？如何把曲阜搞成旅游胜地？"

---

① 参见崔波：《发挥优势 建设曲阜》，载《沿海经济》1991年第9期。

一、曲阜旅游产业发展历程

20 世纪 30 年代前期，国内的旅游业得到初步发展，曲阜与津浦线沿线的济南、泰安等城市一样，成为旅行社重点推荐的旅游目的地之一。但当时我国的旅游业刚刚起步，且多为民间组织和团体推动，政府尚未把旅游看作一种产业，曲阜本地人更没有"旅游"的概念。1963 年，曲阜第一家旅行社——中国国际旅行社曲阜支社宣告成立，但当时的"旅游"业务主要局限于政府和外事接待，仍然没有形成现代意义上的旅游业。

1979 年，国家宣布曲阜县正式对外开放，旅游业开始起步，从此以后，曲阜旅游业驶入了快车道。1984 年开始，每年举办一次以纪念孔子、弘扬民族优秀传统文化为主题的孔子诞辰故里游活动，1989 年更名为国际孔子文化节。每次活动都赋予新的内容，并注意把握文化旅游搭台、经济技术唱戏的主旋律，融纪念先哲、文化交流、旅游观光、经济协作于一体。[①]1994 年，联合国教科文组织把孔庙、孔府、孔林列为"世界文化遗产"。1998 年，曲阜市被命名为"中国优秀旅游城市"，成为首批国家旅游城市之一。

2006 年，曲阜市发起了"孔子修学游"。"三孔"景区朝觐、观瞻、感悟型修学产品，孔子六艺城"快乐学六艺"，孔子文化学院"跟着孔子去游学"等，受到广大游客青睐。2013 年 5 月开始，曲阜市推出了"背论语免费游三孔"活动，成为旅游文化营销的典范。

2013 年，曲阜市深入贯彻落实习近平总书记视察曲阜重要讲话精神，确定了"东方圣城，首善之区"的发展定位，曲阜市旅游业的转折也在这一时期，从守传统到求创新，从"老三孔"的默默坚守到"新三孔"的破土而出，曲阜市的"全域宏图"开始生根发芽。[②]2019 年 9 月 25 日，国家文化和旅游部官网公布首批国家全域旅

---

① 参见崔波：《发挥优势　建设曲阜》，载《沿海经济》1991 年第 9 期。

② 2014 年，曲阜市提出全面推进"全域旅游"。全域旅游是指在一定的行政区域内，以旅游业为优势主导产业，实现区域资源有机整合、产业深度融合发展和全社会共同参与，通过旅游业带动乃至于统领经济社会全面发展的一种新的区域旅游发展理念和模式。

游示范区名单，曲阜市成功入选。同年，曲阜市共接待中外游客 800.5 万人次，同比增长 29.9%。

2020 年，曲阜市紧紧抓住曲阜文化建设示范区、国家全域旅游示范区建设的重大机遇，继续聚焦文旅融合发展，创新体制机制，增强文化旅游产业核心竞争力，围绕"系列化、特色化、品牌化"，打造"政德、师德、青少年、儒商"四大教育培训平台，做大做强特色文化旅游线路、优质文化体验项目和品牌文化创意产品，培育以传统文化为主导的产业集群。

未来曲阜市将按照全域旅游发展思路，坚持"以文铸魂、以旅强体、以创兴城"，通过尼山世界文明论坛、尼山圣境和研学旅游等高端活动、大项目、新业态产品开发，着力构建文旅发展的新高地；构建中有明故城（"三孔"）景区、南有尼山省级旅游度假区、北有文化国际慢城的旅游发展大格局，走出文旅深度融合、创新引领发展的旅游发展新路子。

二、孔子国际旅游股份有限公司

曲阜市依托丰富的旅游资源，在旅游业发展方面做了许多改革尝试。在举办孔子文化节基础上，推出了孔子周游列国游、孔庙拜师游、寻根朝敬游、孔府美食游、书法碑刻游、古典婚俗游、孔府家工业旅游等一批极具吸引力的旅游产品。例如，2002 年，投资 3000 万元建设的重量级文化旅游演艺项目《杏坛圣梦》全面推出，改变了曲阜旅游产品结构。此外，《鲁国古乐》《祭山大典》等文旅产品都独具特色，受到广泛关注。

孔子国际旅游股份有限公司，是曲阜旅游实行市场化运作的主要改革尝试。

1999 年 9 月，为推动曲阜旅游向产业化、市场化、国际化方向转变，曲阜市对文物旅游管理体制进行了重大改革，成立了曲阜孔子旅游（集团）有限公司（以下简称孔旅集团），作为市政府授权的投资主体，对曲阜旅游实行市场化运作和资本运营。原属于曲阜市文物管理委员会管理的孔庙、孔府、孔林、颜庙、周公庙、尼山孔庙、寿丘与少昊陵8处文物古迹景点和古建队、文物商店，转交给孔旅集团经营管理。

2001年2月，曲阜市与中国旅游业的"旗舰"深圳华侨城合作，发起创立了曲阜孔子国际旅游股份有限公司（以下简称孔旅股份），试图引进先进的管理机制，用现代企业制度改造曲阜旅游产业形态，全面提升孔子旅游的品牌价值，系统整合旅游资源，创新旅游产品，形成曲阜相关产业收益链。孔旅集团以论语碑苑资产出资，该资产价值经各方股东确认作价2600万元，其中2300万元作为孔旅集团对孔旅股份的出资，其余300万元作为孔旅股份对孔旅集团的长期负债，不计利息。

按照曲阜市政府与孔旅股份股东签订的《关于"三孔"等八景点专营权及日常管理权的有偿转让协议》及其补充协议，将景点的经营权授予孔旅股份。孔旅股份实际拥有了曲阜孔庙、孔府、孔林、孔子故宅、颜庙、周公庙、尼山孔庙、寿丘与少昊陵及论语碑苑九大旅游景区的专营权。

2004年2月4日，华侨城正式退出在"三孔"等景区的经营，与孔旅集团签订了《关于曲阜孔子国际旅游股份有限公司股权转让协议》，将其持有的50%股权转让，获得股权转让款3000万元。华侨城的退出标志着合作的结束。总之，这是一次不成功的尝试。

华侨城因何退出？据称，与"水洗'三孔'"事件有关。据媒体报道，2000年12月中旬，曲阜"三孔"管理部门为了以新面貌迎接孔旅股份成立，对孔府、孔庙、孔林进行了全面卫生大扫除，买来升降机、水管、水桶等工具，对文物用水管从上至下直接喷冲，或以其他工具直接擦拭，致使"三孔"古建筑彩绘大面积模糊不清。其中孔庙受损最为严重。木质结构建筑渗水，造成漆层拱起，大成殿内文物几乎全部用水冲过，部分铜豆、篦、爵等器物内有较多积水。孔府内部分字画也有起皮脱落现象。"三孔"遭"水洗"完全是有人不懂文物保护、一意孤行造成的。

并且在此事之前不足一个月，"三孔"就已发生过严重毁坏文物的事件。孔旅股份保卫科职工，未经批准私自开着汽车到孔庙拉引火柴时，撞上了院内元代的"御赐尚释奠之记"碑，将该碑拦腰撞成 6 大块和若干粉碎小块，致使这块高 1.75 米的元代记事碑无法复原。

在"水洗事件"过后的 2001 年 5 月，国家文物局召开新闻发布会宣布对此事件的处理结果，除了对相关责任人予以处分以外，还重新确定对"三孔"文物景区的保护管理由曲阜市文管会统一负责，孔旅股份"立即退出"对"三孔"的管理。而退出"管理权"，并不意味着"经营权"的丧失。公开的数据显示，2001 年，孔旅股份收入 5819 万元，净利润 437 万元；2002 年，主营业务收入 7936 万元，净利润 801 万元；2003 年，受"非典"影响，全年主营业务收入 5533 万元，亏损 784.75 万元。而在孔旅股份成立之前的 2000 年，孔旅集团在经营"三孔"等景区时，收入为 5700 万元。由此可见，2001 年的收入与 2000 年的收入差别不大，其经营权基本没有受到影响。

"利益冲突是华侨城退出的主要因素。"一位曲阜市政府官员说，"华侨城进驻之后，原来数十年来一直集文物旅游景点经营、管理、监督于一体的曲阜市文管会只负监督之责。而在华侨城入驻之前，曲阜市文管会每年可以收取三四千万元的门票费，用于文物保护和维修等方面的开支；当'三孔'等景点的专营权被授予孔旅股份之后，文管会的这笔收入却被剥夺了"。相对于利益之争，更难调和的是传统与现实、保护与开发两种观念的冲突。

华侨城退出曲阜不是个例，类似事件一直在发生。2003 年 4 月 7 日，《山东商报》报道："曲阜卖掉'三孔'，阙里宾舍易主，今年春节后明故城、石门山等景点又相继与企业全面合作，旅游改制现高潮。"但改制并没有带来景区管理体制的顺畅。地方看到了旅游业的潜力，并将其作为发展当地经济的支柱。发展的迫切却遇到了资金不足的现实，招商引资成了加快发展的一条路径；基于此，全面推动各类旅游景区（点）转让经营权。但实际上，旅游景区的改制与传统国企的改制并不一样，而有其特殊之处。景区大多是事业单位，隶属于林业、文物、建设、园林、水利等多个部门管理。而两权分离，就是要改制，改制就有部门的利益变动。在经营权、所有权之外，还应该强调文物等国有资产的管理权或者保护权，实际上后者经常被忽略或者虚化了。[1]

三、曲阜旅游业发展带来的思考

历史文化名城具有丰富的人文资源、深远的文化影响、广泛的知名度，从而吸引海内外更多的旅游者到来。保护历史文化名城能够为发展旅游提供一个良好的环境，可以让大家牢记历史，探索古代建筑特点和技艺，增强文化自信。旅游业内涵丰富、外延宽泛，其发展不仅可以带动当地经济的发展，增加地方财政收入，增强当地经济实力，还可以给相关产业提供广阔的需求市场，直接或间接带动关联产业的发展，进而带动整个国民经济构成比例的调整和变化，成为历史文化名城保护发展的重要抓手和途径。

旅游业作为劳动密集型产业，具有就业门槛低、就业容量大、包容性强、就业方式灵活等特点，能为大量的待业者提供一些现代高科技尚不能代替的就业岗位，可以吸纳大量的农村剩余劳动力，大大地增加就业机会。2004年，曲阜市政府为全力做好广大群众就业创业保障工作，稳定群众增收渠道，组织劳动力外出务工，可愿意外出务工的劳动力并不多。有关部门于是对劳动力做了调查，在询问一个煎饼果子摊的摊主时，问她"您为什么不愿意外出务工，政府组织，年净收入可达15万元？"她回答："我这个摊子，和老公轮流照看，不影响照顾老人、孩子，家里事情不耽误，每月收入2万元左右，为什么外出打工？没有办法照顾家里。"

旅游资源是发展旅游经济的前提，独特的历史文化资源是历史文化名城发展旅

---

[1]　参见李小千：《华侨城黯然别"三孔"》，载《中国经济时报》2004年5月27日，第1版。

游业的优势所在。但是历史文化资源不等同于旅游资源，历史文化价值也不等同于旅游价值。旅游经济和传统的经济活动不同，它通过利用各种旅游资源和提供各种旅游服务，在满足游客旅游消费需要的过程中取得经济收入。这种经济活动不生产物质产品，它出售的产品主要是各种劳务。历史文化名城作为一个特殊的旅游客体，其历史文化资源不仅包括作为文化载体的古建筑、纪念建筑物、民居、遗址遗迹等实体性的文化载体，还包括能体现区域文化特色的戏剧绘画、工艺美术、民俗风情、节庆庆典等非物质文化遗产。[①] 存在于历史文化名城空间内的能够吸引旅游者的一切人类物质文明和精神文明的成果，为旅游发展提供基础。在各级政府助推城乡建设中，历史文化保护和文化旅游不断繁荣的双重背景下，旅游开发逐渐成为历史文化名城活力焕发的主要途径之一，但不合理的旅游开发以及旅游发展过程中产生的过度商业化等现象将会极大地破坏历史文化名城的整体风貌和文化氛围，大大削弱城市文化的竞争力，并阻滞甚至终结历史文化名城的发展。[②]

　　历史文化名城普遍将旅游视为当地经济增长的重要手段，积极打造城市旅游，以提高旅游收入。在开发人文、自然旅游资源的同时，曲阜市围绕孔子和孔子文化，建设了一批极富儒家文化特色的人造景观。孔子六艺城（图7-1）以孔子六艺（礼、乐、射、御、书、数）为主线，展现了孔子的生平、思想和春秋时期的历史文化，每天定时表演的古乐舞吸引了众多旅游者的目光。论语碑苑

图7-1　曲阜孔子六艺城——曲阜市规划局

---

① 参见李学杰：《基于历史文化名城保护下的旅游产业发展探析》，载《经济研究导刊》2012年第17期。
② 参见陈月娜、陈俊金、李颖：《历史文化名城保护与开发中的属性错位矛盾剖析》，载《商业时代》2010年第28期。

（图7-2）以《论语》为表
现内容，以书法碑刻为表现
形式，以古典园林为依托，
阐释了孔子博大精深的思想
内涵和崇高理想。孔子研究
院既是学术研究机构，也是
独具特色的旅游景点，院内

图 7-2　曲阜论语碑苑——曲阜市规划局

的孔府文物精品展令人流连忘返。这些人造景观涉及单体历史建筑、特色历史街区、
整体风貌格局等点线面的保护，而且由于旅游活动、现代生活以及城市更新的多重
冲击，保护的难度比较大。在这些项目中，曲阜市坚持以城市规划为指导，与周边
环境相协调，采用传统建筑形式，树立城市经济观念，突出整体文化氛围等，发挥
了延续城市的特色风貌，完善城市的综合功能，营造城市的良好环境等作用。曲阜
市的经验说明，旅游发展更要强调整体的规划，必须以保护为前提，统筹好保护与
发展的关系，注重市民的诉求，协调好政府、企业、居民等相关利益者，适度旅游
开发。否则，历史文化遗存遭到严重破坏，历史文化价值受到严重影响。如果古城
风貌无法真实再现，与旅游者对古城的心理期待存在差距，导致旅游者评价不高，
重游率低，同样会阻碍当地旅游进一步发展。

　　曲阜市作为一个新兴的小城市，工业化起步晚，城市经济基础还非常薄弱，资
金问题对于旅游业发展制约比较明显。因此，应加强以旅游业为龙头，放开搞活第
三产业。第一，应保护好旅游资源，切实加强文物保护和自然环境保护。第二，应
加大旅游项目开发力度，引导各类社会资金投入旅游开发与建设。第三，应在旅游
经济与会展经济结合上取得新突破，努力搞好假日旅游、休闲旅游，提升旅游品位。
第四，应加快旅游产业化进程，进一步丰富旅游内涵，在"吃、住、行、购、娱"
上下功夫。第五，应加大旅游环境综合整治力度。第六，应努力拓展第三产业的领

域和空间,改造提升商贸流通、餐饮娱乐、交通运输等传统服务业,积极推进养老服务、物业管理、教育培训等新兴服务业,重点发展信息、咨询、科技、物流等现代服务业。

第三节　曲阜文化产业

城市是文化汇聚之地。城市发展政策不仅要注重历史文化的传播,而且要通过不同的形式来创造和体现鲜活的文化,并将它传送到每一个人。目前,大多数历史文化名城仍然以观赏旅游为主导产业,但是旅游过程短暂,游客体验有限,游客消费层次不高。历史文化名城必须在发展旅游产业的基础上,深入挖掘当地文化旅游资源,继而进行周密细致的文化创新,推出一系列精品发展文化产业。弘扬优秀传统文化,保护与发展历史文化名城,离不开文化产业的发展和繁荣。

曲阜是儒家文化的发源地,毫无疑问,文化是其最亮的名片,更是其发展的最大潜力所在;其发展文化产业具备良好的条件。20 世纪 80 年代初,以独特的旅游资源和丰富的孔子文化为基础,曲阜市开始推出了一系列文化旅游产品和项目。它们都是旅游发展的产物。但是,旅游业不等同于文化产业,"文化产业"一词是法兰克福学派的代表人物本杰明首先提出来的,20 世纪 80 年代从日本传入我国。目前,我国文化产业主要有三种:文化创业产业、传统文化产业和农村文化产业。

曲阜市以文化引领产业发展,坚持把曲阜市打造成"国家历史文化名城、现代经济强市、国际著名文化旅游胜地、世界儒学研究交流中心"的发展目标,进一步放大"孔子品牌"效应,加速文化及相关产业的聚集发展。21 世纪初,曲阜市转方式调结构抓住文化产业发展振兴的机遇,大力实施孔子文化品牌带动战略,构建特色文化产业体系，培育壮大产业集群，使其呈现持续快速发展势头。2008年，曲阜市成为全国第三家国家级文化产业示范园区。2009年，曲阜市文化旅游产业实现增加值25.3亿元，增长21%，占GDP的比重达到11.6%，成为重要支柱产业。①

文化产业是文化建设的重要方面，是国民经济的有机组成部分。文化产业既直接推动文化产品创作、生产、传播、消费，也日益与旅游、体育、信息、物流、建筑、设计等产业融合，在经济社会发展中的地位和作用越来越突出。特别是相比于其他产业，文化产业具有创意性、引领性、低投入、低消耗的鲜明特点和优结构、扩消费、增就业、促转型的独特作用。随着我国经济发展，加快发展文化产业，对于转变发展方式、调整经济结构、提高发展质量和效益、保持经济持续健康发展，意义重大。因此，国家把文化产业作为推动我国经济发展方式转变的战略性新兴产业。

2018年11月，《山东省精品旅游发展专项规划（2018—2022年）》发布，山东省将建设六大精品旅游发展高地，其中曲阜东方圣城中国传统文化精品旅游发展高地名列其中。曲阜市儒家文化旅游带以"三孔"、"四孟"、尼山圣境等为支撑，打造"读论语、学六艺、研国学"修学之旅、儒家文化探源之旅、孔子故里体验之旅。

一、非物质文化遗产

非物质文化遗产（以下简称非遗）是传统文化推动社会发展的不竭动力，也是文化创新的基础和源泉。2006年起，曲阜市成立了非遗保护工作领导小组和保护中心，强化普查保护。通过举办"文化遗产日"宣传活动、设立非遗展示厅等多种形式，文化遗产保护氛围在全社会日益浓厚。不仅要保护非遗，更要做好非遗的传承创新。在建立非遗档案资料库过程中，曲阜市开展拉网式普查，以笔录、摄影等形式记录民间传承人的讲述和民间手工技艺制作的形式，整理汇编后建立非物质文化遗产档案和数据库。国家级非遗项目"曲阜楷木雕刻制作技艺"成功链接国家非

---

① 参见朱庆安：《看曲阜怎样保护古城》，载《中国文化报》2010年10月22日，第7版。

遗中心数据库，列入国家重点保护非遗名录。

2010 年起，曲阜市在孔子故里园建设非遗展示基地，为各地游客提供欣赏和体验非遗魅力的平台。孔府家集团、大庄琉璃瓦厂、王庄镇纸坊村等曲阜非遗生产性保护示范基地的确立，推动了非遗的活态保护。

为做好传承工作，曲阜市加大对传承人的保护力度，举行了非遗项目代表性传承人保护经费发放仪式；制定非遗保护规划，建立科学有效的传承机制，广泛组织开展非遗进机关、进学校、进社区、进家庭等活动，扩大非遗资源的社会效益；同时，积极探索社会力量参与非物质文化保护的新路子，鼓励支持社会力量以各种形式参与非遗保护，加强非遗的对外交流与合作。楷雕大师颜景新被评为国家级非遗传承人，5 人被评为省级非遗传承人，9 人被评为济宁市级传承人。

非物质文化遗产兼具历史、艺术和市场价值，充分发挥其价值是对其最好的保护与传承。经过近 10 年的培育和扶持，曲阜市的非遗项目产业化发展已呈现较大规模。祭孔大典演出、楷木雕刻、孔府菜、尼山砚、碑刻拓片等一批非遗项目的产业化呈现良好的发展势头。"对这些非遗项目的活态化保护、开发式传承，不仅拓宽了保护与传承之路，而且繁荣了文化产业，唤醒了非物质文化遗产的市场价值。"①

二、曲阜文化产业园

党的十七大作出了推进文化大发展大繁荣的战略部署。根据党的十七大关于"弘扬中华文化、建设中华民族共有精神家园"的精神和山东省关于"大力实施孔子文化品牌带动战略、打造以曲阜为中心的鲁文化集聚区"的要求，曲阜市依托孔子及儒家文化的资源优势，规划了以世界文化遗产"三孔"大中轴线向南新区延伸的文化产业园。

---

① 《传承保护文化流芳——聚焦曲阜市非物质文化遗产保护》，载中国文物网 2015 年 6 月 26 日，http://www.wenwuchina.com/a/20/246450.html。

2007 年曲阜明故城被评为山东省第一家省级文化产业示范园区（基地）。2008 年 5 月 13 日，曲阜文化产业园被原文化部命名为全国第三家国家级文化产业示范园区。2008 年 8 月，曲阜市成立了"曲阜文化产业园管理委员"；同年年底，成立了"曲阜文化旅游发展投资集团有限公司"。

2008 年，曲阜市组织编制的《国家级文化产业示范园区概念性规划》将文化产业示范园区的发展格局规划为"一轴七片六基地"，"一轴"即一条孔孟文化大中辅线：从世界文化遗产孔林开始向南延伸——明故城文化产业群（内有孔庙、孔府、颜庙）——孔子研究院文化产业集群（杏坛剧场、孔子文化园、孔子博物馆）——孔子文化会展产业集群——孟子出生地（孟母林、九龙山汉墓、文化城主要选址）——邹城三孟；"七片"即七个文化产业片区：明故城文化产业核心区、寿丘始祖文化旅游区、九龙山孟子故居文化区、高铁现代文化娱乐发展区、尼山孔子诞生地风景区、石门山体育休闲旅游区、九仙山农村观光旅游区；"六基地"即六大基地：会展基地、古玩交易基地、游客集散基地、孔子学院教育体验基地、传统书画培训交易基地、古籍图书出版交易基地。

通过规划可以看出，曲阜国家级文化产业示范园区不是一个相对固定的范围，而是一种类似县级行政区域和历史文化比较厚重的城市怎样发展文化产业的典范模式，侧重于面向全市做大平台，面向市场做大品牌，面向未来做大项目，面向发展做大园区。

国家级文化产业示范园区紧密结合曲阜市实际，立足城市载体小、人口少现状，进行重大文化项目建设，与其他获批园区不一样，不比拼市场、效益、投入、规模，而是突出发挥曲阜的文化特色和文化优势，着力实施孔子文化品牌带动和重大文化项目引领战略，推动文化产业发展步入新阶段。文化产业园区建设，进一步提高本地文化产业规模、质量和水平，以产业发展促进世界文化遗产孔庙、孔府、孔林的有力保护，为增强中华民族向心力和凝聚力、提升中国文化软实力作出应有贡献。

三、曲阜文化产业的思考

历史文化名城中深厚的文化遗存和丰富的人文资源储备，是城市文化发展的重要资源，其良好保存状况也为相关政府部门的管理奠定了坚实的工作基础。政府部门管理文化遗产的途径，主要包括文化遗产普查与认定、产权界定、保护规划设计和保护资金的支持。应在文化遗产保护的基础上，以文化遗产为素材，开展各项文化创新活动，如特色博物馆、文化创意衍生品、文化旅游产品设计，以及国内外文化交流。文化遗产的保护和再利用工作，又会产生积极的社会效应和经济效应。社会效应包括基础设施的改善、公众保护意识的增强、良好城市形象的塑造、政府和社会对文化遗产的关注度的提高。经济效应涉及旅游业的发展、房地产的开发、文化产业园区的建设、企业空间集聚，以及高质量人才的引入等。经济效应和社会效应又会进一步促进文化遗产的高效保护和再利用。

历史文化有市场推广才有传承活力，文化产业有历史文化底蕴才有广阔市场。促进历史文化与文化产业发展相融合，一个重要途径就是把历史文化与文化产业发展有机结合起来，把握文化产业关联性广、渗透性强、黏合度大的特点，深挖"历史文化＋"的各种可能性，创造性地开发既融合历史文化又符合现代审美和需求的家居、饮食、娱乐、教育的新业态。例如，故宫文创取得的成功受到人们欢迎。要将类似的成功经验推广到更多领域，使历史文化和现代生活广泛、深度融合。促进历史文化与文化产业发展相融合，应扎根历史文化沃土，从现代生活需求出发，发掘二者相融的契合点，在创意设计研发、生产制作、品牌营销、配套服务等方面做精做强，让历史文化元素和现代文化产业要素深度融合，不断提升产品的文化品位和市场的美誉度。①

---

① 参见北京市习近平新时代中国特色社会主义思想研究中心：《人民日报新知新觉：让历史文化和现代生活融为一体》，载人民网，http://opinion.people.com.cn/n1/2019/0514/c1003-31082668.html。

第四节 现代农业

曲阜农业基础良好，生产条件优越，水平较高，名优特产众多，盛产的曲阜香稻、果旦杏、矿泉水被誉为"曲阜三宝"。为推进城乡统筹发展，促进社会和谐，曲阜市紧紧围绕"优质粮食、高端林果蔬菜、现代畜禽养殖、苗木花卉"四大农业主导产业，深入推进"一村一品"建设，不断转变农业发展方式，加快农业产业结构优化升级，使全市现代农业发展呈现布局合理、量质并举、特色鲜明、发展加快的良好态势，有力促进了农业增效、农民增收和农村发展，现代农业初具形态。

一是曲阜市紧紧围绕农业产业结构调整，进一步改革创新、抢抓机遇、强力推进，加大设施农业建设力度，着力实现由注重农产品数量向提升质量转变，由传统农业向现代农业发展方式转变，由粗放型向集约产业化转型。全市农业结构调整呈现出亮点多、规模大、档次高、效益好的良好发展局面。

二是曲阜市加大农业重点项目建设，大力发展休闲观光农业。农村产业融合发展步伐加快，曲阜市形成"优质粮食、高端林果蔬菜、现代畜禽养殖、花卉"四大主导产业和"草莓、大蒜、葡萄、樱桃、大枣"等十大优势农产品，呈现出以生态农业为主导、高效农业为主体、休闲农业为补充的现代农业发展新格局。

三是通过农村文化旅游业的合理发展，给曲阜旅游业的发展注入新活力，带来新契机，促进社会主义新农村建设。曲阜是一个集儒家文化及文化经典的符号，更是一个世界闻名的旅游城市。曲阜把农村文化作为农村旅游的基点，可持续发展农村文化旅游，大力促进乡旅游文化的相辅相成、和谐统一。

四是通过政策帮扶、土地流转、资金支持、技术服务等方式，增强生态农业和创业农民自身的"造血"能力。除了发挥生态观光旅游项目本身吸纳就业、带动旅游、产业扶贫的功能以外,重点采取"党支部＋合作社＋农户"发展模式,统一良种供应、技术指导、采摘销售,促进种植结构调整和销售模式改变,全面支持新型经营主体应用物联网、大数据、电子商务等信息技术与农业融合发展,助农增收,加快乡村振兴步伐。

第五节　工　业　发　展

　　鉴于历史文化名城的城市性质,曲阜城市总体规划严格控制工业项目类型,确保不搞污染项目。例如,2003年版总规确定,"城区工业项目建设,应以一、二类工业为主,不宜安排三类工业项目;城区现有污染工业项目应通过土地置换方式,逐步外迁;陵城组团和现状西环路以东、京福高速公路以西今后不得安排二、三类工业项目"。

　　我国进入工业时代后,一个地区能否发展,很大程度上取决于该地区有无矿产资源、能源和大型工业企业,以及发达的交通基础设施。20世纪90年代初,曲阜形成了"十厂一矿"骨干企业,引领济宁发展。1991年,济宁市委市政府对全市12个县市区工业发展目标责任制计分考核,曲阜市工业总产值、实现利税、技改投资、新产品开发四项指标总分名列榜首,分别比上年增长19.6%、14.1%、31.5%和48.2%,是济宁市1991年度县市区工业发展第一名。

　　失败者总有一段风风光光的过去,成功者总有一段不为人知的过去。过去越成功,一个人、一个企业甚至一个城市往往会形成路径依赖,越难摆脱过去的模式。曲阜在由计划经济转为市场经济时经历了阵痛。21世纪初,曲阜的产业局面是:

旅游资源丰富独特，产业地位明确、突出，旅游产品不断创新；产业布局散，项目规模小，大项目数量少；财政收支矛盾突出；农业产业化水平低，品牌化发展滞后；精致城市建管水平不高。[①]2010 年后，曲阜实施工业立市战略，引导企业创新转型，加快推进园区建设，加大招商引资力度，顺利推动经济"爬坡跨坎"，实现快速发展。

1. 孔府家酒

酒类一直是曲阜的传统工业，很长时间也是曲阜工业中的龙头。孔府家酒是其主要代表之一。

孔府家酒集团前身为孔府自家私酿酒坊，有 2000 多年的酿酒历史，其酿制的白酒是历代衍圣公进奉宫廷和馈赠达官贵人的专用酒。1958 年，经山东省人民政府批准，在"潘氏烧锅"的基础上建成"曲阜酒厂"。1984 年，酒厂积极挖掘孔府家酿造技术，并结合现代酿酒科技，投产出崭新产品，并命名为"孔府家酒"。孔府家酒开创了"白酒低度、包装古朴典雅、名人广告宣传、优质粮食酒出口第一"四个先河。"孔府家酒，让人想家"成为流传多年的经典广告词。

20 世纪 90 年代，酒业的光辉是属于鲁酒的，即使是茅台、五粮液，也纷纷向鲁酒品牌学习。1993 年，孔府家酒率先在央视做白酒广告，聘请王姬做代言人。1995 年销售收入 9.6 亿元，全国市场占有率全国第一，连续八年全国出口量第一。仅仅是凭借着曲阜孔府家酒集团的产值，曲阜便在济宁市各县区中经济指标名列前茅。但是 2001 年 5 月，国家提高消费税，在对粮食白酒和薯类白酒按出厂价 25%和 15% 从价征收消费税的基础上，对每斤白酒从量征收 0.5 元的消费税，加上白酒和煤炭价格连年走低，孔府家酒集团的日子开始越来越难过，连年亏损，后来工资都要靠银行贷款来发，企业自身造血能力严重不足。孔府家酒厂，当年的央视标王，成了一个时代的回忆。

基层的改革往往源于财政的困境。1992 年，陈光这位中国国企产权改革的先驱，

---

① 参见曲涛、杨博、周传金：《江成：曲阜旅游资源虽丰富但产品仍不断创新》，载新浪网，http://news.sina.com.cn/cul/2005-04-21/22015921.html。

以摸着石头过河的方式实践了国企改革的新思路，遵循"以明晰产权为突破口，以股份合作制为主要形式，多种形式推进企业改革"的思路，对诸城五家企业进行试点改革。这位被人戏称"卖光""送光"的个性官员使一个山区小县城在全国一夜出名。① 曲阜很多企业进行股份制改造，借鉴诸城改制的"卖光"模式，积极谋求对外合资合作，清退国有股，深化企业所有制改革。

2003 年，孔府家酒走上改制之路。深圳万基集团拟收购孔府家酒 90% 国有股权，3 年后，因投资不到位合作终结。2006 年，内蒙古河套酒业拟收购孔府家酒 75% 的股份，亦无果而终。2007 年以后，孔府家在曲阜政府和国资委的帮助下，内部结构逐渐梳理清晰；渠道方面，经销商也在回归阵营。孔府家的销售额连续三年高速增长，销售收入接近 5 亿元。2008 年，孔府家公司启动名牌发展战略，创新研制成功儒雅香孔府家白酒，并被国务院经济发展中心授予"全国百强企业"。2009 年，孔府家重启改制，管理团队于 2010 年受让孔府家 70% 国有股权，于 2012 年再次受让剩余 30% 国有股权，至此，国有股权完全退出。2012 年，孔府家加入世界 500 强企业联想控股，成为联想控股丰联集团核心成员企业。被联想"入主" 4 年的孔府家酒于 2016 年 12 月 20 日完成股东变更，丰联酒业将其股权全部交由安徽文王酿酒股份有限公司。而安徽文王酿酒有限公司的股东除了丰联集团外，还有同为联想系的湖南武陵酒有限公司。就在孔府家酒完成股权变更后的短短一个月后，2017 年 1 月 20 日晚间，河北衡水老白干酒业股份有限公司就发布了重大资产重组停牌公告。随后，孔府家酒属于衡水老白干。2018 年，孔府家联合"小米有品"推出"振兴之作""子曰"，以"百分百年份酒"被公众熟知，被誉为"中国网红白酒"。

孔府家的故事并未结束，"奋斗"还在路上。

---

① 参见韩适南：《省长助理陈光谈诸城改革》，载大众网，http://www.dzwww.com/synr/sd/2008 10/t20081007_3995735.htm。

2. 孔府家、孔府宴争夺"正宗孔府酒"

孔府宴酒产于微山湖畔鱼台。孔府宴酒在成名之前，一直采取"跟随策略"，即跟随当时的"领导品牌"孔府家酒，无论是产品结构，还是营销策略，都是亦步亦趋。面对"二孔"之争，当时的孔府宴说过这么一句话，"你走到哪里，俺就跟到哪里"。孔府家去哪里做市场，孔府宴就跟到哪里做市场，而且产品包装无限接近孔府家酒；孔府家在哪里做宣传，孔府宴也在哪里做宣传，而且声势上要盖过孔府家；孔府家获得诸多荣誉，孔府宴也会及时宣传。有一年，孔府宴跑到曲阜做了一个广告牌，上面写道"正宗孔府酒，其实在鱼台"。孔府家发现后，连夜就将其广告牌拆下，换成"正宗孔府酒，只有曲阜有"。[①]

第六节　高等教育与教育产业

随着世界经济由工业化时代进入后工业化时代和知识经济时代，教育正由第三产业发展成为一个对国民经济具有全局性、先导性的基础产业，对其他产业具有很大的拉动作用。在我国这样一个人口大国，教育产业有广大的发展空间。大力发展我国的教育产业不仅可以为国家培养大批高素质的人才，还可以刺激消费、拉动内需，形成新的经济增长点，减少教育资源浪费，提高国内生产总值。

"千年礼乐归东鲁，万古衣冠拜素王。"曲阜之所以享誉全球，是与至圣先师孔子紧密相连的。孔子首开公共教育的先河，此后的历史上曲阜也是文风盎然，以县学、四氏学为代表的各式学堂和历代科举考试中曲阜的"文运昌盛"，都是"教化曲阜"的表现。此外，随着我国的崛起，海外对中华文化的兴趣也越来越高，以

---

① 参见《引以为憾！鲁酒曾有机会代替五粮液，却因内斗及产能原因跌落神坛》，载搜狐网 2019 年 8 月 5 日，https://www.sohu.com/a/331531437_120115013。

"孔子学院"命名的汉学学习已经形成一定市场。以此衍生的教育产业——孔子学院、培训教育；文化产业——文化博览、图书出版具有广阔市场。曲阜有着尊师重教的优良传统，拥有雄厚的师资力量，理应做好教育事业和教育产业。

一、高等教育

经济发展，教育先行。大学是培养人才的主要地方，能够给所在城市带来很多影响，不仅能够为城市经济社会提供教学服务和科研服务，还能够拉动当地经济、提高城市的文化水平，以及有效合理地利用城市空间。综观世界，凡是历史悠久、经济发达的城市总能看到若干著名高校活跃的影子。

城市也造就大学，大学在城市的襁褓中，融合了城市的历史遗风、人文风貌、经济实力而形成自己独特的风格，因城市的崛起为自身的发展提供了机遇和动力。[①]客观上，高校能够与地方实现产教融合，服务当地经济社会发展。曲阜拥有4所大学，即曲阜师范大学、济宁学院、齐鲁理工学院曲阜校区和远东大学。作为一个县级市，有如此密集的高校分布在全国并不多见。

曲阜师范大学简称曲师大，是山东省内的重点大学，创办于1955年，是国务院学位委员会批准的具有博士、硕士、学士单位授予权和硕士研究生免试推荐权的全日制本科院校。它是山东省重点建设的六所高校之一，山东省一流学科建设高校，也是全国首批招收研究生的高校之一、山东省最好的师范类高校之一。2002年，为了适应高等教育快速发展的局面，曲阜师范大学在日照建立了新校区，于是有了曲阜校区和日照校区。曲阜校区主要是一些传统的强势学科，以文学、理学、教育学、史学为主，师范类专业居多；日照校区主要是一些新兴学科、以工学、法学、管理学、经济学为主，非师范类专业居多。

高校外迁，对于迁入地和高校来说，如果操作得当肯定能够实现"双赢"，高

---

① 参见同玉洁：《大学与城市的互动——基于比较视阈下的地方大学发展之路探寻》，载《当代教育科学》2009年第11期。

校实力得以增强，迁入地不仅能够提升人文底蕴，还能够带动消费和产业发展。但是，凡事有利弊，高校外迁对于迁出地来说无疑是巨大损失。外迁办学毕竟是不得已而为之。成千上万师生的搬迁，涉及衣食住行、水电交通等一系列问题。首先，教师面临远距离教学困难；其次，教师搬迁至新校区还面临孩子上学、医疗等问题。

2017年12月3日，曲阜优秀传统文化传承发展示范区重点项目——曲阜师范大学新区建设启动座谈会举行。曲阜师范大学新区位于曲阜校区西侧，占地800余亩，以"当代精品、未来遗产、百年学府、儒学胜景"为总体定位，按照人文与科技相交融、历史与现代相辉映、功能完善、设施先进、环境宜人的原则进行规划建设，打造具有中国风格、现代功能、绿色生态的特色示范校园。新区将在建成校区的基础上扩展校园，实现新老校区相辅相成、聚合协调，形成一个有机的整体校园。2022年6月，曲师大曲阜校区扩建项目竣工（图7-3），同年9月正式投入使用。

如果说曲师大新校区外迁后又实施曲阜校区扩建走的是一条弯路，那么山东水

图7-3 曲师大曲阜校区扩建项目
　　——微信公众号"曲阜师范大学"

利职业学院的外迁就是一个巨大的遗憾。山东水利职业学院的前身是国家级重点中专——山东省水利学校，在曲阜市。学校创建于1958年，2002年4月，经山东省人民政府批准，由山东省水利学校和山东省水利职工大学正式成立山东水利职业学院，隶属于山东省教育厅和山东省水利厅[①]。山东水利职业学院有水利工程系、建筑工程系、机电工程系、信息工程系、经济管理系5个系，32个学科。而2004年，

① 颜秀霞、王顺波：《桃李遍野 情系水利——山东省水利学校侧记》，载《水利天地》1992年第4期。

该学院从曲阜迁至日照市。以3200余名2004级新生在日照大学科技园报到为标志，山东水利职业学院完成整体搬迁，落户日照。

二、教育培训产业

20世纪90年代末，曲阜利用"文化教育之乡"的影响，加快了民办教育的发展，推进了教育产业化进程。曲阜与我国台湾地区王乃昌博士联合兴办的曲阜远东工商外语学院（现曲阜远东职业技术学院）、上海东方教育集团和加拿大客商联合创办的孔子中英文学校、香港客商田家炳先生捐资兴建的田家炳中学和小学等各类民办学校雨后春笋般涌现。

2010年后，曲阜市抓住"曲阜文化经济特区"建设契机，大力发展儒家文化教育培训产业，以国学教育为主题，充分发挥孔子文化品牌影响力，做大青少年培训、成人继续教育、专业人员教育等，做强教育培训产业，打造教育培训品牌，建设教育培训之都。在曲阜，研学旅游始终是文化旅游的重头戏，也是其全域旅游大展拳脚的广阔天地。

2007年7月，曲阜成功举办了2007曲阜孔子修学旅游节，启动了暑期的学生客源市场。进入暑期后，教师、学生团队大幅增长，曲阜大街小巷都可以看到专门到曲阜朝圣的学生和教师团队，包括很多国外的师生团队。[①] 以孔子家乡修学旅游为例，自1988年首次推出以来，它已经成为国际国内旅游市场上的名牌产品。游客每天早晨学打太极拳，听专家讲授孔子文化、中国政体、中国民俗，学习中医、中药、针灸、烹饪、书法、绘画、太极拳、中国民乐等，参观工艺品制作，到农村与村民同吃同住，参与砖瓦制作、牛耕、摊煎饼、包水饺、吃年夜饭等活动，与学生、村民联欢、座谈等。活动形式不断翻新，穿古代学士服，戴古代学士帽，在孔庙杏坛举行开学典礼，在孔林孔子墓或尼山夫子洞举行毕业典礼，都深受外国游客的欢

---

① 参见江成：《与时俱进 开拓创新 推动曲阜经济快速健康发展》，载《山东经济战略研究》2003年第3期。

迎。2004年暑假期间，仅韩国一个国家，就有1万余名学生到曲阜开展修学旅游活动。

近年来，曲阜充分发挥"研学游"先行城市的优势，围绕政德、师德、商德、青少年教育培训，依托尼山世界儒学中心、尼山圣境研学基地、孔子学院总部体验基地、中国教师博物馆、国家师德师风教育基地、国家青少年优秀传统文化体验基地、孟子研究院一体化工程、泗水阅湖尚儒研学实践教育基地、儒源集团文化体验中心等，打造"国学经典研学游"和"跟着孔子去游学"品牌，创新研学产品体系，打造教育培训精品。另外，拓展国学研修、共识教育、师德教育等"研学游"项目，打造独具儒家文化特色的"研学游"金名片和具有国际影响的研学旅游基地。计划到2025年，发展形成一批具有全国影响力的研学培训机构品牌，探索建立研学旅游样板区、研学教育培训产业集聚区、儒家文化世界培训与体验中心，建成世界级深度体验研学基地。

第七节　养老服务产业

"老吾老以及人之老，幼吾幼以及人之幼"，将敬爱自己老人的心推行到天下的老人，将喜爱自己子女的心推行到天下的子女，爱惜民力，轻徭薄赋，使百姓能够安居乐业，衣食无忧，表明了儒家所倡导的博爱。[1]曲阜作为儒家文化发源地，历来具有尊老敬老孝老的优良传统，形成了独特的文化养老优势。

养儿防老一直是中国人的传统观念，孝敬和赡养老人也是基本的道德标准。在这些传统观念和道德标准的影响下，中国的老人会更多地选择子女养老，中国的儿

---

[1] 参见《老吾老以及人之老，幼吾幼以及人之幼（详解版）——习近平谈治国理政中的传统文化智慧》，载共产党员网2019年3月12日，https://www.12371.cn/2019/03/06/VIDE1551856334117757.shtml。

女也会赡养老人。"居家养老"在我国的社会养老服务体系中居于基础地位。不仅在我国，世界上发达国家的养老模式中，也多是"居家养老"。但是，我国即将进入深度老龄化社会，机构养老对于整个社会的养老服务体系而言至关重要。

至 2022 年 6 月，曲阜现有 60 周岁以上老年人 13.09 万名，占全市总人口的 21.05%，人口老龄化形势日益严峻。随着市场经济发展和城镇化建设不断推进，农村家庭逐步向小型化发展，空巢、独居、留守等特殊老年人不断增多，这些老年人的照料关爱、心理慰藉、安全防护等已经成为当前不可忽视的社会问题。①

曲阜市认真贯彻落实习近平总书记关于民政工作的重要指示精神和系列决策部署，紧紧围绕新时代养老事业发展的变化和趋势，充分发挥儒家文化独特优势，不断创新养老服务模式，完善养老服务体系，打造推出了"儒乡圣地·孝养曲阜"文化养老品牌，全市文化养老事业呈现出高质量发展的良好局面。②

一、创新"文化养老"服务模式

曲阜大力倡导"文化养老"理念，创新"文化养老"载体，把孝道文化、新时代文明实践活动融合到养老事业当中，通过长期氛围的营造，树立"尊老孝老爱老"社会风尚，附植于政策体系。

一是科学制定孝德标准。制定出台《建设"彬彬有礼道德城市"的意见》，旗帜鲜明地提出了以"孝"为核心，在全市范围内采取多种形式广泛开展活动，尊老孝老爱老已成为全社会的自觉行动。

二是全力打造教育载体。争取纳入全国新时代文明实践建设试点市机遇，在市、镇、村三级文明实践站，通过采取百姓喜闻乐见的方式，宣讲孝善文明，弘扬孝善文化。同时，整合孔子学堂、尼山书屋、"和为贵"调解室等现有场所，全覆盖建

---

① 参见《曲阜市：相约黎明 守望相助 开启农村养老关爱服务新模式》，载新浪网 2022 年 6 月 28 日，https://k.sina.com.cn/article_5328858693_13d9fee4502001i73i.html。

② 参见刘东波：《文化养老，曲阜在行动》，载《小康》2019 年第 12 期。

立"善行义举四德榜",开展形式多样的老年文化活动。依托城市社区服务中心,积极开展心理健康教育、医护救助等活动,帮助老人养成科学健康文明的生活方式。

三是创新策划主题活动。坚持百姓学儒学、用儒学的理念,常态化开展"四德模范""百佳孝星""最美家庭"评选、敬老饺子宴等主题活动。

二、完善多层次养老服务体系

坚持盘活存量与发展增量并举、公建与民营并行、事业与产业并重,市、镇、村三级联动,构建形成了"居家为基础、社区为依托、机构为补充、医养相结合"的多层次养老服务体系。

一是居家为基础,打造"没有围墙的养老院"。坚持"政府主导、社会参与、市场化运作、老年人受益"的思路,建立全方位、全天候、标准化、亲情化的居家养老服务机制;成立医养结合居家式养老平台——天伦居家养老服务中心。

二是社区为依托,让老年人在家门口乐享晚年。建成示范性社区养老服务中心5处,社区老年人食堂7处,城市社区老年人日间照料中心11处;通过增加服务项目、拓展服务功能,为周边居家老人特别是失能、空巢老人提供短期居住、日间照护、配餐助餐、文化娱乐等服务。依托社区综合服务设施和公共服务信息平台,逵泉社区日间照料中心为社区1.22万名老年人提供精准化、个性化、专业化服务。围绕农村养老难题,推进农村互助养老院建设,投资2300余万元,建成农村互助养老院86家,养老床位2350张。围绕乡村振兴战略,创新建立"相约黎明"农村养老关爱帮扶机制,采取"四个一"工作法(一项关爱帮扶机制,一套服务规范标准,一条资金保障渠道,一支志愿服务队伍),全市318个村(社区)成立318支老年人关爱服务志愿队,"相约黎明"活动累计为6000余名老人开展了日常探视、居家照料等关爱服务活动,让留守、独居等特殊老年人获得了实实在在的关爱帮扶,其安全感、幸福感、获得感大幅提升。

三是机构为补充，为养老服务提供更多可能。加快推进公办养老机构建设，全面实施镇街敬老院改厨改浴改厕工程。全市有社会福利院 1 处，国家三星级敬老院 6 处、二星级敬老院 6 处，养老床位 1386 张，每处机构供养能力规模均达 100 人以上，供养老人达 1346 人。引进建设民办养老机构 9 处，为机构内长者和社区老人提供多种养老服务，有效解决了离老人的家"一碗汤"距离和老人"就近养老"难题。

四是医养相结合，探索养老服务新模式。全市养老机构均与医疗机构签订了合作协议，在内部设立医疗服务区；至 2019 年，医疗服务区已服务老年人 5200 余人。社区日间照料中心联姻医疗机构，针对不同对象，量身制定"家庭医生医养结合"签约服务包，现已签约老年人 1248 人。依托居家医养智慧化服务平台，利用便携式随访管理一体机、移动健康管理终端和可穿戴智能化医疗设备，及时上传服务对象监测数据，精准了解老年人服务需求情况，实现了对养老服务对象的动态管理。

三、养老服务与养老产业并举

曲阜的养老事业发展，既考虑到健康老年人的需求，也考虑到失能老年人的需求；既考虑到城市，也考虑到农村；既有机构集中照顾服务，也有上门服务；既有线下服务，也有线上服务。特别是在利用中华传统文化的独特优势，通过家风家训、民风民俗来促进家庭成员履行养老责任方面，发挥了较大作用。但是，随着我国老龄人口的不断增加，养老正成为我们必须面对的一个重要社会问题。如何让老年人"老有所养，老有所乐，老有所为"，是全社会需要思考的命题。积极发展养老事业和养老产业，既是应对人口老龄化的现实要求，也是有效举措。只有扎实推进养老事业和养老产业协同发展，才能在深度老龄化社会到来之前掌握主动、增强底气。

推动养老事业和养老产业协同发展是经济高质量发展的有力支撑。我国老年人口规模巨大，老年市场需求日趋旺盛，养老服务业、老年休闲产业等迅速发展。养老产业市场前景十分广阔，围绕老年人需求将会催生更多新业态、新产业，它们将成为经济高质量发展的有力支撑。而深厚的文化底蕴和优美的自然环境，在整体城市公共空间的环境设计中，考虑补充和完善适合老年人活动的场所，把名城建设成为"老年友好型城市"，正是历史文化名城推进养老事业和养老产业协同发展的独特优势。正是对优秀传统文化的坚定信念和矢志不渝的精神，促进了曲阜的文化养老和养老产业与新时代文明实践的融合发展，形成了良好社会风尚，推动了和谐社会建设。

在新旧养老模式的转换过渡中，机构养老模式是解决我国养老问题的中坚力量。曲阜在加快推进公办养老机构建设的同时，坚持市场运作、社会参与原则，引进、建设民办养老机构，为养老服务提供更多可能。通过调研发现，曲阜的养老机构，一是以小型为主，大多数养老机构采用叠建的形式，主要服务社区及附近的老人，环境较为简陋、设施单一。民办养老机构数量不断增加，更多是采用独立占地的形式，服务整个曲阜市的老年人，甚至外地旅居老人，服务设施多样化、专业化，通常有自己独立的医疗系统，能够实现医养结合。二是养老机构服务对象呈高龄化、失能化，入住的大部分是年龄超过80岁的老人或失能老人。这也反映出我国大多数老人对养老的态度，即60岁的老人更倾向于居家养老，而80岁以上的高龄老人和失能老人因身体条件较差需要养老机构提供专业服务，"被迫"选择入住养老机构，养老机构成为高龄老人、失能老人的"收容所"，照顾压力巨大。三是养老机构盈利困难。公办养老机构收费较低、服务标准化，入住率接近100%，甚至有多人排队入住。民办养老机构提供的服务更优质、配套设施更专业、收费较高，入住率也近100%。但即使这样的入住率，公办和民办养老机构也都只能实现微利经营，养老院采用医养结合的运营模式，依靠医院收入"供养"养老机构，如此才能够保证正常运营。养老服务属于保障性服务，需要政策的大力支持。曲阜通过高位推动，做到"政策、资金、项目、措施"四个优先保障；在给予与教育、医疗同等重视的同时，给予市场更为开放的制度和优惠政策，引导市场资本进入，为其提供必要资助，降低门槛限制，且加强运营监管，让市场有利润空间，推动行业发展，也使老年人"老有所依"。

四、曲阜养老产业发展带来的思考

养老产业不是以传统的产品种类和行业门类来划分的，而是以消费人群的指向性来划分的，其产品种类庞杂，所辖行业门类繁多。因此，养老产业的产业政策应包括制定产业发展规划、整个国民经济产业结构和产品结构的调整转向、资助老年用品的科研开发、老年产品产销环节的税收减免、金融信贷扶持、技改贴息、老年产品市场和服务市场的开辟与规范等。这是一个完整且相配套的产业发展体系。

要深入研究老年人的多种需求，引导消费，广泛开拓老年用品市场和服务市场，为养老产业的加速发展创造条件。要按照老年人的需求来安排生产和服务，根据经济发展和社会进步及人民生活水平提高的状况，适时适度地引导老年人更新消费观念，增加消费支出，培育和拓展消费市场。[①]

老年人是家庭、社区和经济发展的资源。与生活水平的提高和老年人口的增长相比，我国的养老产业发展明显滞后。随着时代的发展，老年人对物质生活和精神生活都提出了更多、更高的要求，因此可以说，养老产业面临巨大的发展空间。而人口结构的变化、需求的转向，也必将促进产业结构的调整升级乃至经济发展方式的转变。历史文化名城具有良好的气候条件和生态环境、丰厚的旅游资源和人文资源，具有发展养老产业的独特优势。

历史文化名城应充分借助其旅游资源优势，优化资源结构，制定产业发展规划，加强专业性人才培养，打造"医养护一体化"旅游养老综合体，在打造具有地方特色的智慧养老旅游基地品牌基础上，进一步提升本地老年人群的养老资源，促进就业，最终带动地区经济的可持续性发展。

---

① 参见张蔚蓝：《养老产业大有可为》，载《经济日报》2013年8月1日，第15版。

第八节 本 章 小 结

历史文化遗产保护要与经济社会发展相结合。遗产保护不考虑经济效益是不行的，离开经济效益，保护工作难以完善。作为保护工作者，应当考虑正常的经济效益，在保护的前提下谈经济效益。① 历史文化名城需要以当地的经济社会发展为主导，激活历史文化资源，不断改善基础设施、公共服务设施和居住环境，提升城市形象，提高居民的生活水平，推动历史文化和现代生活融为一体、历史文化保护与文旅产业发展深度融合，努力实现文化价值与社会价值、经济价值的有机统一。

曲阜把保护和开发、建设结合起来，不断开拓保护与发展"双赢"的新路子，优化名城功能布局，促进名城可持续发展；下大力气办好教育、医疗、养老、交通等民生实事，加快打造教育、医疗高地，优化综合交通体系，加快老旧小区改造，提升人居品质，标本兼治、全面提升城乡治理精细化水平；做精产业特色，聚力发展文化旅游、商贸物流、科技创新等重点产业，打造新兴发展载体，加强优质项目资源导入，加快推进产业业态创新，擦亮历史文化名城最靓名片。

---

① 参见罗哲文：《历史文化遗产保护要与经济社会发展相结合》，载《中华建设》2008 年第 6 期。

第八章

任重道远

城市是现代文明的标志，是经济、政治、科技、文化、教育的中心，它不仅是一种物质形态，更是一种历史文化现象。改革开放 40 多年，中国经历了世界历史上规模最大、速度最快的城镇化进程。城市规模不断扩大，城市经济实力持续增强，城市面貌焕然一新，城镇化建设和城市发展取得了举世瞩目的成就。1978~2020 年，城镇化率由 17.90% 增长至 63.89%；城镇人口从 1.7 亿人增加到 9 亿人。城镇建设用地由 1981 年的 0.67 万平方千米增长到 2019 年的 13.37 万平方千米。城市数量也从不到 200 个发展到 600 多个。城市在国民经济和社会发展中发挥了重要作用。

党的十八大以来，以习近平同志为核心的党中央站在新的历史方位，深入推进以人为核心的新型城镇化战略，突出地方特色，注重人居环境改善、历史文化保护，塑造城市人文魅力，在城镇化中坚守个性气质，让城市留下记忆，让人们记住乡愁。2013 年中央首次召开城镇化工作会议，指出城镇化是现代化的必由之路，推进城镇化是解决农业、农村、农民问题的重要途径，推进城镇化必须从我国社会主义初级阶段的基本国情出发，遵循规律，因势利导，使城镇化成为一个顺势而为、水到渠成的发展过程。2014年国家发布第一个新型城镇化规划，贯彻了中央城镇化会议的主要精神，在空间上的着力点较多提到建设城镇体系优、功能互补强的城市群。2022年又发布了第二个新型城镇化规划，新亮点是特别提出大中小城市和小城镇协调发展，特别补充以县城为重要载体的城镇化建设。

今天，我国已经全面建成小康社会，中国特色社会主义进入新时代，城市在人类物质文明和精神文明建设中将发挥更加重要的作用。对于未来城镇化发展的趋势判断，普遍认为我国城镇化率到2035~2050年是75%~80%，还有1.5亿~2亿人口进城，仍将有4亿多农民在乡村地区。城镇化在推进新型工业化、农业现代化、信息化进程中的带动和主导作用将会愈来愈突出。我们要在本世纪中叶，把我国建成富强、民主、文明、和谐、美丽的社会主义现代化强国，就必须高度重视城市建设和发展，坚定文化自信，在继承和发展历史文化的同时，不断提升城市文化内涵，提高城市现代化水平。

曲阜的实践证明，历史文化名城保护须和现代化城市建设融为一体，从留住文化根脉、守住民族之魂的战略高度，关心和推动文化和自然遗产保护工作，这样才能更有效地保护，光大其影响。要坚持在保护中发展、在发展中保护，把历史文化保护纳入城市规划建设管理，把历史文化元素植入景区景点、融入城市街区，加强城市有机更新，推动高质量发展，创造高品质生活。要坚持"以人民为中心""共建共享"原则，以共建促共享，以共享带共建，努力形成人人参与、人人尽力、人人享有的城市发展格局，让全体市民更有获得感、幸福感。要坚定不移贯彻创新、协调、绿色、开放、共享的新发展理念，遵循城市发展规律，转变城市发展方式，统筹推进城市工作，完善城市治理体系，提高城市治理能力。

第一节　继往开来

随着人们对文化遗产认识水平和认识程度的不断提高，历史文化名城保护体系内的保护对象越发庞杂，保护工作难度逐渐加大。但是，无论如何变化，历史文化名城保护始终要考虑三方面问题：首先，我国历史文化名城历史价值丰富，名城内部历史文化街区和历史建筑充满着独特性和多样性，名城保护的首要任务就是延续名城的整体格局和风貌特色、做好历史文化遗产的保护。其次，作为类型特殊的城市、一个个鲜活的有机体，历史文化名城还须拥有现代城市的各种功能，以促进人们的美好生活和当代社会的高质量发展。最后，历史文化名城内所有事物都在发展变化中，除了要保护和传承优秀历史文化遗产外，还要考虑给未来的文化发展留下空间，如此长期积累，城市的底蕴才能越来越厚重。[1]

一、坚持以人民为中心，遵循城市发展规律

进入新时代，我国城镇化道路怎么走？这是个重大课题，关键是要把人民生命安全和身体健康作为城市发展的基础目标，深入贯彻落实习近平总书记提出的"城市是人民的城市，人民城市为人民"的重要论断。1987 年 5 月开工的明故城护城河沿岸和旧城墙残基整治，是曲阜历史文化名城规划建设的第一项工程，这项工程切实体现了"人民城市人民建"的精神。30 多年前，在没有现代化大型挖掘设备、运输工具的情况下，该工程采取国家投资与民工建勤相结合的办法，共投资 1900万元。其中，民工建勤投资 1113.4 万元，组织 12 个乡镇（尼山除外），利用 5 年

---

[1]　参见程小红：《赵中枢：历史文化名城的保护利用需整体保护和重点保护相结合》，载《中国建设报》2021 年 4 月 1 日，第 3 版。

时间分 3 期对全长 5100 米的明故城护城河进行全面治理和绿化，硬是靠人力、畜力，用排车、铁锨和锄头，完成了这项利在当今、造福子孙的治理工程（图 8-1）。^①新时代的城市规划、建设和管理更要注重激发人民的主人翁意识和责任感。

图 8-1　1987 年治理明故城护城河工地现场
——微信公众号"曲阜史敢当"

（一）坚持以人民为中心，聚焦人民群众需求

2019 年 11 月，习近平总书记在上海考察时指出，"无论是城市规划还是城市建设，无论是新城区建设还是老城区改造，都要坚持以人民为中心，聚焦人民群众的需求，合理安排生产、生活、生态空间，走内涵式、集约型、绿色化的高质量发展路子，努力创造宜业、宜居、宜乐、宜游的良好环境，让人民有更多获得感，为人民创造更加幸福的美好生活。"城市治理现代化是推进国家治理体系和治理能力现代化的重要内容，一流城市要有一流治理。衣食住行、教育就业、医疗养老、文化体育、生活环境、社会秩序等方面都体现着城市管理水平和服务质量。要牢记党的根本宗旨，坚持民有所呼、我有所应，把群众大大小小的事情办好。^②2020 年 4 月，在中央财经委员会第七次会议上，习近平总书记再次强调，"要更好推进以人为核心的城镇化，使城市更健康、更安全、更宜居，成为人民群众高品质生活的空间"。^③

人是城市的灵魂。城市首先应当是市民的城市，城市规划、建设和管理首先要

---

① 参见《红色记忆·综合治理曲阜明故城护城河》，载微信公众号"曲阜史敢当"2022 年 7 月 29 日，https：//mp.weixin.qq.com/s/bWLZw3e1rFVLoV-oXeRw6Q。

② 参见谢坚钢、李琪：《以人民为中心推进城市建设》，载《人民日报》2020 年 6 月 16 日，第 9 版。

③ 《要处理好城市改造开发和历史文化遗产保护利用的关系》，载搜狐网，https://www.sohu.com/a/442089090_443679。

体现民众的诉求。中央城镇化工作会议特别强调，编制空间规划和城市规划要多听取群众意见。作为保障规划连续性的手段，中央城镇化工作会议特别指出规划的法律权威性。不得不承认，许多时候，当一个地方的有关领导决定改变城市规划时，几乎没有一个部门可以阻挡，相关法律也没有问责机制。今后，城市规划正式形成，具有法律效力后，必须严格依法实施，非经法定程序不得擅自修改，以维护规划的严肃性、权威性和稳定性。当然，还应该建立相关问责和考核机制，将对规划落实的跟踪督查作为干部政绩考核的一项重要内容。在中央政府层面，应进一步完善城乡规划督察制度，提高城乡规划督察工作效能，保障城市总体规划严格实施。

城市归根结底是人民的城市，人民对美好生活的向往，就是城市建设与治理的方向。在城市建设中，必须坚持以人民为中心的发展思想，明确城市属于人民、城市发展为了人民、城市治理依靠人民，全心全意为人民群众创造更加幸福的美好生活。人民群众是经济社会的建设者、历史文化的创造者和发展的决定力量。人民城市为人民，需要落实在城市发展的各个环节，如优化城市产业经济结构，加快城市产业转型，加大城市历史文化保护力度，推动城市管理向城市治理转型，加强城市生态环境保护。只要有人民支持和参与，就没有克服不了的困难，就没有越不过去的坎，就没有完成不了的任务。在城市建设中，要发挥人民群众的主体作用，调动人民群众的积极性、主动性、创造性，发扬人民群众的首创精神，尊重城市居民对城市发展决策的知情权、参与权、表达权、监督权，鼓励居民通过各种方式参与城市建设和管理，真正实现共治共管、共建共享。让人民城市的建设成果为人民共享，让人民城市的治理效能体现在人民群众获得感、幸福感、安全感的提升上。

（二）坚持新发展理念，尊重城市发展规律

名城保护是长线投资，必须以我为主，发展才是硬道理。说到"历史文化名城"，人们往往会联想到兴旺的旅游业，似乎这金字招牌本身，就意味着白花花的银子。这可真是天大的误会。历史文化名城应走一条文化保护与经济融合发展的道路，要

深化城市建设管理，优化空间布局，完善功能配套，加强对历史文化的保护和利用，彰显文化之城、美丽之地的独特魅力。在历史文化名城，应既能看到风景，还能体验文化。

新发展理念是习近平总书记在党的十八届五中全会上首次提出的，他指出，实现"十三五"时期发展目标，破解发展难题，厚植发展优势，必须牢固树立创新、协调、绿色、开放、共享的发展理念。城市现代化建设是一项长期而艰巨的任务，城市工作一定要讲求实际，注重实效，逐步推进。为此，要合理确定建设规模和发展速度，充分考虑财力、物力的可能，不能急于求成、急功近利。要恰当制定项目建设标准，切忌贪大求全、华而不实。要分别轻重缓急，合理安排建设项目，绝不能搞这样那样的形象工程。要坚持质量第一，确保工程质量。

过去，某些城市存在不注重城市建设实效的做法。例如，一些城市建设不是真正为群众生活和经济发展着想，乱上项目，盲目攀比，甚至为了追求政绩到处筹款，债台高筑，大搞高楼群、宽马路、大广场，一味追求高档豪华和所谓"第一"。有的省要求各个城市至少建设一个广场，有的县级市甚至建了十几万平方米的大广场。有些城市不顾资源、环境和其他经济条件的制约，超越水、土地、能源、基础设施和生态环境的承载能力，搞一些耗水、耗能高和破坏生态环境的工业项目。这些做法违背经济建设规律，不仅劳民伤财，得不偿失，而且影响城市的长远发展。因此，一定要端正城市建设思想，处理好城市发展与文化传承、资源利用、环境保护的关系。

二、统筹规划、建设、管理三大环节

1980年，国务院批转《全国城市规划工作会议纪要》时指出，"城市市长的主要职责，是把城市规划、建设和管理好"。保护历史文化遗产、做好城市规划及其建设管理是城市政府义不容辞的责任。城市规划、建设、管理是密不可分的统一体，三者只有彼此兼顾，系统性、整体性、协同性推进，城市的保护与发展才能步入协调、健康、有序的良性循环轨道。第一，批准的城市规划必须具有权威性，不得擅自改变。特别要坚持法治，防止人治行为，这样才能保证城市在经济社会发展中，不因急功近利和部门利益而违反规划搞建设性破坏。第二，城市基础设施建设必须配套，不能欠缺。一定要按照城市规划配套建设。第三，城市管理精细化。第四，历史文化名城、风景名胜、文物古迹必须保护，不能破坏。

（一）高度重视城市规划工作

做好历史文化名城保护工作，首先要搞好城市规划。城市规划是城市建设和发展的蓝图，是建设和管理城市的基本依据。城市规划搞得好不好，直接关系城市总体功能能否有效发挥，关系经济、社会、人口、资源、环境能否协调发展。在设计、建设、管理方面受到普遍赞誉的城市，都有一个科学合理的总体规划。那些布局混乱、环境恶化、不能发挥整体功能的城市，除其他原因外，往往都与没有一个好的发展规划有关。因此，历史文化名城在城市现代化建设中，必须下功夫搞好城市规划。一方面，名城保护要融入城市发展战略；另一方面，名城保护要加强同总体规划、控制性详细规划的深度融合，确保保护要求有效传导至相应的规划管理层次。

城市规划是一项全局性、综合性、战略性的工作，涉及政治、经济、文化和社会生活等各个领域。制定好城市规划，要按照现代化建设的总体要求，立足当前，面向未来，统筹兼顾，综合布局。要处理好局部与整体、近期与长远、需要与可能、经济建设与社会发展、城市建设与环境保护、进行现代化建设与保护历史遗产等一系列关系。应通过加强和改进城市规划工作，促进城市健康发展，为人民群众创造良好的工作和生活环境。

要高水平编制规划，严格遵守先规划、后实施的原则，坚决杜绝"破坏性建设"，绝不能留下历史性遗憾。制定城市规划要广泛听取各方面的意见，特别要听取专家的意见，多方比较，反复论证，经过法定程序审批。规划一经批准，就具有权威性，必须严格执行，任何人不能随意更改。

（二）统筹兼顾，协调建设

城市建设以城市规划为依据，最终服务于城市运行。城市建设是为管理城市创造良好条件的基础性、阶段性工作，是一种过程性和周期性比较明显的特殊经济工作。城市经过规划、通过建设工程对城市人居环境进行改造，对城市系统内各物质设施进行建设，建成后投入运行并发挥功能、提供服务，真正为人民群众创造良好的人居环境，保障人民群众的正常生活，服务城市经济社会发展。城市建设作为一个系统工程，必须统筹安排，兼顾经济建设和社会发展，以及人口、资源、环境各个方面，实现可持续发展。要着重解决以下几个问题：

一是充分考虑水资源对城市发展的承受能力，高度重视水资源的保护和节约使用。我国许多城市缺水问题日趋严重，目前全国660多个城市中，有400多个城市常年供水不足，其中110个左右的城市严重缺水。解决城市缺水问题，已经成为当前城市经济社会发展的紧迫任务。对此，要有一种危机感，增强水患意识。一方面，城市发展规模要考虑水资源的承受能力，不能盲目扩大。制定城市规划时一定要从水资源的状况出发，合理确定城市人口规模、产业结构。另一方面，必须坚持开源与节流并重，节流优先，治污为本，科学开源，综合利用。要统筹考虑城市供水、节水、防洪排涝、水污染治理等问题，切实做好水资源保护、开发和利用规划，优先保证人民生活用水，兼顾工农业和其他用水。缺水的城市要限制高耗水型工业发展，对耗水量高的企业逐步实行关停并转。

二是切实加强生态城市建设。生态城市充分汲取农耕文明精粹、协调人与自然和谐共生新型生态低碳理念，其将是我国城乡可持续发展的必由之路。"生态文明建设是关系中华民族永续发展的根本大计。"近年来，我国城市环境保护取得了明显成绩，环境污染加剧趋势得到初步控制，部分城市环境质量有所改善，但形势仍然严峻。因此，必须以山水林田湖草海的新生命系统观、人类与自然和谐的新自然生态观、发展与保护平衡的新经济发展观、环境与民生共美的新民生福祉观、城市与乡村融合的新繁荣社会观、传统与创新交融的新文化传承观，切实加强生态城市建设工作。雄安新区生态环境规划已为我们提供了借鉴，如《河北雄安新区规划纲要》中的绿色生态指标包括蓝绿空间比例、森林覆盖率、重要功能水质达标率、污水收集率、细颗粒物年均浓度、生活垃圾无害化处理率、绿色建筑等共 17 项，有力说明了雄安新区规划建设对生态文明的高度重视。[1]

三是大力加快智能城市建设。2014 年习近平总书记视察北京时，强调要用技术加强城市管理。智慧城市是在城市全面数字化基础之上建立的可视化和可量测的智能化城市管理与运营。其就是城市科技创新和应用实践的平台。[2]通过加快健全城市"智慧感知"，建立全方位、多"感官"的城市"神经网络"，全面推进 5G、人工智能、工业互联网、物联网等新型基础设施建设，扩展高速率、大容量、低延时网络覆盖规模；强化城市"智慧分析"，依托大数据中心对收集的海量信息进行分析研判，推动虚拟现实、增强现实、混合现实与人工智能的结合，建设数字孪生城市；推动城市"智慧决策"，强化 5G（第五代移动通信技术）、人工智能与物联网的结合，依托以超级计算设施为核心的"城市大脑"协助人工进行重大决策，统筹发展中的各种资源，实现经济、社会和科技发展的深度融合。

四是处理好城市建设与区域发展的关系。城市是区域的中心，区域是城市发展的基础。城市工作必须正确处理城市与区域的关系，促进城乡协调发展。一方面，要不断增强和完善区域性中心城市功能，充分发挥中心城市对发展区域经济的辐射带动作用；另一方面，城市的建设和发展必须立足于区域资源条件和环境条件，服从于整个地区发展需要。要做好区域规划，建立有效的协调机制，统筹安排基础设施，避免重复建设，实现基础设施区域共享和有效利用，严格限制不符合区域整体和长远利益的开发活动。同时，城市规划也要打破就城市论城市的狭隘观念，增强

---

[1]　参见《现代中国城市生态规划演进及展望》，载微信公众号"规划中国"2019 年 11 月 29 日，https://mp.weixin.qq.com/s/6qhm6lhJPPKkqr0o2UYjAA。

[2]　参见《会议专题 | 李迅：绿色、智慧、人文——当代城市建设的三个主题》，载微信公众号"规划中国"2015 年 8 月 6 日，https://mp.weixin.qq.com/s/rXJa-gNp8Hkn93SSgeMdOw。

区域意识。城市不仅要从自身条件和发展要求出发，还必须充分考虑区域整体状况，安排好生态环境保护、资源开发利用和基础设施建设。

（三）切实加强城市管理工作

规范而高效的城市管理，是确保城市规划全面实施、城市建设有序推进、城市各项工作顺利开展的关键。当前，我国城市工作中普遍存在的突出问题，就是"重建设、轻管理"。城市管理思想落后、管理水平低，是城市建设和发展中许多问题的症结所在。

要实现城市现代化，就必须着力提高管理水平。首先，要适应新形势要求，确立正确的城市管理思想，改进领导方式和领导方法。新时代的城市建设和发展，是在我国逐步建立完善社会主义市场经济体制的环境下展开的，城市管理一定要遵循市场经济和现代化建设的规律，充分发挥市场对资源配置的基础性作用。其次，要加强和改进政府对城市建设的管理。应继续深化城市管理体制改革，破除束缚城市生产力发展和管理水平提高的种种体制障碍，推进体制创新、机制创新，特别要实行政企分开，坚决减少和改进行政性审批事项，提高办事效率，该严格管理的要切实管好。再次，要加速城市管理信息化，大力发展电子政务，加快推进城市规划管理信息网和市政公用事业服务信息网建设。争取尽快启动数字城市和数字社区信息基础设施建设，推动数字化、网络化技术在城市工作中广泛应用。最后，要加强法治建设，健全法律法规，严格执法，坚持依法行政、依法治市，务必把城市各项管理工作纳入法治化轨道。总之，要通过全面加强管理，使城市既充满活力和生机，又协调有序健康发展。

三、处理好保护与发展的关系

2014 年 2 月，习近平总书记在北京考察时强调："历史文化是城市的灵魂，要像爱惜自己的生命一样保护好城市历史文化遗产。""要本着对历史负责、对人民负责的精神，传承历史文脉，处理好城市改造开发和历史文化遗产保护利用的关系，切实做到在保护中发展、在发展中保护。"一座城市内留存的文化遗产构成一部物化了的城市发展史，是城市灿烂文化的稀世物证和重要载体，也是市民与遥远祖先联系、沟通的唯一物质渠道。文化资源的积累是一座城市文化品位的重要表现，也是一个城市文化个性的生动体现。文化遗产作为城市文化特征的载体，对它们的保护就是对文化资源的丰富。

城市是一个不断发展、更新的有机整体，城市现代化建立在城市历史发展的基础之上，与城市历史文化传统的继承保护不是割裂的，更不是相互对立的，而是有机关联、相得益彰的。我国是历史悠久的文明古国，许多城市拥有大量的、极其宝贵的自然遗产和文化遗产；自然遗产和文化遗产来自天赋和历史积淀，一旦受到破坏，就不可复得。在城市现代化建设中，必须高度重视和切实保护好自然遗产和文化遗产，这本身就是城市现代化建设的重要内容，也是城市现代文明进步的重要标志。当今世界，许多著名城市在现代化建设中，都采取严格措施保护历史文化遗产，从而使城市现代化建设与历史文化遗产浑然一体、交相辉映，既显示了现代文明的崭新风貌，又保留了历史文化的奇光异彩，受到世人的普遍称道。保护好自然遗产和文化遗产，使之流传后世，永续利用，是城市领导者义不容辞的历史责任。

我国城市建设中存在的突出问题是，一些城市领导者只看到自然遗产和文化遗产的经济价值，而对其丰富、珍贵的历史、科学、文化艺术价值知之甚少，片面追求经济利益，只重开发，不重保护，破坏自然遗产和文化遗产的事件屡屡发生。有些城市领导则简单地把高层建筑理解为城市现代化，对保护自然风景和历史文化遗产不够重视，在旧城改造中大拆大建，致使许多具有历史文化价值的传统街区和建筑遭到破坏，甚至有的在城市建设中拆除真文物，兴建假古迹，大搞人造景观，花费很大，却不伦不类。对于这些错误做法，必须坚决予以纠正。

保护历史文化遗产，要根据不同特点采取不同方式。"文物保护单位"要遵循

"不改变文物原状的原则"，保存历史的原貌和真迹。代表城市传统风貌的典型地段，要保存历史的真实性和完整性。对于历史文化名城，不仅要保护城市中的文物古迹和历史地段，还要保护和延续古城的格局和历史风貌。对于自然遗产，要按照严格保护、统一管理、合理开发、永续利用的原则，保护、建设和管理好。城市领导者，要加强文化修养，了解一个地区、一个城市发展的历史，办事情、作决策要对历史负责，对人民负责，对子孙后代负责。

四、因地制宜，突出特色

提高城市现代化水平具有一般的共同的发展规律，但由于历史传统、自然环境、人文景观和经济条件不同，每个城市的建设又具有各自鲜明的特点。特色是城市的魅力所在。世界上许多城市因特色鲜明、别具一格而名扬天下。因此，必须在遵循城市发展普遍规律的基础上，结合本地实际情况，注重因地制宜、因势利导，综合考虑城市的空间合理性、风貌整体性、文脉延续性，科学谋划城市的成长坐标和发展路径。

城市领导者要塑造城市特色，必须深刻了解市情。比如，要搞好城市规划、建设和管理，必须了解城市土地的自然状况，房屋的结构、布局、用途等基本情况，充分考虑城市自身特点和优势，善于学习和借鉴古今中外城市建设的经验和建筑风格，但绝不能盲目模仿和照搬。现在，许多城市在新区开发和旧城改造中，忽视城市特点，布局、结构和建筑风格雷同，特色越来越少，甚至将有特色的建筑和景观也破坏了。这是很不应该的，教训深刻。城市特色是一种文化的积累和发展，需要一个较长的过程，要有计划、有步骤地形成和完善，因地制宜地确立城市的发展方向和发展模式，以形成独具特色的城市风格。

城市的现代化建设是一个动态、循序渐进的过程。2022年通过的《国家新型城镇化规划（2021—2035年）》，提出推进以县城为重要载体的城镇化建设。目前，我国有 2000 多个县（县级市），每个县都有自己的社会结构、社会关系、社会行为规范以及独特的生活方式、文化和语言传统等。虽然国内外一些城市在现代化建设上取得了一定的成效，但是没有任何一个城市的经验可以完全适用于另外一个城市，对于保护与发展的理念，我们只能有选择性地借鉴。各城市应根据自己的地理环境、历史文化和民族风情等，制定有针对性的实施政策，加强政策创新，明确发展方向和特色定位。

五、健全城市现代化建设长效机制体制

要强化依法依规，全面贯彻依法治国方针，依法规划、建设、治理城市，促进城市治理体系和治理能力现代化。要强化共建共治，把各相关部门、街道社区的职能职责统筹起来，把社会各界的智慧力量整合起来，把广大市民的主人翁意识调动起来，共建共治美丽城市。要强化人才建设，加强城市规划、建设、管理知识培训，着力提升工作人员专业素养，大力引进专业技术人才，为城市提升工作提供智力保障。要强化机制建设，进一步完善统筹协调、联席会议、快速实施等机制，推进城市党建网、综治网、城管网"三网合一"，打通城市管理"最后一千米"，与时俱进提升城市工作水平，努力实现城市让生活更美好。

针对职责交叉和管理空白问题，要根据不同保护对象和管理阶段，明确各级政府和基层组织、相关主管部门职责，这是解决条块分割、属地管理缺失问题的一把钥匙。对历史文化街区、名镇、名村、传统村落核心保护范围和建设控制地带，允许采取不同保护措施和修缮标准，进一步理顺名城保护与城市发展、民生改善之间的关系。在符合保护规划、风貌保护以及结构、消防等专业管理要求前提下，鼓励依法优化历史建筑使用功能，更好地把握保护与利用的关系，彰显保护一座充满生机与活力的历史文化名城的现实价值。

（一）完善制度建设

没有机制，就不可持续。制度带有全局性、稳定性，管根本、管长远。推动新常态下的城市现代化建设事业，实现深化发展、创新发展、长远发展，迫切需要完备管用的制度提供保障。党的十八届四中全会作出全面推进依法治国建设的重大战略部署，城市现代化必须贯彻落实全面推进依法治国的精神，把制度建设放在重要位置，将党的要求、法律的规定和部门的职能有机结合起来，落实到科学合理、便于操作的各项制度中去。制度表面是冰冷的，但一项好制度的内核必然充满热度。习近平总书记指出："我们不舒服一点、不自在一点，老百姓的舒适度就好一点、满意度就高一点，对我们的感觉就好一点。"这句话深刻揭示了制度"冷"与"热"的辩证关系。

（二）加强制度创新

打破制约城市现代化建设深入有序推进的深层障碍，需要制度创新。制度强调立规矩、守规矩，创新则是推陈出新，二者看似矛盾，实则相辅相成，体现了"破"和"立"的辩证统一。加强历史文化名城保护与发展制度建设，应当充分尊重城市发展规律，注重将探索创新所形成的具有普遍意义的新经验、新成果及时上升为制度，不断在实践中加以完善。需要强调的是，我们鼓励创新，但不能脱离主线。真正的创新是讲求方向、遵守规律的，制度在很大程度上就体现了这种方向性和规律性。只有制度和创新这"两条腿"配合得当，才能走得又稳又快，实现城市现代化建设不断发展的目标。

（三）提高制度执行力

加强城市现代化建设制度建设，关键在于落实。制度的生命力在于执行，"有制度不执行，比没有制度危害还要大"。制定的制度束之高阁，这样的制度就是一张废纸。不能以制度的多少、长短论英雄，而要把更多的决心和精力放在督促制度执行上。城市领导者要在遵守制度上做表率，在执行制度上敢担当，以上率下，坚决杜绝"破窗效应"，切实树立制度权威，真正做到用制度管人管事管权，用制度来保障历史文化名城保护与建设事业科学化、规范化发展。

要着力增强依章履职、依规办事、依制管人的制度意识，着力完善于法周延、于事简便、务实管用的制度体系，着力形成讲原则、守纪律、无例外的制度执行力。要完善国家机关及其工作人员法律责任追究机制，严格设定公民个人和单位的法律责任，进一步明确法律责任追究主体。

（四）提升领导治理能力

城市党委和政府肩负着领导城市现代化建设的重任。城市领导者在城市规划、建设和管理中的作用十分重要。领导者的政治素质、业务水平和管理能力直接影响城市工作的好坏。为适应城市现代化建设新形势要求，胜任新时期城市工作，各级领导干部要以更高标准严格要求自己，加强城市相关知识学习，掌握城市发展规律和工作方法，提高城市工作能力和水平。一要加强理论学习，提高思想政治素质。认真学习习近平新时代中国特色社会主义思想，并自觉地贯彻到城市的各项工作中。二要努力学习科学、文化和历史，系统掌握城市现代化建设管理知识，全面提高业务素质和文化水平。要以极大的热情学习现代城市规划、建设、管理的理论和知识，熟悉现代化城市建设与发展的规律，既要从书本上学，更要从实践中学，不断提高领导城市工作的能力。三要坚持深入实际，深入群众，注重调查研究。要走群众路线，广泛听取群众和专家的意见，推进城市管理决策民主化、科学化，绝不能主观臆断、随意决策。四要清正廉明，勤政为民。忠实履行全心全意为人民服务的宗旨，不断增强公仆意识，廉洁自律。一切言行要顺从民意、符合民心，绝不能损害人民群众的利益，更不能用人民赋予的权力谋取私利。

（五）广泛宣传

在某种意义上，城市不仅是建起来的，也是说出来的。一遍一遍，说出我们对某座城市历史与现状的理解，说出我们的困惑与期待，一定程度上会影响这座城市日后的历史进程和发展方向。[①]强化历史文化名城保护意识，需要向城市领导者和社会大众广泛宣传遗产价值，通过创新型文化创意街区建设和产品推广，激发公众参与历史文化名城保护的积极性。同时，要强化法律责任，加大行政处罚力度。一是利用报刊、电视、广播等新闻媒体，广泛宣传保护历史文化名城、街区、建筑的重要意义，使城市领导和社会公众树立保护历史文化资源的意识，提高社会各界对保护历史文化重要性的认识。二是开展历史文化资源普查，对现存历史文化街区、建筑进行鉴定，登记造册。三是研究制定各项配套制度，制定管理规定，加强历史文化遗产保护。

地方政府要高度重视历史文化保护宣传工作，加大"三法两条例"等的宣传力度，通过潜移默化、群众乐于接受的方式，广泛宣传历史文化名城保护法律法规、历史文化名城保护知识、保护历史文化名城的重要意义等，不断强化广大群众历史文化名城保护意识。例如，开展主题宣讲培训、拍摄申报专题片、征集老照片、举办历史建筑摄影大赛、名城书法美术展览、举办非物质文化遗产系列活动、爱国主义教育基地建设等。国家要通过组织高水平的论坛、培训等方式，向各级领导宣传保护工作的意义，促使各级政府把历史文化名城、名镇、名村的保护作为一项重要工作常抓不懈，强化组织领导，增加资金投入，打造历史文化品牌，为名城、名镇、名村保护工作创造良好条件，形成党政齐抓共管、市县乡村联动的良好意识。

第二节　任 重 道 远

历史文化名城是城乡历史文化保护传承体系的重要组成部分，是塑造城市风貌

---

① 参见《北大教授、港中文客座教授陈平原：大学与城市》，载人民网，http://scitech.people.com.cn/n/2013/1130/c1057-23703868.html。

特色的重要载体，是推动中华优秀传统文化创造性转化、创新性发展的有力抓手。我们国家有近四千座"旧城"，只有一百多座被列为国家级"历史文化名城"。对待这些不一般的旧城，唯一正确的原则是加以保护；在严格保护的前提下，精心设计、适当改善、稳妥地逐步提高它们的居民的生活质量。[①]

历史、现实和未来具有相通性，历史是过去的现实，现实是未来的历史。只有了解历史，才能更好地走向未来。2022 年 5 月，李克强总理在考察云南大学时说："认识过去有利于把握现在、探索未来。溯源追本，科学研究才能站得高走得远。"只有系统回顾、深入总结历史文化名城保护和发展的既往成就与问题、经验与教训，探究其特点和规律，才能在新时代条件下设计好未来的道路，让生活其中的居民的生活水平得以提高，并吸引更多的人来了解其文化底蕴。

一座伟大的城市，一定经历过老旧、更新、再生的过程。曲阜是儒家文化的博物馆，反映特定时空的人们的生活方式，它的每一条道路、每一座建筑都在与时俱进地反映社会演化的过程，并忠实记录着文明基因。从农耕文明，到工业文明，再到后工业文明，老城在见证，老建筑在记录——告别过去，迎向未来。

本书旨在通过对名城保护与发展理论以及曲阜实践的介绍和总结，探讨新型城镇化战略下名城保护与发展的创新思路，为规划管理者、决策者、设计者提供可供参考的方法和典型案例，为持续研究名城保护与发展方法提供理论和实践支撑，为我国城市建设提供具有实效性的管理措施和方法指引，希望能够为我国历史文化名城保护与发展工作提供借鉴、发挥互动作用。

历史文化名城保护和发展，与经济、社会的发展和人们生活水平密切相关，没有固定模式。随着我国历史文化名城数量不断增加，理论和实践进一步深化，它的内涵不断丰富、外延不断扩充，保护方式、方法不断更新，保护发展理念也在不断提升。因此，名城的保护和发展工作依然任重而道远。

---

① 参见杨永生编：《建筑百家杂识录》，中国建筑工业出版社 2004 年版，第 208 页。

参考文献

■ 著作

1. 董鉴泓、阮仪三：《名城文化鉴赏与保护》，同济大学出版社 1993 年版。

2. 梁思成：《梁思成全集》（第 3 卷），中国建筑工业出版社 2001 年版。

3. 梁思成：《梁思成全集》（第 5 卷），中国建筑工业出版社 2001 年版。

4. 李德华：《城市规划原理》，中国建筑工业出版社 2001 年版。

5. 杨永生编：《建筑百家杂识录》，中国建筑工业出版社 2004 年版。

6. 王景慧、阮仪三、王林：《历史文化名城保护理论与规划》，同济大学出版社 2002 年版。

7. 陈秉钊：《当代城市规划导论》，中国建筑工业出版社 2003 年版。

8. 孙大章：《中国民居研究》，中国建筑工业出版社 2004 年版。

9. ［美］格莱泽（Glaeser E.）：《城市的胜利》，刘润泉译，上海社会科学院出版社 2012 年版。

10. 傅鸿泉：《谷牧与曲阜》，中国文史出版社 2014 年版。

11. 孔力：《纪录城事》，光明日报出版社 2016 年版。

12. 李零：《我们的中国》，生活·读书·新知三联书店 2016 年版。

13. 周黎安：《转型中的地方政府：官员激励与治理》，格致出版社、上海人民出版社 2017 年版。

14. 王澍：《造房子》，湖南美术出版社 2016 年版。

■ 规划文本

1. 山东省城乡规划设计研究院、曲阜市城乡建设委员会：《曲阜县城市总体规划》，1979 年版。

2. 曲阜名城保护规划编制组：《曲阜名城保护规划》，1983 年版。

3. 山东省城乡规划设计研究院、曲阜市城乡建设委员会：《曲阜县城市总体规划》，1983 年版。

4. 同济大学城规学院、曲阜市城乡建设委员会：《曲阜市名城风貌规划》，1990 年版。

5. 同济大学城规系、曲阜市城乡建设委员会：《曲阜明故城控制性详细规划》，1993 年版。

6. 山东省城乡规划设计研究院、曲阜市城乡建设委员会：《曲阜市城市总体规划》，1993 年版。

7. 济宁市规划局、济宁市规划设计研究院：《济宁——曲阜都市区发展战略规划》，2001 年版。

8. 复旦规划建筑设计研究院：《曲阜市静轩路沿路地块规划设计》，2003 年版。

9. 清华大学规划建筑与城市研究院:《曲阜市大成路中轴线设计》,2003 年版。

10. 济宁市规划局、曲阜市规划局、山东省城乡规划设计研究院:《曲阜市城市总体规划(2003—2020 年)》,2003 年版。

11. 上海同济城市规划设计研究院、曲阜市规划局:《曲阜市明故城控制性详细规划》,2006 年版。

12. 山东省城乡规划设计研究院:《曲阜市国土空间总体规划(2020—2035)(征求意见稿)》,2019 年版。

13. 山东省城乡规划设计研究院:《曲阜历史文化名城保护规划(2021—2035)》,2021 年版。

■ **期刊论文**

1. 李燕、司徒尚纪:《近年来我国历史文化名城保护研究的进展》,载《人文地理》2001 年第 5 期。

2. 罗丹:《北京旧城公共空间的建设问题反思》,载《建筑与文化》2016 年第 4 期。

3. 兰伟杰、胡敏、赵中枢:《历史文化名城保护制度的回顾、特征与展望》,载《城市规划学刊》2019 年第 2 期。

4. 王京传、刘以慧:《曲阜国际孔子文化节发展的经验》,载《旅游学刊》2009 年第 3 期。

5. 孙施文:《中国的城市化之路怎么走?》,载《城市规划学刊》2005 年第 3 期。

6. 王景慧:《历史文化名城的保护内容及方法》,载《城市规划》1996 年第 1 期。

7. 吴庆洲:《中国古城选址与建设的历史经验与借鉴》(上),载《城市规划》2000 年第 9 期。

8. 吴庆洲:《中国古城选址与建设的历史经验与借鉴》(下),载《城市规划》2000 年第 10 期。

9. 周干峙：《城市化和历史文化名城》，载《城市规划》2002 年第 4 期。

10. 张悦：《周代宫城制度中庙社朝寝的布局辨析——基于周代鲁国宫城的营建模式复原方案》，载《城市规划》2003 年第 1 期。

11. 蒋伶：《历史文化名城保护规划的发展观》，载《城市规划》2004 年第 2 期。

12. 王景慧：《城市历史文化遗产保护的政策与规划》，载《城市规划》2004 年第 10 期。

13. 王绍强：《曲阜古城的个性特征和保护规划》，载《山东建筑工程学院学报》1996 年第 6 期。

14. 李东泉：《政府"赋予能力"在旧城改造中的作用——曲阜市官园街改造规划方案的尝试》，载《城市规划汇刊》2001 年第 5 期。

15. 阮仪三：《中国历史古城的保护与利用》，载《中国文物科学研究》2007 年第 3 期。

16. 王军：《北京历史文化名城保护的实践及其争鸣（续）》，载《北京规划建设》2004 年第 6 期。

17. 谭颖：《苏州历史文化名城保护的实践与思考》，载《城市规划汇刊》2003 年第 5 期。

18. 赵夏：《文化遗产保护的区域视角》，载《中国文物科学研究》2008 年第 1 期。

19. 韦亚平：《进退维谷的困惑——对当前城市历史文化遗产保护之观感》，载《规划师》2000 年第 1 期。

20. 周俭：《在开发中寻求保护出路》，载《中华遗产》2007 年第 3 期。

21. 赵燕菁：《探索新思路：历史文化名城及风景名胜区保护——借鉴世界遗产保护的经验》，载《国外城市规划》2001 年第 4 期。

22. 郑孝燮、罗哲文、罗亚蒙：《历史文化名城岂能名存实亡》，载《了望》2000 年第 3 期。

23. 王富玉：《努力提高城市建设和管理现代化水平》，载《管理现代化》1999 年第 5 期。

24. 吴明伟、薛平：《认识、探索与实践——曲阜五马祠街规划设计浅析》，载《建筑学报》1986 年第 3 期。

25. 吴明伟、傅阳：《尊古扬新 兼容并蓄 雅俗共赏——曲阜五马祠商业街特色探索》，载《建筑学报》1991 年第 4 期。

26. 潘祖尧：《建筑风格与古城风貌》，载《建筑学报》1995 年第 2 期。

27. 《曲阜孔子研究院设计学术讨论会发言（摘要）》，载《建筑学报》2000 年第 7 期。

28. 清华大学建筑学院、清华大学建筑设计研究院：《曲阜孔子研究院的设计实践与体会》，载《建筑学报》2000 年第 7 期。

29. 汪光焘：《历史文化名城的保护与发展》，载《建筑学报》2005 年第 2 期。

30. 吴良镛、卢连生等：《山东曲阜孔子研究院工程》，载《建筑学报》2006 年第 9 期。

31. 张祖刚：《中国历史文化名城的保护与发展》，载《建筑学报》2006 年第 12 期。

32. 孙施文：《中国城市规划的理性思维的困境》，载《城市规划学刊》2007 年第 2 期。

33. 孙施文：《公共空间的嵌入与空间模式的翻转——上海"新天地"的规划评论》，载《城市规划》2007 年第 8 期。

34. 董鉴泓、张松：《中国西部名城"拆""留"之间的积极保护——以天水历史文化名城规划为例》，载《城市规划汇刊》2002 年第 4 期。

35. 孙施文：《城市规划不能承受之重——城市规划的价值观之辨》，载《城市规划学刊》2006 年第 1 期。

36. 杨乐平、张京祥：《重大事件项目对城市发展的影响》，载《城市问题》

2008 年第 2 期。

　　37. 周文竹、王炜、李铁柱：《保护、疏散、更新——以安庆为例谈历史文化名城的交通规划》，载《现代城市研究》2007 年第 7 期。

　　38. 阮仪三、李红艳：《"中华文化标志城" 的解析和思考》，载《城市规划学刊》2008 年第 3 期。

　　39. 邵甬、阮仪三：《关于历史文化遗产保护的法制建设》，载《城市规划汇刊》2002 年第 3 期。

　　40. 赵夏：《城市文化遗产保护与城市文化建设》，载《城市问题》2008 年第 4 期。

后　记

　　历史文化名城保护和发展，是一项实践性很强，且须不断创新的研究课题。我出生和成长在曲阜，参加工作以来始终关注曲阜市历史文化名城保护的研究，是曲阜市历史文化名城保护和发展工作的见证者、参与者，做了一些工作，发表了一些文章。由于工作变化，我离开曲阜，一直有一个心愿：把自己走过的路、遇过的事、翻过的书，结合曲阜市的实践编写一本关于历史文化名城保护和发展的学术专著。

　　当然，历史文化名城保护与发展的曲阜实践，仅用一本书来概括是不可能的，特别是在我国城市化快速发展和历史文化名城保护制度尚未完善的特殊时期。本书不是作一个学术性的总结，而是把我国历史文化名城保护制度建立以来，曲阜市城市建设中所做的工作和进程作一个系统梳理，全面真实地向读者展示"东方圣城"保护与发展的全貌及其进程。本书是曲阜市名城保护和城市发展变迁的缩影，一点一滴，编织出整个历史文化名城保护与发展印记的画卷，成为一部曲阜市名城保护和城市发展的"史料集"。

　　对我们心仪的城市，爱它，不仅是要改造它，更应该懂它、欣赏它。让我们慢慢地品尝它的古今兼顾、发展与保护，并尽一份绵薄之力聚沙成塔。本书是我对曲阜市名城保护和发展的思索与反刍，部分表述带有感情色彩，都是我情感的真实表达，应该不会影响本书编写的目的和价值。闻一多先生曾说过，"诗人的主要天赋是爱，爱他的祖国，爱他的人民"。我是真的很爱曲阜这座城市！希望能为家乡做点贡献！

本书是在菏泽学院城市建设学院原院长刘杰教授鼓励下开始编写的。从着手准备到付梓出版，遇到的困难远比想象的多。幸运的是，承蒙亲人朋友的关心、帮助和支持。司法部全面依法治国研究中心李富成副主任鞭策我不要贪图一时之快，要沉淀自己，雕琢高品质作品；我的导师张军民教授、刘兆德教授对本书编写悉心教导；孔力、李涛、王宪亮帮助修改文稿部分文字；孔红宴、刘屹为本书提供部分照片；孔旭东、王海青、屈小鲁帮我搜集资料；甄铁鹏、孔华、颜世国、刘德虎、廖建民、贾春莲、魏舒敏、秦亚清一直关注本书的编写、出版。

法律出版社党委委员张雪纯副总编辑、法商出版分社薛晗社长十分关心和支持本书的出版，魏艳丽编辑为此书的出版做了许多细致的组织、编辑工作。

菏泽学院城乡建设研究所、山东金德建筑工程有限公司为本书出版提供了部分资助。

在此向大家致以最诚挚的感谢！

最后，感谢一直关注本书编写、出版的各位朋友！

刘亮

2023 年 6 月